Sammlung und Auflösung

Mathematischer Aufgaben

von

K. H. Schellbach,

Professor der Mathematik am Königl. Friedrich-Wilhelms-Gymnasium
und an der Königl. Kriegs-Akademie zu Berlin.

Unter Mitwirkung des Dr. H. Lieber

bearbeitet und herausgegeben

von

E. Fischer, Dr. phil.

Mit acht Figurentafeln.

Berlin.

Druck und Verlag von Georg Reimer.

1863.

Vorwort.

Als früherer Schüler des hiesigen Königlichen Friedrich-Wilhelms-Gymnasium und später als Mitglied des mit dieser Anstalt verbundenen Königlichen mathematischen Seminares, hatte ich Gelegenheit, die Unterrichtsmethode des Herrn Professor Schellbach genauer kennen zu lernen. Ich übernahm daher gern den Auftrag desselben, die wichtigsten mathematischen Probleme, wie sie von ihm in den letzten Jahren in den oberen Klassen des Königlichen Friedrich-Wilhelms-Gymnasium vorgetragen wurden oder theilweise erst beim Unterrichte entstanden, in Gemeinschaft mit dem Herrn Dr. Lieber zu bearbeiten und sie auch für weitere Kreise zugänglich zu machen. Der Herr Dr. Lieber indessen, welcher die erste Zusammenstellung der in den Heften des Herrn Professor Schellbach enthaltenen Aufgaben übernahm, trat in Folge eines Rufes an das Gymnasium zu Pyritz aus dem mathematischen Seminare und wurde auf diese Weise verhindert, die Arbeit mit mir zum Abschluß zu bringen.

Die nun von mir vollendete, vorliegende Sammlung möchte für den mathematischen Unterricht vielfach von Nutzen sein können, indem sie zahlreiche Probleme enthält, die sowohl das Interesse der Schüler erwecken und fesseln, als auch bei der Eigenthümlichkeit der Auflösungsmethode die mannigfaltigsten Anwendungen des Erlernten gestatten. Die schon früher von mir bearbeiteten Maximum- und Minimum-Aufgaben*) sind dabei in vieler Beziehung als Ergänzung der vorliegenden Sammlung zu betrachten.

Berlin, im December 1862.

E. Fischer, Dr. phil.

---

*) Mathematische Lehrstunden von K. H. Schellbach. Aufgaben aus der Lehre vom Größten und Kleinsten. Bearbeitet von A. Bode und E. Fischer, Dr. phil. Berlin bei Georg Reimer, 1860.

Inhaltsverzeichniß.

Erste Abtheilung.

Die quadratischen Gleichungen.

Zweite Abtheilung.

Geometrische und physikalische Aufgaben.

Erste Abtheilung.

Die quadratischen Gleichungen.

---

§. 1. **Ueber die allgemeine Auflösung der quadratischen Gleichungen.**

Die für den Unterricht zweckmäßigste Auflösung der Gleichungen zweiten Grades ist die, welche auf der Zerlegung des Trinoms:

$$x^2 + 2ax + b$$

in lineare Faktoren beruht. Man hat nämlich identisch:

$$\begin{aligned} x^2 + 2ax + b &= x^2 + 2ax + a^2 - a^2 + b \\ &= (x + a)^2 - (a^2 - b) \\ &= (x + a + \sqrt{a^2 - b})(x + a - \sqrt{a^2 - b}). \end{aligned}$$

Diese Zerlegung führt nun nicht allein unmittelbar zur Auflösung der quadratischen Gleichung:

$$x^2 + 2ax + b = 0,$$

sondern sie liefert unter andern auch sofort den gemeinschaftlichen Faktor, welchen zwei Trinome etwa haben können. Das Aufsuchen dieser gemeinschaftlichen Faktoren ist für den Schüler eine sehr nützliche Uebung und ein Mittel, das oft bei Umformung algebraischer Ausdrücke angewandt werden kann. Hat man z. B. den Bruch:

$$B = \frac{x^2 - 8x + 12}{x^2 - 10x + 24},$$

so ergiebt sich durch Zerlegung des Zählers und Nenners in Faktoren ersten Grades:

$$B = \frac{(x - 6)(x - 2)}{(x - 6)(x - 4)} = \frac{x - 2}{x - 4}.$$

Ebenso findet man:

$$\frac{x^2 + 7x + 6}{x^2 + 8x + 7} = \frac{x + 6}{x + 7}$$

und:

$$\frac{x^2 + 2x - 15}{x^2 - 3x - 40} = \frac{x - 3}{x - 8}.$$

Hat man ferner die Gleichung zweiten Grades mit einer Unbekannten:

$$(1) \quad x^2 + 2ax + b = 0$$

aufzulösen, so erhält man durch dieselbe Zerlegung der linken Seite aus der gegebenen Gleichung die folgende:

$$(x + a - \sqrt{a^2 - b})(x + a + \sqrt{a^2 - b}) = 0.$$

Ein Produkt verschwindet aber, wenn irgend einer seiner Faktoren verschwindet. Um also alle Werthe von x zu erhalten, welche die Gleichung befriedigen, muß man sämmtliche Faktoren einzeln $= 0$ setzen. Damit ist aber die Auflösung der einen quadratischen Gleichung auf die zweier Gleichungen ersten Grades zurückgeführt. Man erhält schließlich aus denselben die bekannten Wurzeln:

$$x = -a \pm \sqrt{a^2 - b}.$$

Aus diesem Resultate lassen sich nun unmittelbar die Folgerungen ziehen:

1) Eine jede quadratische Gleichung hat zwei Wurzeln, welche entweder beide reell oder beide imaginär sind.
2) Hat man eine quadratische Gleichung in die Normalform (1) gebracht, so ist die Summe ihrer Wurzeln:

$$x_1 + x_2 = -2a,$$

und das Produkt derselben:

$$x_1 \cdot x_2 = b.$$

Die letztere Eigenschaft der Wurzeln einer quadratischen Gleichung kann man benutzen, um einige einfachere Gleichungssysteme mit den beiden Unbekannten x und y aufzulösen. Es sei gegeben:

$$x + y = a$$

und:

$$xy = b.$$

Die beiden Größen x und y müssen dann nach dem Vorigen die Wurzeln der quadratischen Gleichung:

$$z^2 - az + b = 0$$

sein, weil dieselben in der That die Eigenschaft besitzen, daß ihre

Summe $= a$ und ihr Produkt $= b$ ist, und sie somit die gegebenen Gleichungen erfüllen, durch welche x und y allein bestimmt waren. Es ist also:

$$x = \frac{a}{2} \pm \sqrt{\frac{a^2}{4} - b},$$

$$y = \frac{a}{2} \mp \sqrt{\frac{a^2}{4} - b},$$

wobei aber in jedem zusammengehörigen Werthpaare von x und y der Quadratwurzel entgegengesetzte Vorzeichen zu geben sind.

Die Gleichungen:

$$x - y = a$$
$$xy = b$$

lassen sich ganz ähnlich auflösen, wenn man $-y$ als die eine unbekannte Größe betrachtet.

Man kann die Gleichung (1) auch dadurch auflösen, daß man ihre Wurzeln in der Form von unendlichen Kettenbrüchen darstellt. Allerdings kann hier die Convergenz oder Divergenz des Kettenbruches nicht untersucht werden. In vielen Fällen ist diese Entwicklung auch für die numerische Berechnung nicht ohne Vortheil, indem die unendliche Ausdehnung des Kettenbruches keine größere Schwierigkeiten darbietet, als die ebenfalls unendliche Operation der Berechnung einer irrationalen Quadratwurzel. Man kann sich also in der That der Kettenbruchentwicklung zuweilen bedienen, um schnell die Wurzeln einer quadratischen Gleichung bis zu einem gewissen Grade der Genauigkeit aufzufinden.

Hat man die Gleichung aufzulösen:

$$x^2 - ax - b = 0,$$

so ergiebt sich durch Division mit x:

$$x - a - \frac{b}{x} = 0,$$

oder:

$$x = a + \frac{b}{x},$$

$$= a + \cfrac{b}{a + \cfrac{b}{x}},$$

$$= a + \cfrac{b}{a + \cfrac{b}{a + \cfrac{b}{a + \text{in inf.}}}}$$

Die andere Wurzel ergiebt sich, wenn man die aufzulösende Gleichung auf die Form bringt:

$$x(x - a) - b = 0,$$

oder, wenn man durch $x - a$ dividirt:

$$-x = \frac{b}{a - x},$$

$$= \cfrac{b}{a + \cfrac{b}{a + \cfrac{b}{a + \text{in inf.}}}}$$

Hat man z. B. die Gleichung:

$$x^2 - 20x - 2 = 0,$$

so ergiebt sich:

$$x = 20 + \cfrac{2}{20 + \cfrac{2}{20 + 2}},$$

$$= 20 + \cfrac{1}{10 + \cfrac{1}{20 + \cfrac{1}{10 + \cfrac{1}{20 + \text{in inf.}}}}}$$

Die Näherungsbrüche sind:

$$\frac{1}{10}, \quad \frac{20}{201}, \quad \frac{201}{2020} \text{ u. s. w.}$$

Nimmt man:

$$x = 20 + \frac{201}{2020},$$

so giebt dieser Werth die Wurzel schon bis auf 7 Decimalstellen genau.

Man überzeugt sich auch durch Vergleichung der gefundenen Werthe leicht, daß dieselben alle Eigenschaften der Wurzeln der quadratischen Gleichung besitzen.

Sind aber in der Gleichung (1) die Coefficienten a und b mehrziffrige Zahlen, wie z. B. irrationale Größen mit vielen Decimalstellen, so ist die algebraische Form der Wurzeln, die wir bisher allein betrachtet haben, nicht für die numerische Berechnung bequem, selbst wenn man sich der Logarithmentafeln bedienen wollte. In diesem Falle ist es vortheilhaft, trigonometrische Funktionen, welche in gewisser Weise von den Coefficienten a und b abhängig sind, als Hülfsgrößen einzuführen.

Hat man nämlich die Gleichung zweiten Grades:

$$(1) \quad x^2 + 2ax + b = 0$$

aufzulösen, so führe man für die Unbekannte x einen unbekannten Winkel φ ein, welcher durch die Gleichung bestimmt ist:

$$(2) \quad \operatorname{tg} \tfrac{1}{2}\varphi \sqrt{b} = x.$$

Durch Substitution von φ in (1) ergiebt sich:

$$b \operatorname{tg} \tfrac{1}{2}\varphi^2 + 2a \sqrt{b} \operatorname{tg} \tfrac{1}{2}\varphi + b = 0,$$

oder:

$$-\frac{\sqrt{b}}{a} = \frac{2 \operatorname{tg} \frac{1}{2}\varphi}{1 + \operatorname{tg} \frac{1}{2}\varphi^2},$$

$$= \sin \varphi.$$

Ist nun $\sqrt{b} < a$, so ergeben sich aus dieser Gleichung zwei reelle Werthe von φ, welche zwischen 0 und 360° liegen, und welche sich zu zwei Rechten ergänzen, so daß die beiden Wurzeln unter der Form:

$$x_1 = \sqrt{b} \operatorname{tg} \tfrac{1}{2}\varphi,$$

$$x_2 = \sqrt{b} \cot \tfrac{1}{2}\varphi$$

erscheinen. Ist hingegen $\sqrt{b} > a$, so sind beide Wurzeln imaginär.

Die Vortheile, welche die soeben durchgeführte Substitution für die logarithmische Berechnung bietet, liegen auf der Hand, indem die Resultate überall in der Form von Produkten erscheinen.

Die Auflösung der Gleichungen dritten und vierten Grades läßt sich noch auf die von Gleichungen niederen Grades zurückführen. Es ist aber sehr beschwerlich, Polynome, wie sie in diesen

Gleichungen auftreten, so umzuformen, daß sie, wie die Trinome der quadratischen Gleichungen, unmittelbar in Faktoren ersten Grades zerfallen.

Die Gleichungen fünften und höheren Grades sind sogar überhaupt nicht mehr algebraisch auflösbar, und es ist im Allgemeinen nicht möglich, ein Polynom höheren Grades in ein Produkt von Faktoren niederen Grades zu verwandeln. Es giebt indessen höhere Gleichungen besonderer Art, deren Auflösung durch verschiedene Kunstgriffe auf die Auflösung von Gleichungen zweiten Grades zurückgeführt werden kann, und von denen in den folgenden Paragraphen verschiedene Gruppen behandelt werden sollen.

Bei den Umformungen, welche dabei erforderlich sind, werden bisweilen fremde Faktoren in die Gleichung eingeführt, deren Wurzeln sich dann mit den eigentlich gesuchten vermischen und Werthe ergeben, welche der gegebenen Gleichung nicht genügen. Ein einfaches Beispiel wird dies klar machen. Um z. B. die Gleichung aufzulösen:

$$x - 7 - \sqrt{1 + 2x} = 0,$$

macht man dieselbe rational, indem man sie mit dem Faktor:

$$x - 7 + \sqrt{1 + 2x}$$

multiplicirt. Man erhält dadurch die quadratische Gleichung:

$$x^2 - 16x + 48 = 0,$$

welche die Wurzeln liefert:

$$x_1 = 12$$

und:

$$x_2 = 4.$$

Der gegebenen Gleichung genügt aber nur die Wurzel $x_1 = 12$, während die andere $x_2 = 4$ durch den Faktor $x - 7 + \sqrt{1 + 2x}$ eingedrungen ist, also keine Bedeutung für die gegebene Gleichung hat, wenn der besondern Natur der Aufgabe nach $\sqrt{1 + 2x}$ als positive Größe betrachtet werden muß. Hätte man nach der gewöhnlichen Methode die Wurzelgröße auf die andere Seite gebracht und dann quadrirt, so wäre offenbar das Resultat ganz dasselbe geblieben. Es ist dies ein für die Auflösung der Gleichungen wesentlicher Punkt, auf den wir in den vorkommenden Fällen aufmerksam machen werden.

§. 2. **Gleichungen höherer Grade mit einer Unbekannten, die sich durch Substitution auf quadratische Gleichungen zurückführen lassen.**

Zu den einfachsten Gleichungen höherer Grade, deren Wurzeln durch eine einfache Substitution mit Hülfe einer quadratischen Gleichung zu finden sind, gehören die, welche die Gestalt haben:

$$x^{2n} + 2ax^n + b = 0,$$

wo n irgend eine ganze oder gebrochene Zahl sein kann. Betrachtet man nämlich nicht x selbst, sondern $x^n = z$ als die zu bestimmende Größe, so hat man für z die Gleichung:

$$z^2 + 2az + b = 0,$$

also:

$$z = x^n = -a \pm \sqrt{a^2 - b},$$

mithin:

$$x = \sqrt[n]{-a \pm \sqrt{a^2 - b}}.$$

Es sind damit die 2n Wurzeln der gegebenen Gleichung gefunden, da, wie aus der Theorie der Wurzeln bekannt ist, jede nte Wurzel auch n verschiedene Werthe hat.

Nach dieser Methode lassen sich die folgenden Gleichungen lösen:

1) $x^4 + 1225 = 74x^2$,
$x = \pm 7$ oder $= \pm 5$.

2) $3x^6 + 42x^3 = 3321$,
$x_1 = \sqrt[3]{27}$, $x_2 = -\sqrt[3]{41}$.

3) $\sqrt{x} + 2\sqrt[4]{x} - 8 = 0$,
$x_1 = 16$, $x_2 = 256$.

Allerdings gilt hier der zweite Werth nur, wenn $\sqrt[4]{x}$ als negativ betrachtet wird. Vergleiche darüber den Schluß von §. 1.

4) $x^3 - \sqrt{x^3} = 56$,
$x_1 = 4$, $x_2 = -\sqrt[3]{49}$.

5) $3x^{4/3} - \frac{5}{2}x^{2/3} = -592$,
$x_1 = 8$, $x_2 = \sqrt[4]{-\left(\frac{74}{5}\right)^3}$.

$$6)\quad \sqrt[5]{x^6}+\sqrt[5]{x^3}=756,$$

$$x_1=243,\quad x_2=-\sqrt[3]{28^5}.$$

Auch in den folgenden Gleichungen sucht man anfänglich nicht die unbekannte Größe selbst, sondern zunächst eine einfache Funktion derselben, die in der aufzulösenden Gleichung enthalten ist.

$$7)\quad 7+x+2\sqrt{7+x}=15.$$

Substituirt man $\sqrt{7+x}=z$, so erhält man:

$$z=5 \text{ oder } =-3,$$

also:

$$x_1=18,\quad x_2=2.$$

Auch hier befriedigt nur die zweite Wurzel die gegebene Gleichung, wie in den beiden folgenden.

$$8)\quad x+5=\sqrt{x+5}+6,$$
$$x_1=-1,\quad x_2=4.$$

$$9)\quad \sqrt{x+12}+\sqrt[4]{x+12}=6,$$
$$x_1=69,\quad x_2=4.$$

$$10)\quad x+16-7\sqrt{x+16}+10=0,$$
$$x_1=9,\quad x_2=-12.$$

$$11)\quad x^2-2x+6\sqrt{x^2-2x+5}=11.$$
$$x=1,\quad x=1\pm 2\sqrt{15}.$$

$$12)\quad \sqrt{x^2+x+6}=\frac{60-4\sqrt{x^2+x+6}}{\sqrt{x^2+x+6}},$$

$$x=5,\quad x=-6,\quad x=\frac{-1\pm\sqrt{377}}{2}.$$

$$13)\quad \{(x-2)^2-x\}^2-(x-2)^2=88-(x-2).$$

Man substituire $(x-2)^2-x=z$. Alsdann ergiebt sich:

$$z^2-z=90$$

und:

$$x=6,\quad x=-1,\quad x=\frac{5\pm 3\sqrt{-3}}{2}.$$

$$14)\quad \sqrt[3]{a-x}-\sqrt[3]{b-x}=c.$$

Nachdem man $\sqrt[3]{b-x}$ auf die andere Seite geschafft, erhebt man die Gleichung in die dritte Potenz. Es ergiebt sich auf diese Weise eine quadratische Gleichung mit der Unbekannten $\sqrt[3]{b-x}$, welche das Resultat liefert:

$$x = \frac{1}{2}\left\{a + b \mp \frac{a-b+2c^3}{3c}\sqrt{\frac{4a-4b-c^3}{3c}}\right\}.$$

$$15)\quad \sqrt{1+ax} + \sqrt{1+\frac{b}{x}} = c.$$

Substituirt man, nachdem die Gleichung quadrirt ist:

$$\sqrt{(1+ax)\left(1+\frac{b}{x}\right)} = y,$$

so erhält man leicht:

$$x = \frac{1}{2a}\left\{c^2 \mp 2\sqrt{c^2+ab} \pm c\sqrt{c^2+4\mp 4\sqrt{c^2+ab}}\right\}.$$

$$16)\quad \frac{1}{\sqrt{a+x}} + \frac{1}{\sqrt{b-x}} = c.$$

Nachdem man die Nenner fortgeschafft und quadrirt hat, setze man:

$$\sqrt{(a+x)(b-x)} = y.$$

Man findet dann:

$$y = \frac{1 \pm \sqrt{1+c^2(a+b)}}{c^2},$$

so daß sich für x eine einfache quadratische Gleichung ergiebt. Analog löst man die folgende Gleichung auf:

$$17)\quad \frac{1}{\sqrt{a+x}} - \frac{1}{\sqrt{b-x}} = c.$$

$$18)\quad \frac{a}{\sqrt{x+a}+\sqrt{x}} = \frac{bx}{\sqrt{x}-\sqrt{x-a}}.$$

Setzt man $x = \frac{a}{y}$, so ergiebt sich nach Fortschaffung der Nenner:

$$b\sqrt{1+y} + y\sqrt{1-y} = y - b.$$

Quadrirt man diese Gleichung, so erhält man:

$$2b\sqrt{1-y^2} = y^2 - b^2 - 2b.$$

Wenn man endlich noch einmal quadrirt, so ergiebt sich unmittelbar eine quadratische Gleichung für y^2. Man erhält daraus folgende vier Wurzeln der gegebenen Gleichung:

$$x = \frac{\pm a}{\sqrt{b(2-b) \pm 2b\sqrt{1-2b}}}.$$

19) $x(x+a)(x+2a)(x+3a) = b.$

Multiplicirt man die beiden mittleren und äußeren Faktoren mit einander, so nimmt die Gleichung die Form an:

$$(x^2+3ax)(x^2+3ax+2a^2) = b,$$

oder, wenn man $x^2+3ax = y$ substituirt:

$$y^2+2a^2y-b = 0.$$

Damit ist y und somit auch x leicht zu finden. Es folgen die vier Werthe:

$$x = -\frac{3}{2}a \pm \sqrt{\frac{5}{4}a^2 \pm \sqrt{a^4+b}}.$$

Wir fügen zu den bisher gegebenen Gleichungen eine Gruppe anderer hinzu, welche die charakteristische Form haben, daß sie aus Summen von Brüchen bestehen, die, paarweise addirt, gemeinschaftliche Faktoren absondern lassen. Indem man also die Faktoren einzeln $= 0$ setzt, zerspaltet man unmittelbar die gegebenen höheren Gleichungen in eine Gruppe niederer, deren Wurzeln sämmtlich Wurzeln der ersteren sind.

20) (a) $\frac{1}{x} - \frac{1}{1+x} + \frac{1}{2+x} - \frac{1}{3+x} - \frac{1}{4+x}$

$$+ \frac{1}{5+x} - \frac{1}{6+x} + \frac{1}{7+x} = 0.$$

Summirt man je zwei von den Enden gleich weit entfernte Brüche, so ergiebt sich:

$$\frac{7+2x}{7x+x^2} - \frac{7+2x}{6+7x+x^2} + \frac{7+2x}{10+7x+x^2} - \frac{7+2x}{12+7x+x^2} = 0.$$

Setzt man also erstens den gemeinschaftlichen Faktor:

$$7+2x = 0,$$

so ergiebt sich eine Wurzel:

$$x = -\frac{7}{2}.$$

Substituirt man außerdem $x^2+7x = y$, so ergeben sich die andern Wurzeln aus dem zweiten Faktor:

$$(b)\quad \frac{1}{y}-\frac{1}{y+6}+\frac{1}{y+10}-\frac{1}{y+12}=0.$$

Man erhält nämlich nach Fortschaffung der Nenner:

$$y^2+18y+90=0.$$

Daraus folgen denn für x die vier imaginären Werthe:

$$x=-\frac{7}{2}\pm\sqrt{\frac{13}{4}\pm 3i}.$$

Es sind also fünf Wurzeln der gegebenen Gleichung gefunden und in der That erhält man nach Fortschaffung der Nenner aus der Gleichung (a) nur ein Polynom fünften Grades. Indessen ergiebt sich in unserem Falle aus (a) und auch (b) noch unmittelbar die Wurzel $x=\infty$, die in gewissen Fällen für die gegebene Aufgabe eine Bedeutung haben kann.

21) $$\frac{1}{x}+\frac{1}{x-1}+\frac{1}{x-2}+\frac{1}{x-3}+\frac{1}{x-4}+\frac{1}{x-5}=0.$$

Man erhält durch paarweises Zusammenfassen je zweier gleichweit von den Enden entfernter Brüche:

$$\frac{2x-5}{x^2-5x}+\frac{2x-5}{x^2-5x+4}+\frac{2x-5}{x^2-5x+6}=0.$$

Setzt man also zunächst wieder den Faktor $2x-5=0$, so ergiebt sich die erste Wurzel:

$$x=\frac{5}{2}.$$

Substituirt man darauf $x^2-5x=y$, so findet man zweitens:

$$\frac{1}{y}+\frac{1}{y+4}+\frac{1}{y+6}=0.$$

oder:

$$y=\frac{-10\pm 2\sqrt{7}}{3}.$$

Es sind also die sechs Wurzeln der gegebenen Gleichung:

$$x=\infty,\quad x=\frac{5}{2},\quad x=\frac{5}{2}\pm\sqrt{\frac{35\pm 8\sqrt{7}}{12}}.$$

22) $$\frac{a}{x}+\frac{b}{x-1}+\frac{c}{x-2}+\frac{c}{x-3}+\frac{b}{x-4}+\frac{a}{x-5}=0.$$

Nach der Addition von je zwei gleichweit von den Enden entfernten

Brüchen folgt eine Gleichung, aus der sich der Faktor $2x-5$ absondern läßt. Setzt man ferner $x^2-5x=y$, so ergiebt sich für y die quadratische Gleichung:

$$y^2(a+b+c)+2y(5a+3b+2c)+24a=0.$$

Es ergeben sich schließlich für x die sechs Wurzeln:

$$x=\infty,\quad x=\frac{5}{2},$$

$$x=\frac{5}{2}\pm\sqrt{\frac{5a+13b+17c\pm\sqrt{(a-3b-2c)^2+12ab}}{4(a+b+c)}}.$$

23) $$\frac{1}{x+a}+\frac{1}{x+b}+\frac{1}{x+c}+\frac{1}{x+a+b-c}=0.$$

Es ergiebt sich der gemeinschaftliche Faktor: $2x+a+b$. Setzt man ferner $x^2+(a+b)x=y$, so hat man zweitens:

$$\frac{1}{y+ab}+\frac{1}{y+c(a+b-c)}=0.$$

Man findet also für x die vier Wurzeln:

$$x=\infty,\quad x=-\frac{a+b}{2},$$

$$x=-\frac{a+b}{2}\pm\frac{1}{2}\sqrt{\frac{1}{2}\{(a+b-2c)^2+(a-b)^2\}}.$$

24) $$\frac{1}{x+a}+\frac{1}{x+b}+\frac{1}{x+c}+\frac{1}{x+d}$$
$$+\frac{1}{x+a+b-c}+\frac{1}{x+a+b-d}=0.$$

Nach zweckmäßiger Vereinigung je zweier Glieder tritt der Faktor $2x+a+b$ heraus, und man erhält zur Bestimmung von $x^2+x(a+b)=y$ die Gleichung:

$$\frac{1}{y+ab}+\frac{1}{y+c(a+b-c)}+\frac{1}{y+d(a+b-d)}=0.$$

Man findet also, wenn man zur Abkürzung:

$$ab+ac+bc-c^2=m$$

und:

$$ad+bd-d^2=n$$

setzt,

$$y=-\tfrac{1}{3}(m+n)\pm\tfrac{1}{3}\sqrt{m^2+n^2-mn-3ab(m-ab)}.$$

Die Wurzeln der gegebenen Gleichung sind also:

$$x = \infty; \quad x = -\frac{a+b}{2}; \quad x = \tfrac{1}{2}\{-(a+b) \pm \sqrt{(a+b)^2 + 4y}\}.$$

$$25) \quad \frac{\alpha}{x+a} + \frac{\alpha}{x+b} + \frac{\beta}{x+c} + \frac{\gamma}{x+d}$$

$$+ \frac{\beta}{x+a+b-c} + \frac{\gamma}{x+a+b-d} = 0.$$

Vereinigt man die Glieder mit gleichem Zähler, so ergiebt sich der gemeinschaftliche Faktor $2x + a + b$ und zur Bestimmung von $y = x^2 + x(a+b)$ die Gleichung:

$$\frac{\alpha}{y+ab} + \frac{\beta}{y+c(a+b-c)} + \frac{\gamma}{y+d(a+b-d)} = 0,$$

also, wenn man dieselben Abkürzungen wie unter Nr. 24 einführt und

$$\frac{m(\alpha+\gamma) + n(\alpha+\beta) - ab(\alpha-\beta)}{2(\alpha+\beta+\gamma)} = P$$

setzt:

$$y = -P \pm \sqrt{P^2 - \frac{mn\alpha + m\gamma ab - nab(\alpha-\beta) - \gamma\alpha^2 b^2}{\alpha+\beta+\gamma}}.$$

Die Wurzeln der gegebenen Gleichung sind endlich:

$$x = \infty; \quad x = -\frac{a+b}{2}; \quad x = \frac{-(a+b) \pm \sqrt{(a+b)^2 + 4y}}{2}.$$

$$26) \quad \frac{\alpha}{x} - \frac{\beta}{a+x} + \frac{\gamma}{2a+x} - \frac{\delta}{3a+x} - \frac{\delta}{4a+x}$$

$$+ \frac{\gamma}{5a+x} - \frac{\beta}{6a+x} + \frac{\alpha}{7a+x} = 0.$$

Faßt man wiederum die Glieder, welche denselben Zähler haben, paarweis zusammen, so läßt sich $7a + 2x$ als gemeinschaftlicher Faktor absondern, und man erhält die Wurzel: $x = -\frac{7a}{2}$. Setzt man außerdem $x^2 + 7ax = y$, so liefert der andere Faktor die folgende Gleichung:

$$\frac{\alpha}{y} - \frac{\beta}{y+6a^2} + \frac{\gamma}{y+10x^2} - \frac{\delta}{y+12a^2} = 0.$$

Dieselbe reducirt sich nun im Allgemeinen auf den dritten Grad und wird nur quadratisch, wenn $\alpha + \gamma = \beta + \delta$ ist. In diesem Falle nämlich wird der Coefficient von $y^3 = 0$, so daß man eine Wurzel $y = \infty$ erhält, während die andern sich aus der übrig bleibenden quadratischen Gleichung ergeben.

§. 3. Reciproke Gleichungen mit einer unbekannten Größe.

Sind die reciproken Wurzelwerthe einer Gleichung ebenfalls Wurzeln der Gleichung, so heißt dieselbe reciprok. Die reciproken Gleichungen sind dadurch erkennbar, daß die Coefficienten der gleichweit von der Mitte abstehenden Glieder dieselben sind. Bei Gleichungen ungeraden Grades können allerdings diese Coefficienten auch entgegengesetzte Vorzeichen haben.

Es lassen sich nun alle reciproken Gleichungen nten Grades durch eine einfache Substitution auf Gleichungen niederen Grades zurückführen und zwar auf den $\frac{n}{2}$ten, wenn n gerade und auf den $\frac{n-1}{2}$ten, wenn n ungerade ist. Dividirt man nämlich, wenn n gerade ist, die gegebene Gleichung mit $x^{\frac{n}{2}}$, so folgt aus der charakteristischen Form der reciproken Gleichungen, daß alle Gliederpaare mit den Potenzen x^ν und $\frac{1}{x^\nu}$ denselben Coefficienten haben. Substituirt man aber $x + \frac{1}{x} = y$, so kann man $x^\nu + \frac{1}{x^\nu}$ als ein Polynom νten Grades von y darstellen, so daß man also eine Gleichung erhält, welche in Beziehung auf y vom $\frac{n}{2}$ten Grade ist. In der That folgt, wenn man die Definitionsgleichung:

$$(1) \quad x + \frac{1}{x} = y$$

quadrirt und das Product wieder mit derselben Gleichung multiplicirt und so fortschreitet:

$$\text{a)} \quad \begin{cases} x^2 + \frac{1}{x^2} = y^2 - 2, \\ x^3 + \frac{1}{x^3} = y^3 - 3y, \\ x^4 + \frac{1}{x^4} = y^4 - 4y^2 + 2, \\ x^5 + \frac{1}{x^5} = y^5 - 5y^3 + 5y \text{ u. s. w.} \end{cases}$$

Etwas ganz Aehnliches gilt von reciproken Gleichungen, deren Grad ein ungrader ist.

Hat man aber y gefunden, so setzt man den erhaltenen Werth in die Gleichung (1) ein und erhält auf diese Weise eine einfache quadratische Gleichung für die gesuchte Größe x.

$$1) \quad x^4 + ax^3 + bx^2 + ax + 1 = 0.$$

Durch Division mit x^2 ergiebt sich:

$$x^2 + \frac{1}{x^2} + a\left(x + \frac{1}{x}\right) + b = 0.$$

Setzt man ferner $x + \frac{1}{x} = y$, so findet man nach den Gleichungen (a):

$$y^2 - 2 + ay + b = 0,$$

oder, wenn man $\sqrt{a^2 - 4b + 8} = R$ substituirt:

$$y = x + \frac{1}{x} = \tfrac{1}{2}\{-a \pm R\}.$$

Folglich die vier Wurzeln:

$$x = \tfrac{1}{4}(-a \pm R) \pm \tfrac{1}{4}\sqrt{2a^2 - 4b - 8 \mp 2aR},$$

$$2) \quad x^3 + ax^2 + ax + 1 = 0.$$

Durch Division mit $x^{\frac{3}{2}}$ erhält man:

$$x^{\frac{3}{2}} + \frac{1}{x^{\frac{3}{2}}} + a\left(x^{\frac{1}{2}} + \frac{1}{x^{\frac{1}{2}}}\right) = 0.$$

Setzt man $x^{\frac{1}{2}} + x^{-\frac{1}{2}} = y$, so erhält man nach den Gleichungen (a):

$$y\{y^2 - 3 + a\} = 0,$$

oder:

$$y = 0, \quad y = \pm\sqrt{3 - a}.$$

Mithin ergeben sich, wenn man quadrirt, für x die beiden Gleichungen:

$$x + \frac{1}{x} + 2 = 0,$$

oder:

$$x = -1$$

und:

$$x + \frac{1}{x} + a - 1 = 0,$$

oder:

$$x = \tfrac{1}{2}\{1 - a \pm \sqrt{(a-3)(a+1)}\}.$$

Will man die Rechnung mit den gebrochenen Potenzen vermeiden, so substituire man in der gegebenen Gleichung:

$$x = u^2.$$

Alsdann erhält man durch Division mit u^3:

$$u^3 + au + \frac{a}{u} + \frac{1}{u^3} = 0,$$

oder wenn man $u + \frac{1}{u} = y$ setzt:

$$y^3 + (a-3)y = 0,$$

dieselbe Gleichung, wie die oben gefundene.

3) $x^5 + ax^4 + bx^3 + bx^2 + ax + 1 = 0.$

Setzt man auch hier $x = u^2$ und dividirt alsdann mit u^5, so ergiebt sich:

$$u^5 + \frac{1}{u^5} + a\left(u^3 + \frac{1}{u^3}\right) + b\left(u + \frac{1}{u}\right) = 0,$$

oder, wenn man $u + \frac{1}{u} = y$ substituirt:

$$y\{y^4 - 5y^2 + 5 + a(y^2 - 3) + b\} = 0.$$

Somit ist entweder:

$$y = 0,$$

oder:

$$y^2 = \tfrac{1}{2}\{5 - a \pm \sqrt{5 + 2a + a^2 - 4b}\}.$$

Es ist also $x = -1$, während sich die andern vier Wurzeln aus der Gleichung ergeben:

$$x + \frac{1}{x} = y^2 - 2.$$

Wir schließen an diese reciproken Gleichungen noch einige andere von einem ungeraden Grade an, deren gleich weit von beiden Enden entfernte Glieder gleich große aber entgegengesetzte Coefficienten haben. Dieselben ließen sich auch unmittelbar auf die vorhergehenden zurückführen, wenn man $x = -y$ substituirte.

$$4)\quad x^3 + ax^2 - ax - 1 = 0.$$

Setzt man wieder $x = u^2$ und dividirt alsdann mit u^3, so folgt:

$$u^3 - \frac{1}{u^3} + a\left(u - \frac{1}{u}\right) = 0.$$

Man setze:

$$u - \frac{1}{u} = y,$$

dann wird, wenn man diese Gleichung mit sich selbst und das Product wieder mit derselben Gleichung multiplicirt und so fortschreitet:

$$b)\quad \begin{cases} u^2 + \dfrac{1}{u^2} = y^2 + 2, \\ u^3 - \dfrac{1}{u^3} = y^3 + 3y, \\ u^4 + \dfrac{1}{u^4} = y^4 + 4y^2 + 2, \\ u^5 - \dfrac{1}{u^5} = y^5 + 5y^3 + 5y \text{ u. s. w.} \end{cases}$$

Mit Hülfe dieser Relationen nimmt also die aufzulösende Gleichung die Form an:

$$y\{y^2 + 3 + a\} = 0,$$

also entweder:

$$y = 0$$

oder:

$$y = \pm i\sqrt{3 + a}.$$

Daraus folgt endlich, wenn man berücksichtigt, daß:

$$x + \frac{1}{x} = y^2 + 2,$$

$$x = 1 \quad \text{und:}$$

$$x = -\tfrac{1}{2}\{1 + a \pm \sqrt{(a+3)(a-1)}\}.$$

$$5)\quad x^5 + ax^4 + bx^3 - bx^2 - ax - 1 = 0.$$

Durch dieselbe Substitution und durch Division mit u^5 erhält man:

$$u^5 - \frac{1}{u^5} + a\left(u^3 - \frac{1}{u^3}\right) + b\left(u - \frac{1}{u}\right) = 0.$$

Setzt man wiederum $u - \frac{1}{u} = y$, so ergiebt sich entweder:

$$y = 0$$

oder:
$$y^4 + (5 + a)y^2 + 3a + b + 5 = 0.$$

Hat man also y gefunden, so erhält man schließlich die Werthe von x aus der Gleichung:

$$x + \frac{1}{x} = y^2 + 2.$$

Aehnlich läßt sich auch die folgende Gleichung auflösen, obgleich ihre Gestalt wesentlich von der der reciproken Gleichungen abweicht.

$$6)\quad x^4 + ax^3 + bx^2 - ax + 1 = 0.$$

Durch Division mit x^2 findet man:

$$x^2 + \frac{1}{x^2} + a\left(x - \frac{1}{x}\right) + b = 0.$$

Setzt man also $x - \frac{1}{x} = y$, so erhält man:

$$y^2 + ay + b + 2 = 0$$

oder:
$$y = -\tfrac{1}{2}\{a \mp \sqrt{a^2 - 4b - 8}\}.$$

Die vier Werthe von x folgen endlich aus der Gleichung:

$$x^2 + \tfrac{1}{2}\{a \mp \sqrt{a^2 - 4b - 8}\}x - 1 = 0.$$

$$7)\quad \sqrt{x^2 - \frac{a^4}{x^2}} + \sqrt{a^2 - \frac{a^4}{x^2}} = \frac{x^2}{a}.$$

Substituirt man $x^2 = a^2y$, so verschwindet der Coefficient a aus der Gleichung und man erhält nur:

$$\sqrt{y - \frac{1}{y}} + \sqrt{1 - \frac{1}{y}} = y.$$

Bringt man alsdann $\sqrt{1 - \frac{1}{y}}$ auf die rechte Seite, so ergiebt sich, wenn man quadrirt:

$$2y\sqrt{1 - \frac{1}{y}} = y^2 + 1 - y,$$

oder, wenn man noch einmal quadrirt:

$$y^4-2y^3-y^2+2y+1=0.$$

Diese Gleichung hat aber im Wesentlichen die Form der unter Nr. 6 behandelten. Dividirt man mit y^2 und setzt $y-\frac{1}{y}=u$, so ergiebt sich:

$$u^2-2u+1=0$$

oder:

$$u=1,$$

also:

$$y=\frac{1\pm\sqrt{5}}{2},$$

oder:

$$x=\pm a\sqrt{\frac{1\pm\sqrt{5}}{2}}.$$

§. 4. **Quadratische Gleichungen mit zwei unbekannten Größen.**

Hat man ein System von n Gleichungen mit n unbekannten Größen aufzulösen und eliminirt man nach den gewöhnlichen Methoden n — 1 dieser Unbekannten, so erreicht die resultirende Gleichung in der Regel einen so hohen Grad, daß ihre Auflösung mit vielen Schwierigkeiten verknüpft ist. Man wird also, wenn es irgend möglich ist, bei der Auflösung solcher Gleichungen zu Kunstgriffen seine Zuflucht nehmen müssen, welche je nach der verschiedenen Gestalt des aufzulösenden Gleichungssystemes verschieden sind.

Bei den Gleichungen N. 1 bis Nr. 13 z. B. würde man schließlich auf quadratische Gleichungen geführt werden, wenn man die eine der unbekannten Größen einfach eliminirte. Es ist aber bequemer, zuerst das Verhältniß der beiden unbekannten Größen, oder den Bruch $\frac{x}{y}$ zu bestimmen und mit dessen Hülfe diese Größen selbst zu berechnen.

1) $\frac{x+y}{y}=\frac{7}{4},\quad xy=12.$

$x=\pm 3,\quad y=\pm 4.$

2) $\frac{x+y}{x-y}=\frac{a}{b},\quad xy=c^2.$

$$x = \pm c\sqrt{\frac{a+b}{a-b}}, \quad y = \pm c\sqrt{\frac{a-b}{a-b}}.$$

3) $\frac{x+y}{x} = \frac{7}{5}, \quad xy + y^2 = 126.$
$x = \pm 15, \quad y = \pm 6.$

4) $\frac{x^2+y^2}{x^2-y^2} = \frac{25}{7}, \quad xy^2 = 36.$
$x = 4, \quad y = \pm 3.$

5) $x^2 + xy = 24, \quad xy + y^2 = 40.$
$x = \pm 3, \quad y = \pm 5.$

6) $x^2 - xy = 48, \quad xy - y^2 = 12.$
$x = \pm 8, \quad y = \pm 2.$

7) $\frac{x^3+y^3}{x^3-y^3} = \frac{234}{109}, \quad xy^2 = 175.$
$x = 7, \quad y = 5.$

8) $\frac{x+2y}{y} = \frac{12}{5}, \quad 10x + 5y = \frac{343 - 7x^2}{x+y}.$
$x = \pm 2, \quad y = \pm 5.$

9) $\frac{x^3-y^3}{x^2y - xy^2} = 3, \quad x + y = 6.$
$x = 3, \quad y = 3.$

10) $18\frac{x}{y} = \frac{8y}{x}, \quad 3xy + 2x + y = 485.$

$$\begin{cases} x = 10 \\ y = 15, \end{cases} \qquad \begin{cases} x = -\frac{97}{9} \\ y = -\frac{97}{6}. \end{cases}$$

11) $x^2 - xy = 24y, \quad xy - y^2 = \frac{3}{2}x.$

Durch Division findet man zunächst $\frac{x}{y} = \pm 4$. Also:

$$\begin{cases} x = 0 \\ y = 0, \end{cases} \qquad \begin{cases} x = 8 \\ y = 2, \end{cases} \qquad \begin{cases} x = -\frac{24}{5} \\ y = \frac{6}{5}. \end{cases}$$

12) $4x^2+\frac{5}{2}=\frac{x^2}{y}+10y, \quad x^2+3y=55.$

$$\begin{cases} x=\pm 5 \\ y=10, \end{cases} \quad \begin{cases} x=\pm\frac{1}{2}\sqrt{217} \\ y=\frac{1}{4}. \end{cases}$$

13) $x^2+axy+by^2=c,$
$x^2+\alpha xy+\beta y^2=\gamma.$

Dividirt man die beiden gegebenen Gleichungen durch einander und setzt alsdann $y=xz$, so verschwindet auch x aus der resultirenden Gleichung und man findet für z die beiden Werthe:

$$z=\frac{c\alpha-a\gamma\pm\sqrt{(c\alpha-a\gamma)^2-4(\gamma-c)(b\gamma-c\beta)}}{2(\beta\gamma-c\beta)}.$$

Ferner ist:

$$x=\pm\sqrt{\frac{c}{1+az+bz^2}}$$

und:

$$y=\pm z\sqrt{\frac{c}{1+az+bz^2}}.$$

Bisweilen gestattet die Form der Gleichungen mit zwei unbekannten Größen, daß man zunächst die Summe, resp. Differenz und das Produkt derselben berechnen und darauf nach den im §. 1 gemachten Bemerkungen die Unbekannten selbst bestimmen kann. Dahin gehören die Systeme von 14- 44.

14) $x^2+y^2=a$
$x+y=b.$

$$x=\tfrac{1}{2}(b\pm\sqrt{2a-b^2})$$

und:

$$y=\tfrac{1}{2}(b\mp\sqrt{2a-b^2}).$$

15) $x^3+y^3=a$
$x+y=b.$

Indem man die zweite Gleichung in die dritte Potenz erhebt und dann die erste subtrahirt, ergiebt sich für xy eine Gleichung ersten Grades, welche das Resultat liefert:

$$xy=\frac{b^3-a}{3b}.$$

Es ist also:

$$x = \frac{1}{2}\left(b \pm \sqrt{\frac{4a - b^3}{3b}}\right)$$

und:

$$y = \frac{1}{2}\left(b \mp \sqrt{\frac{4a - b^3}{3b}}\right).$$

$$16) \quad x^4 + y^4 = a$$
$$x + y = b.$$

Indem man die zweite Gleichung in die vierte Potenz erhebt und darauf die erste subtrahirt, findet man:

$$x^2y^2 - 2b^2xy + \frac{b^4 - a}{2} = 0,$$

oder:

$$xy = \frac{1}{2}(2b^2 \pm \sqrt{2(b^4 + a)}).$$

Daraus ergiebt sich schließlich:

$$x = \frac{1}{2}\left(b \pm \sqrt{-3b^2 \mp 2\sqrt{2(b^4 + a)}}\right)$$

und:

$$y = \frac{1}{2}\left(b \mp \sqrt{-3b^2 \mp 2\sqrt{2(b^4 + a)}}\right).$$

$$17) \quad x^5 + y^5 = a,$$
$$x + y = b.$$

Man erhält analog:

$$xy = \frac{5b^3 \pm \sqrt{5b(b^5 + 4a)}}{10b},$$

und daraus leicht die Werthe von x und y.

Uebersteigt in den ersten Gleichungen von (14) bis (17) der Exponent von x und y den fünften Grad, so ist die Gleichung, welche xy liefert, nicht mehr quadratisch, sondern von einem höheren Grade.

Die Gleichungen:

$$17a) \quad x^2 + y^2 = a, \quad x - y = b.$$
$$17b) \quad x^3 - y^3 = a, \quad x - y = b.$$
$$17c) \quad x^4 + y^4 = a, \quad x - y = b.$$
$$17d) \quad x^5 - y^5 = a, \quad x - y = b,$$

werden unmittelbar auf die so eben betrachteten zurückgeführt, wenn man nur $-y = z$ als die gesuchte Unbekannte betrachtet.

18) $x + \alpha\sqrt{xy} + y = a,$
$x^2 + \beta xy + y^2 = b.$

Quadrirt man die erste Gleichung, nachdem man $\alpha\sqrt{xy}$ auf die andere Seite geschafft, und subtrahirt dann die zweite, so ergiebt sich für $\sqrt{xy}$ eine quadratische Gleichung, welche das Resultat liefert:

$$\sqrt{xy} = \frac{a\alpha \pm \sqrt{b\alpha^2 - (a^2 - b)(\beta - 2)}}{\alpha^2 + \beta - 2}.$$

Setzt man diesen Werth in die erste Gleichung ein, so erhält man $x + y$ und daraus x und y selbst.

19) $2xy = 48 - x^2y^2,$
$x - y = 1.$

$$\begin{cases} x = 3 \\ y = 2, \end{cases} \quad \begin{cases} x = -2 \\ y = -3, \end{cases} \quad \begin{cases} x = \dfrac{1 \pm \sqrt{-31}}{2} \\ y = \dfrac{-1 \pm 2\sqrt{-31}}{2}. \end{cases}$$

20) $x^2 + x + y = 18 - y^2,$
$xy = 6.$

$$\begin{cases} x = 3 \\ y = 2, \end{cases} \quad \begin{cases} x = 2 \\ y = 3, \end{cases} \quad \begin{cases} x = -3 \pm \sqrt{3} \\ y = -3 \mp \sqrt{3}. \end{cases}$$

21) $x + y + xy = 34,$
$x^2 + y^2 - x - y = 42.$

$$\begin{cases} x = \tfrac{1}{2}(-11 \pm \sqrt{-59}) \\ y = \tfrac{1}{2}(-11 \mp \sqrt{-59}), \end{cases} \quad \begin{cases} x = 6 \\ y = 4, \end{cases} \quad \begin{cases} x = 4 \\ y = 6. \end{cases}$$

22) $x + y = a,$
$xy(x^2 + y^2) = b.$

$$x = \tfrac{1}{2}\left(a \pm \sqrt{\mp\sqrt{a^4 - 8b}}\right),$$
$$y = \tfrac{1}{2}\left(a \mp \sqrt{\mp\sqrt{a^4 - 8b}}\right).$$

23) $x + y = xy,$
$x^2 + y^2 + x + y = a.$

$$\begin{cases} x = \tfrac{1}{4}\left(1 \pm \sqrt{4a + 1} + \sqrt{4a - 6 \mp 6\sqrt{4a + 1}}\right), \\ y = \tfrac{1}{4}\left(1 \pm \sqrt{4a + 1} - \sqrt{4a - 6 \mp 6\sqrt{4a + 1}}\right), \end{cases}$$

oder umgekehrt, der erste Werth $= y$ und der zweite $= x$.

24) $x^2y + xy^2 = 30,$

$\frac{1}{x} + \frac{1}{y} = \frac{5}{6}.$

$\begin{cases} x = 3 \\ y = 2, \end{cases} \begin{cases} x = 2 \\ y = 3, \end{cases} \begin{cases} x = 1 \\ y = -6, \end{cases} \begin{cases} x = -6 \\ y = 1. \end{cases}$

25) $x^2y + xy^2 = 6,$

$x^3y^2 + x^2y^3 = 12.$

$\begin{cases} x = 2 \\ y = 1, \end{cases}$ oder umgekehrt $\begin{cases} x = 1 \\ y = 2. \end{cases}$

26) $xy(x+y) = 84,$

$x^4y^2 + x^2y^4 = 3600.$

$\begin{cases} x = 4 \\ y = 3, \end{cases}$ oder umgekehrt.

27) $x^2 + y^2 = \frac{200}{x-y}, \quad xy = \frac{96}{x-y}.$

$\begin{cases} x = 8 \\ y = 6, \end{cases} \begin{cases} x = -6 \\ y = -8. \end{cases}$

28) $x(x+y) = \frac{180}{y},$

$x^3 = 189 - y^3.$

$\begin{cases} x = 5 \\ y = 4, \end{cases} \begin{cases} x = 4 \\ y = 5. \end{cases}$

29) $x^3 - y^3 = 56, \quad x - y = \frac{16}{xy}.$

$\begin{cases} x = 4 \\ y = 2, \end{cases} \begin{cases} x = -2 \\ y = -4. \end{cases}$

30) $x^3 + y^3 = xy(x+y),$

$x^2y + xy^2 = 4xy.$

$x = 2, \quad y = 2.$

31) $\frac{x-y}{\sqrt{x} - \sqrt{y}} = 7, \quad \sqrt{xy} = 12.$

$\begin{cases} x = 16 \\ y = 9, \end{cases} \begin{cases} x = 9 \\ y = 16. \end{cases}$

32) $x + y + \sqrt{xy} = a,$

$x^2 + y^2 = b.$

$$x = \tfrac{1}{2}\left(2a \mp \sqrt{2a^2 - b} + \sqrt{3b - 6a^2 \pm 4a\sqrt{2a^2 - b}}\right),$$
$$y = \tfrac{1}{2}\left(2a \mp \sqrt{2a^2 - b} - \sqrt{3b - 6a^2 \pm 4a\sqrt{2a^2 - b}}\right),$$

oder umgekehrt der zweite Werth $= x$ und der erste $= y$.

33) $x + \sqrt{xy} + y = 13,$
$x^2 + xy + y^2 = 91.$
$$\begin{cases} x = 9 \\ y = 1, \end{cases} \quad \begin{cases} x = 1 \\ y = 9. \end{cases}$$

34) $x^2 + y^2 + xy(x + y) = 68,$
$x^3 + y^3 - 3x^2 = 12 + 3y^2.$
$$\begin{cases} x = 4 \\ y = 2, \end{cases} \quad \begin{cases} x = 2 \\ y = 4. \end{cases}$$

35) $(x^2 + y^2)(x^3 + y^3) = 455,$
$x + y = 5.$
$$\begin{cases} x = \dfrac{15 \pm \sqrt{-309}}{6} \\ y = \dfrac{15 \mp \sqrt{-309}}{6}, \end{cases} \quad \begin{cases} x = 3 \\ y = 2, \end{cases} \quad \begin{cases} x = 2 \\ y = 3. \end{cases}$$

35a) $(x^2 + y^2)(x^3 + y^3) = a,$
$x + y = b.$

Substituirt man zur Abkürzung:
$$\sqrt{-6b^2 \mp 3\sqrt{25b^4 + 24(a - b^5)}} = R,$$
so ergiebt sich:
$$\begin{cases} x = \tfrac{1}{6}(3b \pm R), \\ y = \tfrac{1}{6}(3b \mp R). \end{cases}$$

36) $x^2 - y^2 = a,$
$xy = b.$
$$x = \pm\sqrt{\frac{a \pm \sqrt{a^2 + 4b^2}}{2}},$$
$$y = \pm\sqrt{\frac{a \mp \sqrt{a^2 + 4b^2}}{2}}.$$

37) $x^2 + y^2 + x - y = a, \quad (x^2 + y^2)(x - y) = b.$

Man bestimmt zunächst $x^2 + y^2$ und $x - y$. Setzt man alsdann:
$$\sqrt{4(a + b) - 2a^2 \pm (4 + 2a)\sqrt{a^2 - 4b}} = R,$$

so findet man schließlich:

$$x = \tfrac{1}{4}(a \mp \sqrt{a^2 - 4b} \pm R),$$
$$y = \tfrac{1}{4}(-a \pm \sqrt{a^2 - 4b} \pm R).$$

38) $\dfrac{x^3 - y^3}{(x-y)^3} = 61, \quad xy = 320.$

$\begin{cases} x = \pm 20 \\ y = \pm 16, \end{cases} \quad \begin{cases} x = \pm 16 \\ y = \pm 20. \end{cases}$

39) $a(x-y) = xy, \quad x^2 + y^2 = b.$

$$x = \tfrac{1}{2}\left(-a \pm \sqrt{a^2 + b} \pm \sqrt{b - 2a^2 \pm 2a\sqrt{a^2 + b}}\right),$$
$$y = \tfrac{1}{2}\left(a \mp \sqrt{a^2 + b} \pm \sqrt{b - 2a^2 \pm 2a\sqrt{a^2 + b}}\right).$$

40) $\sqrt[3]{x^2} + \sqrt[3]{y^2} = 113, \quad \sqrt[3]{x} + \sqrt[3]{y} = 15.$

$\begin{cases} x = 512 \\ y = 343, \end{cases} \quad \begin{cases} x = 343 \\ y = 512. \end{cases}$

41) $\sqrt[3]{x^4} + \sqrt[5]{y^2} = 20,$

$\sqrt[3]{x^2} + \sqrt[5]{y} = 6.$

$\begin{cases} x = \pm 8 \\ y = 32, \end{cases} \quad \begin{cases} x = \pm 2\sqrt{2} \\ y = 1024. \end{cases}$

42) $x + y = 78, \quad \sqrt[3]{x} + \sqrt[3]{y} = 6.$

$$\begin{cases} x = 39 \pm \dfrac{85}{3}\sqrt{\dfrac{4}{3}}, \\ y = 39 \mp \dfrac{85}{3}\sqrt{\dfrac{4}{3}}. \end{cases}$$

43) $x + y + \sqrt{x + y} = 12,$

$x^3 + y^3 = 189.$

$\begin{cases} x = 5 \\ y = 4, \end{cases} \quad \begin{cases} x = 4 \\ y = 5. \end{cases}$

44) $x^2 - y^2 = c,$

$(x + y + a)^2 + (x - y + a)^2 = b.$

Es ergiebt sich, wenn man die Quadrate auflöst und y^2 eliminirt:

$$x = \tfrac{1}{2}(-a \pm \sqrt{b + 2c - a^2}),$$
$$y = \pm \tfrac{1}{2}\sqrt{b - 2c \mp 2a\sqrt{b + 2c - a^2}}.$$

45) $xy^2 + y = 21, \quad x^2y^4 + y^2 = 333.$

Bestimmt man zunächst xy, so folgt:

$$\begin{cases} x = 2 \\ y = 3, \end{cases} \quad \begin{cases} x = \frac{1}{108} \\ y = 18. \end{cases}$$

46) $x + xy^3 = a,$
$xy + xy^2 = b.$

Eliminirt man x, so folgt für y eine einfache quadratische Gleichung, welche die Werthe liefert:

$$y = \frac{a+b}{2b} \pm \sqrt{\left(\frac{a+b}{2b}\right)^2 - 1}.$$

Ferner ist:

$$x = \frac{a}{1+y^3}.$$

47) $x^2 - axy = b,$
$y^2 - cxy = d.$

Man suche zunächst $\frac{x}{y} = z.$

$$x = \pm\sqrt{\frac{2b - abc + a^2d \pm \sqrt{(2b - abc + a^2d)^2 - 4b^4(1 - ac)}}{2(1-ac)}},$$

$$y = \pm\sqrt{\frac{2d - acd + bc^2 \pm \sqrt{(2d - acd + bc^2)^2 - 4d^4(1 - ac)}}{2(1-ac)}}.$$

48) $(x^2 + 1)y = xy + 126,$
$(x^2 + 1)y = x^2y^2 - 744.$

$$\begin{cases} x = 5 \\ y = 6, \end{cases} \quad \begin{cases} x = \frac{1}{5} \\ y = 150, \end{cases} \quad \begin{cases} x = \frac{-97 \pm \sqrt{6045}}{58}, \\ y = \frac{-1682}{-97 \pm \sqrt{6045}}. \end{cases}$$

49) $x^2y + y^2 = 116, \qquad x\sqrt{y} + y = 14.$

$$\begin{cases} x = 5 \\ y = 4, \end{cases} \quad \begin{cases} x = 2\sqrt{\frac{2}{5}}, \\ y = 10. \end{cases}$$

50) $x+y-\sqrt{\frac{x+y}{x-y}}=\frac{6}{x-y}$,
$x^2+y^2=41$.

Man suche x^2-y^2 aus der ersten Gleichung. Alsdann ergiebt sich mit Hülfe der zweiten:

$$\begin{cases}x=5\\y=4,\end{cases}\qquad\begin{cases}x=-3\sqrt{\frac{5}{2}},\\y=-\sqrt{\frac{37}{2}}.\end{cases}$$

51) $\frac{x^2+xy+y^2}{x+y}=7,\qquad\frac{x^2-xy+y^2}{x-y}=9.$

Man erweitere die linke Seite der ersten Gleichung mit $x-y$, die der zweiten mit $x+y$. Es folgt schließlich:

$$x=6,\qquad x=3.$$

52) $x^4-2x^2y^2+y^4-x^2+y^2=20$,
$x^4-2x^2y+y^2=49$.

Man bestimme x^2-y^2 und x^2-y. Man findet endlich:

$$\begin{cases}x=\pm3\\y=2,\end{cases}\qquad\begin{cases}x=\pm\sqrt{6}\\y=-1,\end{cases}\qquad\begin{cases}x=\pm\sqrt{\frac{15\pm3\sqrt{5}}{2}},\\y=\frac{1\pm3\sqrt{5}}{2}.\end{cases}$$

53) $\frac{x^4}{y^2}+\frac{y^4}{x^2}+2xy=\frac{1225}{9}$,
$x+4=14-y$.

Es ist leicht, aus der ersten der gegebenen Gleichungen xy zu entwickeln, und aus der zweiten ist $x+y$ bekannt. Man findet:

$$\begin{cases}x=6\\y=4,\end{cases}\qquad\begin{cases}x=4\\y=6,\end{cases}$$

54) $x^2+y\sqrt{xy}=9,\qquad y^2+x\sqrt{xy}=18.$

Durch Division erhält man $\sqrt{\frac{x}{y}}=\frac{1}{2}$ und daraus:

$$x=1,\qquad y=4.$$

55) $\sqrt{\frac{3x}{x+y}} + \sqrt{\frac{x+y}{3x}} = 2,$

$xy - (x+y) = 54.$

Man setze zunächst $\frac{3x}{x+y} = z^2$, berechne z und eliminire darauf y.

$\begin{cases} x = 6 \\ y = 12, \end{cases} \quad \begin{cases} x = -\frac{9}{2}, \\ y = -9. \end{cases}$

56) $\sqrt{\frac{5x}{x+y}} + \sqrt{\frac{x+y}{5x}} = 2, \quad xy + x + y = 84.$

$\begin{cases} x = 4 \\ y = 16 \end{cases} \quad \begin{cases} x = -\frac{21}{4} \\ y = -21. \end{cases}$

57) $\sqrt{\frac{3x-2y}{2x}} + \sqrt{\frac{2x}{3x-2y}} = 2,$

$x^2 - 18 = x(4y-9).$

$\begin{cases} x = 6 \\ y = 3, \end{cases} \quad \begin{cases} x = 3, \\ y = \frac{3}{2}. \end{cases}$

58) $\frac{\sqrt{x+y}}{y} + \frac{y}{\sqrt{(x+y)^3}} = \frac{17}{4\sqrt{x+y}}, \quad x = 2 + y^2.$

Aus der ersten Gleichung erhält man leicht $\frac{x+y}{y}$ oder $\frac{x}{y}$. Man findet schließlich:

$x = 3, \qquad y = 1.$

59) $\frac{\sqrt{x}+\sqrt{y}}{\sqrt{x}-\sqrt{y}} = 5, \quad xy = 36.$

$x = \pm 9, \qquad y = \pm 4.$

60) $\sqrt{x^3} + \sqrt[3]{y^2} = 3x, \qquad \sqrt{x} + \sqrt[3]{y} = x.$

Durch einfache Elimination von y ergiebt sich:

$\begin{cases} x = 0 \\ y = 0, \end{cases} \quad \begin{cases} x = 4 \\ x = 8. \end{cases}$

61) $y+\sqrt{\frac{y}{x}}=\frac{42}{x}, \quad \frac{x^2}{3}+\frac{x}{2\sqrt{y}}=\frac{54}{y}.$

$x=4, \qquad y=9.$

Man bestimme xy und x^2y, und daraus schließlich x und y.

62) $\frac{x+y}{x-y}-\frac{x-y}{x+y}=\frac{24}{5},$

$\sqrt{\frac{x-y}{x^4}}+\frac{1}{x}=\frac{4}{9\sqrt{x-y}}.$

Aus der ersten Gleichung ergiebt sich $\frac{x}{y}$ und mit Hülfe dieses Werthes schließlich:

$x=3, \qquad y=2.$

63) $ax-by=c,$

$a^3x^3-b^3y^3=dxy.$

$x=\frac{c}{2a}\left(1\pm\sqrt{\frac{d+abc}{d-3abc}}\right),$

$y=\frac{c}{2b}\left(-1\pm\sqrt{\frac{d+abc}{d-3abc}}\right).$

64) $\frac{x^2+2y^2}{\sqrt{y}}=x+2xy,$

$x^2-2y^2=256-x\sqrt{y}.$

$\begin{cases} x=\pm\sqrt{\frac{1\pm\sqrt{-511}}{2}}, \\ y=\frac{1\pm\sqrt{-511}}{2}. \end{cases} \qquad \begin{cases} x=16, \\ y=4. \end{cases}$

65) $x^2+x\sqrt[3]{xy^2}=208,$

$y^2+y\sqrt[3]{yx^2}=1053.$

$x=\pm 8, \qquad y=\pm 27.$

66) $x+xy^3-xy-xy^2=a,$

$x^2+x^2y^6-x^2y^2-x^2y^4=b.$

Durch Elimination von x findet man:

$$y = \frac{-b \pm a\sqrt{2b-a^2}}{a^2-b},$$

also:

$$x = \frac{(a^2-b)^3}{2a\{a(a^2-2b) \pm b\sqrt{2b-a^2}\}\{a \mp \sqrt{2b-a^2}\}}.$$

67) $x + xy + xy^2 + xy^3 = a,$
$x^2 + x^2y^6 - x^2y^2 - x^2y^4 = b.$

$$y = \frac{a^2 \pm \sqrt{b(2a^2-b)}}{a^2-b},$$

$$x = \frac{(a^2-b)^3}{2a\{a^2 \pm \sqrt{b(2a^2-b)}\}\{2a^2-b \pm \sqrt{b(2a^2-b)}\}}.$$

68) $\frac{x^2}{y^2} + \frac{2x+y}{\sqrt{y}} = 20 - \frac{x+y^2}{y}, \quad x+8=4y.$
$x = 8, \qquad y = 4.$

69) $x^2 + y^2 + x + y = a,$
$mxy + n(x^2+y^2) = b.$

Substituirt man $x^2 + y^2 = z$, so erhält man, wenn man die erste Gleichung quadrirt:

$$xy = \frac{(a-z)^2 - z}{2}.$$

Also, wenn man diesen Werth in die zweite Gleichung einsetzt und zur Abkürzung:

$$\sqrt{(m-2n)^2 + 4am(m-2n) + 8bm}$$

mit R bezeichnet:

$$x^2 + y^2 = \frac{2am + m - 2n \pm R}{2m}.$$

Setzt man diesen Werth in die erste Gleichung ein, so erhält man noch $x+y$, so daß die Werthe von x und y ohne Schwierigkeit gefunden werden können.

§. 5. Gleichungen mit zwei Unbekannten, deren Auflösung auf reciproke Gleichungen führt.

1) $\frac{x^2}{y^2} + \frac{y^2}{x^2} + \frac{x}{y} + \frac{y}{x} = a, \quad x - y = b.$

Substituirt man $\frac{x}{y} = z$ und setzt dann $z + \frac{1}{z} = u$, so nimmt die erste Gleichung die Form an:

$$u^2 + u - a - 2 = 0.$$

Setzt man also zur Abkürzung $\sqrt{4a+9} = R$, so erhält man:

$$u = \frac{-1 \pm R}{2}$$

und:

$$z = \frac{x}{y} = \tfrac{1}{4}\{-1 \pm R \mp \sqrt{2(2a-3 \mp R)}\}.$$

Mit Hülfe der zweiten gegebenen Gleichung folgt endlich:

$$y = \frac{4b}{-5 \pm R \pm \sqrt{2(2a-3 \mp R)}}, \quad x = b + y.$$

$$2) \quad xy^2 + xy^3 = a, \qquad x + xy^5 = b.$$

Dividirt man mit der ersten Gleichung in die zweite, so ergiebt sich die reciproke Gleichung:

$$1 - y + y^2 - y^3 + y^4 = \frac{b}{a} y^2.$$

Setzt man $y + \frac{1}{y} = z$, so findet man daraus für z die quadratische Gleichung:

$$z^2 - z - \frac{a+b}{a} = 0.$$

Also wird, wenn man $\sqrt{a(5a+4b)} = R$ substituirt:

$$z = \frac{a \pm R}{2a}.$$

Aus z ist dann aber der Werth von y und also auch der von x ohne Schwierigkeit zu entwickeln.

$$3) \quad xy + xy^3 = a, \qquad x + xy^2 + xy^4 = b.$$

Durch Division der zweiten Gleichung durch die erste findet man:

$$\frac{1 + y^2 + y^4}{y(1+y^2)} = \frac{b}{a},$$

oder, wenn man auf der linken Seite mit y^2 hebt, und alsdann $y + \frac{1}{y} = z$ substituirt:

$$z^2 - \frac{b}{a} z - 1 = 0.$$

Setzt man endlich $\sqrt{4a^2 + b^2} = R$, so folgt schließlich:

$$y = \frac{1}{4a}\{b \pm R \pm \sqrt{2(-6a^2 + b^2 \pm bR)}\}$$

und:

$$x = \frac{a}{y(1+y^2)}.$$

Die folgenden Gleichungen dieses Paragraphen werden nach ein und derselben Methode aufgelöst. Substituirt man nämlich in dieselben $y = xz$ und dividirt dann die beiden gegebenen Gleichungen durch einander, so verschwinden aus der resultirenden reciproken Gleichung x und y, während z als einzige Unbekannte darin bleibt. Nachdem man alsdann die Brüche linker Hand mit den gemeinschaftlichen Faktoren, welche etwa darin enthalten sind, und der entsprechenden Potenz von z gehoben, kann man immer $z + \frac{1}{z}$ oder auch $\sqrt{z} + \frac{1}{\sqrt{z}} = u$ substituiren und diese neue Unbekannte mit Hülfe einer quadratischen Gleichung bestimmen. Indem man alsdann denselben Weg rückwärts macht, findet man z und schließlich aus einer der gegebenen Gleichungen x und somit auch y.

4) $(x+y)(x^2+y^2) = a, \qquad x^3 + y^3 = b.$

Die Gleichung für z wird die folgende:

$$\frac{1 + z + z^2 + z^3}{1 + z^3} = \frac{a}{b}.$$

Hebt man mit $z^{\frac{3}{2}}$ und setzt $z^{\frac{1}{2}} + z^{-\frac{1}{2}} = u$, so ergiebt sich:

$$\frac{u^2 - 2}{u^2 - 3} = \frac{a}{b},$$

so daß:

$$u = \pm\sqrt{\frac{3a - 2b}{a - b}}$$

wird. Da nun $z + \frac{1}{z} + 2 = u^2$ ist, so kann man z und also auch x und y leicht finden.

5) $(x+y)(x^3 - y^3) = a, \qquad (x-y)(x^3+y^3) = b.$

Man erhält ganz analog, nachdem man mit $x-y$ gehoben:

$$\sqrt{z}+\frac{1}{\sqrt{z}}=u=\pm\sqrt{\frac{3a-b}{a-b}}.$$

6) $(x+y)(x^3+y^3)=a, \qquad x^4+y^4=b.$

Es folgt für u die Gleichung:

$$\frac{u^2-2+u}{u^2-2}=\frac{a}{b},$$

also:

$$u=\frac{b\pm\sqrt{8a^2-16ab+9b^2}}{2(a-b)}.$$

7) $(x+y)(x^3+y^3)=a, \qquad (x-y)(x^3-y^3)=b.$

Man findet:

$$\frac{u^2-2+u}{u^2-2-u}=\frac{a}{b}$$

und:

$$u=\frac{a+b\pm\sqrt{9a^2-14ab+9b^2}}{2(a-b)}.$$

8) $(x^2+y^2)(x^3+y^3)=a, \qquad (x+y)(x^4+y^4)=b.$

Die Gleichung für u wird die folgende:

$$\frac{u^4-5u^2+6}{u^4-4u^2+2}=\frac{a}{b},$$

also:

$$u=\pm\sqrt{\frac{4a-5b\pm\sqrt{8a^2-8ab+b^2}}{2(a-b)}}.$$

9) $(x+y)(x^4+y^4)=a, \qquad (x-y)(x^4-y^4)=b.$

Es ergiebt sich:

$$\frac{u^4-4u^2+2}{u^4-6u^2+8}=\frac{a}{b},$$

$$u=\pm\sqrt{\frac{3a-2b\pm\sqrt{a^2-2ab+2b^2}}{a-b}}.$$

10) $(x+y)(x^4+y^4)=a, \qquad x^5+y^5=b.$

Man erhält:

$$u=\pm\sqrt{\frac{5a-4b\pm\sqrt{5a^2-12ab+8b^2}}{2(a-b)}}.$$

11) $(x^2+y^2)(x^3+y^3)=a, \qquad (x^2-y^2)(x^3-y^3)=b.$

$$u=\pm\sqrt{\frac{5(a-b)\pm\sqrt{9a^2-10b+b^2}}{2(a-b)}}.$$

12) $(x-y)^2(x^2+y^2)(x^4-y^4)=a, \qquad x^8-y^8=b.$

$$u=\frac{1}{b-a}(b\pm\sqrt{(b-a)^2+a^2}).$$

13) $(x^2+y^2)(x^4-y^4)=a, \qquad (x^2-y^2)(x^4+y^4)=b.$

Nachdem man mit x^2-y^2 gehoben, ergiebt sich für u die Gleichung:

$$\frac{u^2}{u^2-2}=\frac{a}{b},$$

also:

$$u=\pm\sqrt{\frac{2a}{a-b}}.$$

14) $(x^2+y^2)(x^3+y^3)=ax^ny^n, \quad (x^2-y^2)(x^3-y^3)=bx^ny^n.$

Für z findet sich derselbe Werth, wie unter (11). Man erhält daraus mit Hülfe der gegebenen Gleichungen:

$$x=\sqrt[2n-5]{\frac{(1+z^2)(1+z^3)}{az^n}}$$

und:

$$y=\sqrt[2n-5]{\frac{z^{n-5}(1+z^2)(1+z^3)}{a}}.$$

15) $(x^2+y^2)(x^4+y^4)=a(x^n+y^n),$
$(x^2-y^2)(x^4-y^4)=b(x^n+y^n).$

Man findet:

$$u=\pm\sqrt{\frac{2(2a-b)}{a-b}}$$

und:

$$x=\sqrt[n-6]{\frac{(1+z^2)(1+z^4)}{a(1+z^n)}},$$

$$y=zx.$$

16) $(x+y)(x^2+y^2)(x^3+y^3)=a(\alpha\sqrt[n]{x}+\beta\sqrt[n]{y}),$
$x^6+y^6=b(\alpha\sqrt[n]{x}+\beta\sqrt[n]{y}).$

Man erhält:

$$\frac{u^2+u-2}{u^2-3}=\frac{a}{b},$$

also:

$$u=\frac{b\pm\sqrt{12a^2-20ab+9b^2}}{2(a-b)},$$

und schließlich:

$$x=\left\{\frac{a(\alpha+\beta\sqrt[n]{z})}{(1+z)(1+z^2)(1+z^3)}\right\}^{\frac{n}{6n-1}},$$

$$y=zx.$$

17) $(x^2+y^2)(x^3+y^3)=a(x^4+y^4\sqrt{x^2+y^2}-y^5\sqrt[3]{x^3+y^3}),$

$$x^5+y^5=b(x^4+y^4\sqrt{x^2+y^2}-y^5\sqrt[3]{x^3+y^3}).$$

Man findet:

$$\frac{u^4-5u^2+6}{u^4-5u^2+5}=\frac{a}{b},$$

oder:

$$u=\pm\sqrt{\frac{5(a-b)\pm\sqrt{5a^2-6ab+b^2}}{2(a-b)}}.$$

Ist z gefunden, so ergiebt sich schließlich für x eine quadratische Gleichung von der Form:

$$x^2+x\frac{(1+z^2)(1+z^3)-az^4\sqrt{1+z^2}}{z^5\sqrt[3]{1+z^3}}-\frac{a}{z^5\sqrt[3]{1+z^5}}=0.$$

18) $xy+xy^3-x-xy^2=a,$

$$x^2+x^2y^2+x^2y^4+x^2y^6=b.$$

Quadrirt man die erste Gleichung, nachdem man sie in Faktoren zerlegt hat und dividirt sie alsdann durch die zweite, so ergiebt sich, nachdem man mit $1+y^2$ gehoben und:

$$y+\frac{1}{y}=u$$

gesetzt hat:

$$\frac{u^2-2u}{u^2-2}=\frac{a^2}{b},$$

also:

$$u = y + \frac{1}{y} = \frac{-b \pm \sqrt{2a^4 - 2a^2b + b^2}}{a^2 - b}.$$

$$19)\quad x + \alpha y + \frac{y^2}{x} = a, \qquad x^2 + \beta y^2 + \frac{y^4}{x^2} = b.$$

Dividirt man die erste dieser Gleichungen mit y und die zweite mit y^2, so erhält man, wenn man $\frac{x}{y} = z$ setzt:

$$z + \frac{1}{z} + \alpha = \frac{a}{y}$$

und:

$$z^2 + \frac{1}{z^2} + \beta = \frac{b}{y^2}.$$

Eliminirt man also y und setzt $z + \frac{1}{z} = u$, so findet man:

$$\frac{u^2 + 2\alpha u + \alpha^2}{u^2 - 2 + \beta} = \frac{a^2}{b},$$

also:

$$u = z + \frac{1}{z} = \frac{b\alpha \pm \sqrt{a^2b\alpha^2 + (2a^2 - a^2\beta)(a^2 - b)}}{a^2 - b}.$$

Hat man daraus z gefunden, so folgt:

$$x = \frac{a}{1 + \alpha z + z^2}.$$

An diese Gleichung schließen wir noch einige andere an, welche sich nur für besondere Werthe ihrer Coefficienten auf quadratische Gleichungen zurückführen lassen, im Allgemeinen aber von einem höheren Grade sind. Dahin gehören die folgenden:

$$20)\quad x + \alpha y + \frac{y^2}{x} = a, \qquad x^3 + \beta y^3 + \frac{y^6}{x^3} = b.$$

Wenn man wieder $\frac{x}{y} = z$ substituirt und $z + \frac{1}{z} = u$ setzt, so gehen die beiden Gleichungen in die folgenden über:

$$u + \alpha = \frac{a}{y}$$

und:

$$u^3 - 3u + \beta = \frac{b}{y^3}.$$

Wenn man jetzt y^3 eliminirt, so ergiebt sich eine Gleichung, welche in Beziehung auf u im Allgemeinen vom dritten Grade ist, nämlich:

$$(a^3-b)u^3-3\alpha bu^2-3u(a^3-b\alpha^2)+a^3\beta-b\alpha^3=0.$$

Ist aber $b=a^3$, oder auch $a^3\beta-b\alpha^3=0$, so erhält man für u eine quadratische Gleichung, so daß die Auflösung des gegebenen Gleichungssystemes keine weiteren Schwierigkeiten darbietet.

Hätte man u eliminirt, so fände man für $\frac{1}{y}$ die Gleichung:

$$(a^3-b)\left(\frac{1}{y}\right)^3-3a^2\alpha\left(\frac{1}{y}\right)^2+3a(\alpha^2-1)\frac{1}{y}-\alpha^3+3\alpha+\beta=0,$$

so daß sich die Gleichung noch auf den zweiten Grad reducirt, wenn $\beta=\alpha^3-3\alpha$ ist.

$$21)\quad x+\alpha y+\frac{y^2}{x}=a,\qquad x^4+\beta y^4+\frac{y^8}{x^4}=b.$$

Durch dieselbe Substitution wie in den beiden vorhergehenden Nummern findet man:

$$u+\alpha=\frac{a}{y}$$

und:

$$u^4-4u^2+2+\beta=\frac{b}{y^4},$$

so daß sich nach Elimination von u eine Gleichung ergiebt, welche die Form hat:

$$(a^4-b)\left(\frac{1}{y}\right)^4-4a^3\alpha\left(\frac{1}{y}\right)^3+2a^2(3\alpha^2-2)\left(\frac{1}{y}\right)^2-4a\alpha(a^2-2)\frac{1}{y}$$
$$+\alpha^4-4\alpha^2+2+\beta=0.$$

Diese Gleichung läßt sich auf den zweiten Grad reduciren, entweder, wenn:

$$a^2=2\quad\text{und:}\quad\beta=-2+4\alpha^2-\alpha^4$$

ist, indem alsdann die beiden letzten Glieder verschwinden oder wenn:

$$a^4=b\quad\text{und:}\quad\beta=-\alpha^4+4\alpha^2-2$$

ist, da in diesem Falle das erste und das letzte Glied fortfallen. In den andern noch möglichen Fällen, wenn nämlich a oder $\alpha=0$ ist, wird die charakteristische Form der ursprünglichen Gleichung vollständig verändert, und ihre Auflösung einfach. Dagegen wird die

Gleichung reciprok, also auflösbar, wenn:

$$a = 1 \quad \text{und:} \quad b = -\alpha^4 + 4\alpha^2 - \beta - 1 \text{ ist.}$$

Eliminirt man y, so ergiebt sich in Beziehung auf u ebenfalls eine biquadratische Gleichung, welche sich aber auf eine quadratische reducirt, wenn:

$$a^4 = b \quad \text{und:} \quad \alpha^4 b = a^4(2+\beta) \text{ ist.}$$

$$22) \quad x + \alpha y + \frac{y^2}{x} = a, \qquad x^5 + \beta y^5 + \frac{y^{10}}{x^5} = b.$$

Man erhält für u die folgende Gleichung:

$$\left(\frac{u+\alpha}{a}\right)^5 = \frac{u^5 - 5u^3 + 5u + \beta}{b}.$$

Entwickelt man diese Gleichung fünften Grades nach Potenzen von u, so ergeben sich ebenfalls verschiedene Fälle, in welchen sie quadratisch wird. Es ist dies z. B. der Fall, wenn:

$$b - a^5 = 0, \quad \alpha^4 b - a^5 = 0 \quad \text{und:} \quad \alpha^5 b - \beta a^5 = 0$$

ist; wenn man also z. B. hat:

$$\alpha = 1, \quad \beta = 1 \quad \text{und:} \quad a^5 = b.$$

Hätte man u eliminirt, so würde die resultirende Gleichung noch in einem andern Falle quadratisch geworden sein. Man müßte zu diesem Zwecke haben:

$$a^5 = b, \qquad \alpha^4 - 3\alpha^2 + 1 = 0,$$

so daß:

$$\alpha = \pm\sqrt{\frac{3 \pm \sqrt{5}}{2}}$$

ist, und drittens:

$$\beta = \alpha^5 - 5\alpha^3 + 5\alpha.$$

Fassen wir die gefundenen Resultate zusammen, so ergiebt sich, daß man unter andern noch folgende Systeme auf quadratische Gleichungen zurückführen kann:

$$23) \quad x + \alpha y + \frac{y^2}{x} = a, \qquad x^3 + \beta y^3 + \frac{y^6}{x^3} = a^3.$$

$$24) \quad x + \alpha y + \frac{y^2}{x} = a, \qquad x^3 + \alpha(\alpha^2 - 3)y^3 + \frac{y^6}{x^3} = b.$$

$$25) \quad x + \alpha y + \frac{y^2}{x} = a, \qquad x^3 + \frac{\alpha^3 b}{a^3} y^3 + \frac{y^6}{x^3} = b.$$

26) $x+y\sqrt{2}+\frac{y^2}{x}=a,\quad x^4-2y^4+\frac{y^8}{x^4}=b.$

27) $x+y+\frac{y^2}{x}=a,\quad x^4+y^4+\frac{y^8}{x^4}=a^4.$

28) $x+y+\frac{y^2}{x}=a,\quad x^5+y^5+\frac{y^{10}}{x^5}=a^5.$

§. 6. Gleichungen mit mehr als zwei Unbekannten.

Wir beginnen mit einer Gruppe von Gleichungssystemen, welche sämmtlich dadurch aufgelöst werden, daß man Summe und Produkt von je zwei der Unbekannten zu bestimmen sucht, so daß man schließlich die letzteren selbst durch einfache quadratische Gleichungen findet.

$$1)\quad \begin{aligned} xu &= yz = a,\\ x+y+u+z &= b,\\ x^2+y^2+u^2+z^2 &= c. \end{aligned}$$

Setzt man:

$$x+u=s \quad \text{und:} \quad y+z=t,$$

so wird:

$$x^2+u^2=s^2-2a \quad \text{und:} \quad y^2+z^2=t^2-2a.$$

Man erhält also für s und t die beiden Gleichungen:

$$s+t=b \quad \text{und:} \quad s^2+t^2=c+4a.$$

Daraus sind aber s und t leicht zu bestimmen. Man findet, wenn man $\sqrt{2c+8a-b^2}=R$ setzt:

$$x+u=\tfrac{1}{2}(b\pm R),$$
$$y+z=\tfrac{1}{2}(b\mp R).$$

Da aber xu und yz gegeben sind, so folgt schließlich:

$$x=\tfrac{1}{4}(b\pm R\pm\sqrt{2c-8\pm 2bR}).$$

Aus diesen vier Werthen von x folgen dann, wie man sich leicht überzeugt, durch einfaches Vertauschen der Vorzeichen die Werthe der drei andern Unbekannten.

$$2)\quad \begin{aligned} xu &= yz = a,\\ x-y+u-z &= b,\\ x^2-y^2+u^2-z^2 &= c. \end{aligned}$$

Substituirt man wieder:

$$x+u=s \quad \text{und:} \quad y+z=t,$$

so erhält man:

$$s - t = b \quad \text{und:} \quad s^2 - t^2 = c,$$

also:

$$s = x + u = \frac{c + b^2}{2b},$$

$$t = y + z = \frac{c - b^2}{2b}.$$

Man erhält schließlich:

$$x = \frac{1}{4b}\left(c + b^2 \pm \sqrt{(c + b^2)^2 - 16ab^2}\right).$$

Durch Vertauschung des Wurzelvorzeichens folgen daraus sofort die beiden Werthe von u, und, wenn man $c - b^2$ für $c + b^2$ substituirt, die beiden Werthe von y und z.

$$3) \quad xu = yz = a,$$
$$x + y + u + z = b,$$
$$x^3 + y^3 + u^3 + z^3 = c.$$

Substituirt man wieder:

$$x + u = s \quad \text{und:} \quad y + z = t,$$

so erhält man, wenn man die Werthe in die beiden letzten der gegebenen Gleichungen einsetzt:

$$s + t = b \quad \text{und:} \quad s^3 + t^3 = 3ab + c.$$

Daher ergiebt sich:

$$s = x + u = \frac{1}{6b}\left(3b^2 \pm \sqrt{3b(12ab + 4c - b^3)}\right),$$

und durch Vertauschung des Wurzelzeichens ebenso t. Setzt man mithin:

$$\sqrt{3b(12ab + 4c - b^3)} = R,$$

so findet man:

$$x = \frac{1}{12b}\left(3b^2 \pm R \pm \sqrt{6b(b^3 - 18ab + 2c \pm bR)}\right).$$

Durch Vertauschung der Vorzeichen erhält man die drei andern Größen. Man bemerke dabei, auch für die folgenden Aufgaben, daß überhaupt nur vier Combinationen der Wurzeln möglich sind, und daß je vier verschiedene derselben eine zusammengehörige Gruppe von Gleichungswurzeln bilden.

$$4)\quad \begin{aligned} x:y &= z:u,\\ x+u &= a,\\ y+z &= b,\\ x^2+y^2+u^2+z^2 &= c. \end{aligned}$$

Man setze $xu = yz = t$. Es ergiebt sich leicht durch Quadriren und Addiren der zweiten und dritten Gleichung:

$$t = \frac{a^2+b^2-c}{4}.$$

Es ist also:

$$x = \tfrac{1}{2}(a \pm \sqrt{c-b^2}),$$
$$u = \tfrac{1}{2}(a \mp \sqrt{c-b^2}).$$

Durch Vertauschung von b mit a folgen daraus auch die Werthe von y und z.

$$5)\quad \begin{aligned} x:y &= z:u,\\ x-u &= a,\\ y-z &= b,\\ x^2+y^2+u^2+z^2 &= c. \end{aligned}$$

Man erhält ebenso wie in der vorhergehenden Nummer:

$$xu = yz = t = \frac{c-a^2-b^2}{4}.$$

Folglich:

$$x = \tfrac{1}{2}(a \pm \sqrt{c-b^2}),$$
$$u = \tfrac{1}{2}(-a \pm \sqrt{c-b^2}).$$

Durch Vertauschen von b mit a folgen daraus wieder y und z.

$$6)\quad \begin{aligned} x:y &= z:u,\\ x+u &= a,\\ y+z &= b,\\ x^3+y^3+z^3+u^3 &= c. \end{aligned}$$

Wenn man die zweite und dritte Gleichung in die dritte Potenz erhebt und dann addirt, so findet man leicht:

$$t = xu = yz = \frac{a^3+b^3-c}{3(a+b)}.$$

Also:

$$x = \tfrac{1}{2}\left(a \pm \sqrt{\frac{3a^2b-a^3-4b^3+4c}{3(a+b)}}\right).$$

Durch Vertauschen des Wurzelzeichens ergiebt sich wieder u und durch Vertauschen der beiden Coefficienten a und b die Werthe von y und z.

$$7)\quad \begin{aligned} x:y &= z:u,\\ x+u &= a,\\ y+z &= b,\\ x^4+y^4+z^4+u^4 &= c. \end{aligned}$$

Man findet, wenn man $xu = yz = t$ setzt, die zweite und dritte Gleichung in die vierte Potenz erhebt und dann addirt, nach einigen Transformationen die quadratische Gleichung:

$$t^2 - t(a^2+b^2) + \frac{a^4+b^4-c}{4} = 0,$$

oder:

$$t = xu = yz = \tfrac{1}{2}(a^2+b^2 \pm \sqrt{2a^2b^2+c}).$$

Man erhält also:

$$x = \tfrac{1}{2}\left(a \pm \sqrt{-a^2-2b^2 \mp 2\sqrt{2a^2b^2+c}}\right)$$

und u durch Vertauschung der Vorzeichen der großen Wurzel. Ebenso ist:

$$y = \tfrac{1}{2}\left(b \pm \sqrt{-2a^2-b^2 \pm 2\sqrt{2a^2b^2+c}}\right),$$

während im Ausdrucke für z die große Wurzel nur die entgegengesetzten Zeichen hat.

$$8)\quad \begin{aligned} x:y &= z:u,\\ x+u &= a,\\ y+z &= b,\\ x^5+y^5+z^5+u^5 &= c. \end{aligned}$$

Durch Operationen, welche denen in den vorhergehenden Nummern ganz analog sind, findet man aus einer quadratischen Gleichung:

$$t = xu = yz = \frac{1}{2(a+b)}\{a^3+b^3 \pm R\},$$

wenn man zur Abkürzung:

$$\sqrt{\frac{a^6+10a^3b^3+b^6-4ab(a^4+b^4)+4c(a+b)}{5}} = R$$

setzt. Es ergiebt sich also:

$$x = \tfrac{1}{2}\left(a \pm \sqrt{\frac{a^2b-a^3-2b^3 \mp 2R}{a+b}}\right)$$

und daraus y durch Vertauschung von a mit b und des Vorzeichens von R.

Wäre die vierte der gegebenen Gleichungen von einem höheren als dem fünften Grade gewesen, so hätte sich die Gleichung für t nicht mehr auf eine quadratische zurückführen lassen.

$$9)\quad \begin{aligned} x:y &= z:u,\\ x+y+u+z &= a,\\ x^2+y^2+u^2+z^2 &= b,\\ x^3+y^3+u^3+z^3 &= c. \end{aligned}$$

Setzt man:

$$x+u=s \quad \text{und:} \quad y+z=t$$

und addirt die zweiten und dritten Potenzen dieser Gleichungen, so ergiebt sich:

$$\begin{aligned} s+t &= a,\\ s^2+t^2 &= b+4xu,\\ s^3+t^3 &= c+3axu. \end{aligned}$$

Eliminirt man mit Hülfe der ersten dieser Gleichungen wieder s und t, so ergeben sich für die Unbekannten xu und st die beiden Gleichungen ersten Grades:

$$\begin{aligned} 2st+4xu &= a^2-b,\\ 3ast+3axu &= a^3-c. \end{aligned}$$

Man hat mithin:

$$st=\frac{a^3+3ab-4c}{6a}$$

und:

$$xu=\frac{a^3-3ab+2c}{6a}.$$

Da aber $s+t=a$ war, so findet man:

$$s=x+u=\frac{1}{6a}\left(3a^2\pm\sqrt{3a(a^3-6ab+8c)}\right),$$

und ebenso t mit entgegengesetztem Wurzelzeichen. Setzt man also:

$$\sqrt{3a(a^3-6ab+8c)}=R$$

und:

$$-2a^3+9ab-4c=p,$$

so erhält man:

$$x = \frac{1}{12a}(3a^2 \pm R \pm \sqrt{6a(p \pm aR)}).$$

Durch Vertauschung des Wurzelzeichens folgt u, und durch Vertauschen des Vorzeichens von R der Werth von y und z.

10) $x:y = z:u,$
$x - y + u - z = a,$
$x^2 - y^2 + u^2 - z^2 = b,$
$x^3 - y^3 + u^3 - z^3 = c.$

Man erhält für s und t die Gleichungen:

a) $s - t = a,$
b) $s^2 - t^2 = b,$
c) $s^3 - t^3 = c + 3axu.$

Aus (a) und (b) folgt:

$$s = \frac{b + a^2}{2a}, \quad t = \frac{b - a^2}{2a}.$$

Setzt man diese Werthe in (c) ein, so ergiebt sich:

$$xu = yz = \frac{a^4 + 3b^2 - 4ac}{12a^2}.$$

Also, wenn man $16ac - a^4 - 9b^2 = p$ setzt:

$$x = \frac{1}{12a}(3b + 3a^2 \pm \sqrt{3(p + 6a^2b)}).$$

Den Werth von u erhält man, wenn man in diesem Ausdrucke das Wurzelzeichen vertauscht, und y und z findet man, wenn man für $+a^2$ einsetzt $-a^2$.

11) $x:y = z:u,$
$x + y + z + u = a,$
$x^2 + y^2 + z^2 + u^2 = b,$
$x^4 + y^4 + z^4 + u^4 = c.$

Setzt man wieder $x + u = s$ und $y + z = t$, so erhält man an Stelle des gegebenen das folgende Gleichungssystem mit drei Unbekannten:

1) $s + t = a,$
2) $s^2 + t^2 = b + xu,$
3) $s^4 + t^4 = c + 4bxu + 12xu^2.$

Aus (1) folgt aber:

$$s^2 + t^2 = a^2 - 2st,$$

und:

$$s^4 + t^4 = a^4 - 4a^2st + 2s^2t^2.$$

Setzt man diese Werthe in (2) und (3), so ergiebt sich:

$$2st + 4xu = a^2 - b$$

und:

$$2s^2t^2 - 4a^2st + a^4 = 12x^2u^2 + 4bxu + c.$$

Durch Elimination von xu aus diesen beiden Gleichungen erhält man:

$$s^2t^2 + st(a^2 + b) - \frac{(a^2 + b)^2 - 4c}{4} = 0,$$

oder wenn man $\sqrt{2(a^2 + b)^2 - 4c}$ mit R bezeichnet:

$$st = \tfrac{1}{2}(-a^2 - b \pm R),$$

während:

$$xu = yz = \tfrac{1}{4}(2a^2 \pm R)$$

wird. Es war aber $s + t = a$, also ergiebt sich:

$$x + u = s = \tfrac{1}{2}(a \pm \sqrt{3a^2 + 2b \mp R})$$

und:

$$y + z = t = \tfrac{1}{2}(a \mp \sqrt{3a^2 + 2b \mp 2R}).$$

Setzt man endlich noch zur Abkürzung:

$$\sqrt{3a^2 + 2b \mp 2R} = P$$

und:

$$-4a^2 + 2b \pm 2R = Q,$$

so findet man das folgende Resultat:

$$x = \tfrac{1}{4}(a \pm P \pm \sqrt{Q \pm 2aP}).$$

Der Ausdruck für u unterscheidet sich nur durch das umgekehrte Vorzeichen vor der Wurzel und die Werthe von y und z ergeben sich, wenn man der Hülfsgröße P das umgekehrte Vorzeichen giebt.

12) $x:y = z:u,$
$x + y + z + u = a,$
$x^2 + y^2 + z^2 + u^2 = b,$
$x^5 + y^5 + z^5 + u^5 = c.$

Nach Einführung der Größen s und t erhält man ganz analog wie in der vorigen Nummer:

$$2st + 4xu = a^2 - b,$$

$$c + 5a^3xu - 15axust - 5ax^2u^2 = a^5 - 5a^3st + 5as^2t^2.$$

Eliminirt man aus beiden Gleichungen xu, so ergiebt sich für st die quadratische Gleichung:

$$s^2t^2 + 2bst - \frac{1}{20a}(a^5 + 10a^3b + 5ab^2 - 16c) = 0.$$

Setzt man also:

$$\sqrt{5a(a^5 + 25ab^2 + 10a^3b - 16c)} = R,$$

so erhält man:

$$st = \frac{-10ab \pm R}{10a}$$

und:

$$xu = yz = \frac{5a^3 + 5ab \mp R}{20a}.$$

Setzt man ferner:

$$\sqrt{5a(5a^3 + 20ab \mp 2R)} = P,$$

so findet man:

$$s = x + u = \frac{1}{10a}(5a^2 \pm P),$$

$$t = y + z = \frac{1}{10a}(5a^2 \mp P).$$

Setzt man noch:

$$-5a^3 \pm R = Q,$$

so wird:

$$x = \frac{1}{20a}\left(5a^2 \pm P \pm \sqrt{10a(Q \pm aP)}\right).$$

Durch entsprechende Vertauschung der Vorzeichen ergeben sich dann auch sofort die andern drei unbekannten Größen.

13) $$\frac{x}{1-au} + \frac{y}{1-av} = A,$$

$$\frac{x}{1-bu} + \frac{y}{1-bv} = B,$$

$$\frac{x}{1-cu} + \frac{y}{1-cv} = C,$$

$$\frac{x}{1-du} + \frac{y}{1-dv} = D,$$

Schafft man zunächst die Nenner in allen vier Gleichungen fort, so kann man folgende Substitution machen:

$$x+y=p, \qquad u+v=r,$$
$$xu+yv=q, \qquad uv=s.$$

Es ergeben sich dann vier Gleichungen ersten Grades:

$$p-aq=A(1-ar+a^2s),$$
$$p-bq=B(1-br+b^2s),$$
$$p-cq=C(1-cr+c^2s),$$
$$p-dq=D(1-dr+d^2s).$$

Hat man aus diesen Gleichungen p, q, r und s gefunden, so ist es leicht, mit Hülfe der erhaltenen Werthe die ursprünglichen Unbekannten selbst zu bestimmen.

14) $x+y=a,$
$$xu+yv=b,$$
$$xu^2+yv^2=c,$$
$$xu^3+yv^3=d.$$

Indem man aus der ersten und zweiten, zweiten und dritten, dritten und vierten Gleichung die Größe y eliminirt, erhält man:

$$x(u-v)=b-av,$$
$$ux(u-v)=c-bv,$$
$$u^2x(u-v)=d-cv.$$

Durch Elimination von x ergeben sich die beiden Gleichungen:

$$b(u+v)-auv=c$$

und:

$$c(u+v)-buv=d.$$

Folglich erhält man:

$$u+v=\frac{bc-ad}{b^2-ac}$$

und:

$$uv=\frac{c^2-bd}{b^2-ac}.$$

Aus diesen Gleichungen ergeben sich u und v und damit auch x und y.

15) $x+y+z+u=a,$
$$xy+zu=b,$$
$$xz+yu=c,$$
$$xu+yz=d.$$

Bildet man mit Hülfe dieser Gleichungen die Werthe:

$$a^2-4b-4c,\quad a^2-4b-4d \quad \text{und:} \quad a^2-4c-4d,$$

so ergeben sich folgende drei Gleichungen:

$$2)\quad x-y-z+u=\pm\sqrt{a^2-4b-4c}=\pm\delta,$$

$$3)\quad x-y+z-u=\pm\sqrt{a^2-4b-4d}=\pm\gamma,$$

$$4)\quad x+y-z-u=\pm\sqrt{a^2-4c-4d}=\pm\beta.$$

Durch Addition der sämmtlichen Gleichungen (1), (2), (3), (4) erhält man:

$$x=\tfrac{1}{4}(a\pm\delta\pm\gamma\pm\beta).$$

Multiplicirt man ferner (2) und (3) mit -1, so ergiebt sich:

$$y=\tfrac{1}{4}(a\mp\delta\mp\gamma\pm\beta)$$

und ähnlich:

$$z=\tfrac{1}{4}(a\mp\delta\pm\gamma\mp\beta),$$

$$u=\tfrac{1}{4}(a\pm\delta\mp\gamma\mp\beta).$$

16) $y^2=xz,\quad x+y+z=a,\quad x^2+y^2+z^2=b.$

Aus der zweiten Gleichung folgt, wenn man y auf die andere Seite schafft und quadrirt:

$$x^2+z^2=(a-y)^2-2y^2,$$

da $y^2=xz$ ist. Setzt man diesen Werth in die letzte Gleichung ein, so findet man:

$$y=\frac{a^2-b}{2a}.$$

Da nun:

$$x+z=\frac{a^2+b}{2a} \quad \text{und:} \quad xz=\frac{(a^2-b)^2}{4a^2}$$

ist, so erhält man x und z.

Zu derselben Auflösung wäre man gelangt, wenn man mit Hülfe der ersten der gegebenen Gleichungen y eliminirt und dann zunächst $x+z$ und xz berechnet hätte. Man hätte gefunden:

$$zx=\frac{(a^2-b)^2}{4a^2}$$

und:

$$x+z=\frac{a^2+b}{2a} \quad \text{oder:} \quad \frac{3a^2-b}{2}.$$

Der letztere Werth von $x+z$ giebt noch eine andere Gruppe von Wurzeln, die bei der vorigen Auflösung nicht hervortraten.

17) $\frac{x+y}{1-z}=a, \quad \frac{x^2+y^2}{1-z^2}=b, \quad \frac{x^2-y^2}{1-z^2}=c.$

Bildet man den Werth von $\frac{b}{c}$ und setzt $\frac{y}{x}=v$, so erhält man:

$$v=\pm\frac{\sqrt{b^2-c^2}}{b+c}.$$

Bildet man ferner $\frac{a^2}{b}$ und setzt den für v gefundenen Werth in die erhaltenen Ausdrücke ein, so ergiebt sich eine Gleichung für die Unbekannte z, welche die Wurzeln liefert:

$$z=\frac{a^2-b\mp\sqrt{b^2-c^2}}{a^2+b\pm\sqrt{b^2-c^2}}.$$

Mit Hülfe dieses Werthes erhält man:

$$x+y=\frac{2a(b\pm\sqrt{b^2-c^2})}{a^2+b\pm\sqrt{b^2-c^2}}$$

und da auch $\frac{x}{y}$ gefunden war, so findet man leicht die Werthe von x und y.

18) $\frac{x-y}{1-z}=a, \quad \frac{x^2-y^2}{1-z^2}=b, \quad \frac{x^3-y^3}{1-z^3}=c.$

Bildet man $\frac{b}{a}$, so ergiebt sich:

$$x+y=\frac{b}{a}(1+z).$$

Ferner hat man:

$$x-y=a(1-z).$$

Quadrirt man diese beiden Gleichungen, so findet man durch Addition und Subtraktion:

$$x^2+y^2=\frac{1}{2a^2}\left(b^2(1+z)^2+a^4(1-z)^2\right),$$

$$xy=\frac{1}{4a^2}\left(b^2(1+z)^2-a^4(1-z)^2\right).$$

Bildet man endlich noch $\frac{c}{a}$ und setzt in die resultirende Gleichung die Werthe von xy und $x^2 + y^2$ ein, so ergiebt sich für z die Gleichung:

$$z^2 - 2z\frac{a^4 - 3b^2 + 2ac}{a^4 + 3b^2 - 4ac} + 1 = 0.$$

Aus den Werthen von $x + y$ und $x - y$ in z folgt endlich:

$$x = \frac{1}{2a}\{b(1+z) + a^2(1-z)\}$$

und:

$$y = \frac{1}{2a}\{b(1+z) - a^2(1-z)\}.$$

Hat man die Coefficienten a, b, c so gewählt, daß $b = a^2$ und $c = a^3$ wird (z. B. $a = 2$, $b = 4$, $c = 8$), so werden die Gleichungen unbestimmt. Man erhält nämlich, wenn man $y = xz$ setzt:

$$x = a, \qquad x^2 = a^2, \qquad x^3 = a^3,$$

so daß zwar $x = a$ ist, der Werth von z aber völlig unbestimmt bleibt.

Man wird übrigens auf Gleichungen von der Form der gegebenen geführt, wenn man folgendes System mit den unbekannten Größen x, y und n aufzulösen hat:

$$x + xy + xy^3 \cdots + xy^{n-1} = a,$$
$$x^2 + x^2y^2 + x^2y^4 \cdots + x^2y^{2n-2} = b,$$
$$x^3 + x^3y^3 + x^3y^6 + \cdots + x^3y^{3n-2} = c.$$

Summirt man nämlich die geometrischen Reihen der linken Seiten, so folgt:

$$x\frac{y^n - 1}{y - 1} = a, \quad x^2\frac{y^{2n} - 1}{y^2 - 1} = b \quad \text{und:} \quad x^3\frac{y^{3n} - 1}{y^3 - 1} = c,$$

setzt man also $xy^n = z$, so erhält man, wie oben:

$$\frac{x - z}{1 - y} = a, \qquad \frac{x^2 - z^2}{1 - y^2} = b \quad \text{und:} \quad \frac{x^3 - z^3}{1 - y^3} = c.$$

19) (1) $\dfrac{x - y}{1 - z} = a, \qquad \dfrac{x^2 - y^2}{1 - z^2} = b, \qquad \dfrac{x^4 - y^4}{1 - z^4} = c.$

Man bilde $\frac{b}{a}$ und $\frac{c}{b}$. Man findet:

$$(2) \quad \frac{x + y}{1 + z} = \frac{b}{a} \quad \text{und:} \quad (3) \quad \frac{x^2 + y^2}{1 + z^2} = \frac{c}{b}.$$

Quadrirt man die Gleichungen (1) und (2), so erhält man durch Addition:

$$x^2+y^2=\frac{1}{2a^2}\left(b^2(1+z)^2+a^4(1-z)^2\right).$$

Setzt man diesen Werth in (3) ein, so erhält man für z eine quadratische Gleichung, welche die Wurzeln liefert:

$$z=\frac{b(a^4-b^2)\pm 2a\sqrt{(a^2b-c)(a^2c-b^3)}}{a^4b+b^3-2a^2c}.$$

Die Werthe von x und y ergeben sich endlich leicht, da man $x+y$ und $x-y$ schon durch z ausgedrückt hat.

Auf die vorliegenden Gleichungen läßt sich auch das System mit den Unbekannten x, y und n zurückführen:

$$x+xy+xy^2+\cdots+xy^{n-1}=a,$$
$$x^2+x^2y^2+x^2y^4+\cdots+x^2y^{2n-2}=b,$$
$$x^4+x^4y^4+x^4y^8+\cdots+x^4y^{4n-4}=c,$$

wenn man nur $xy^n=z$ substituirt.

20) $\frac{x-y}{1-z}=a,\qquad \frac{x^3-y^3}{1-z^3}=b,\qquad \frac{x^5-y^5}{1-z^5}=c.$

Dividirt man die zweite Gleichung durch die erste, so ergiebt sich:

$$x^2+xy+y^2=\frac{b}{a}(1+z+z^2).$$

Quadrirt man ferner die erste Gleichung und subtrahirt sie von der soeben gefundenen, so ergiebt sich:

$$xy=\frac{1}{3a}\left(b(1+z+z^2)-a^3(1-z)^2\right)$$

und daher:

$$x^2+y^2=\frac{1}{3a}\left(2b(1+z+z^2)+a^3(1-z)^2\right).$$

Ferner kann man durch weiteres Quadriren entwickeln:

$$x^4+y^4=\frac{1}{9a^2}\{2b^2(1+z+z^2)^2+8a^3b(1-z)^2(1+z+z^2)-a^6(1-z)^4\}.$$

Dividirt man aber die letzte der gegebenen Gleichungen durch die erste, so erhält man:

$$\frac{x^4+y^4+xy(x^2+y^2)+x^2y^2}{z^4+1+z^3+z+z^2}=\frac{c}{a}.$$

Substituirt man in diese Gleichung die für x^4+y^4, xy und x^2+y^2 gefundenen Werthe in z, so ergiebt sich, wenn noch zur Abkürzung:

$$5b^2+5a^3b-a^6=p,$$
$$10b^2-5a^3b+4a^6=q,$$
$$15b^2-6a^6=r$$

gesetzt wird, für z die reciproke Gleichung:

$$\frac{p\left(z^2+\frac{1}{z^2}\right)+q\left(z+\frac{1}{z}\right)+r}{z^2+\frac{1}{z^2}+z+\frac{1}{z}+1}=9ac.$$

Substituirt man also $z+\frac{1}{z}=u$, so erhält man für u eine quadratische Gleichung, welche aufzulösen ist. Aus u folgen dann einfach die Werthe von z und daraus wieder die von x und y.

Auf die vorliegenden Gleichungen wird das System mit den Unbekannten x, y und n zurückgeführt:

$$x+xy+xy^2+\cdots+xy^{n-1}=a,$$
$$x^3+x^3y^3+x^3y^6+\cdots+x^3y^{3n-3}=b,$$
$$x^5+x^5y^5+x^5y^{10}+\cdots+x^5y^{5n-5}=c.$$

Man erhält nämlich:

$$x\frac{y^n-1}{y-1}=a, \text{ u. s. w.},$$

so daß man nur $xy^n=z$ zu setzen hat.

Ferner gehören ebenfalls hierher die Gleichungen:

$$x\frac{z-1}{y-1}=a, \qquad x^3\frac{z^3-1}{y^3-1}=b, \qquad x^5\frac{z^5-1}{y^5-1}=c.$$

§. 7. Gleichungen, deren Auflösung durch Einführung von Kreisfunktionen vereinfacht wird.

$$1)\quad x^2-y^2=b^2-a^2,$$
$$2)\quad bx+ay=c(ab-xy).$$

Es lassen sich diese beiden Gleichungen zunächst auf rein algebraischem Wege auflösen. Bestimmt man den Werth von y^2+b^2 aus (2) und setzt ihn in (1) ein, so ergiebt sich eine Gleichung, welche mit dem Faktor a^2+x^2 gehoben werden kann. Daraus ergiebt sich:

$$x=\frac{-a\pm b\sqrt{1+c^2}}{c},$$

also, wenn man nur a mit b vertauscht:

$$y=\frac{-b\pm a\sqrt{1+c^2}}{c}.$$

Eine andere zwar längere, doch elegante Auflösung ist folgende. Man setze:

$$(3)\quad bx+ay=u$$

und:

$$(4)\quad ax-by=v.$$

Durch Multiplikation folgt daraus:

$$ab(x^2-y^2)-xy(b^2-a^2)=uv,$$

oder nach (1):

$$(ab-xy)(b^2-a^2)=uv.$$

Aus (2) und (3) aber folgt:

$$(5)\quad ab-xy=\frac{u}{c}.$$

Daher erhält man:

$$v=\frac{b^2-a^2}{c}.$$

Quadrirt man ferner (3) und (4) und subtrahirt die erhaltenen Gleichungen, so ergiebt sich:

$$(b^2-a^2)(x^2-y^2)+4abxy=u^2-v^2,$$

oder nach (1):

$$(b^2-a^2)^2+4abxy=u^2-v^2.$$

Setzt man in diese Gleichung für xy seinen Werth aus (5) und für v den soeben gefundenen Ausdruck, so erhält man für u eine Gleichung zweiten Grades, welche die Wurzeln liefert:

$$u=\frac{1}{c}\{-2ab\pm(a^2+b^2)\sqrt{1+c^2}\}.$$

Die schon oben gefundenen Werthe von x und y ergeben sich also aus dem Gleichungssysteme ersten Grades:

$$bx + ay = \frac{1}{c}\{-2ab \pm (a^2 + b^2)\sqrt{1 + c^2}\},$$

$$ax - by = \frac{b^2 - a^2}{c}.$$

Endlich kann man durch trigonometrische Substitutionen die gegebenen Gleichungen auf eine Weise auflösen, welche besonders für die numerische Rechnung vortheilhaft ist. Substituirt man nämlich:

$$x = a\,\mathrm{tg}\,\varphi \quad \text{und:} \quad y = b\,\mathrm{tg}\,\psi,$$

so nimmt die Gleichung (2) die Form an:

$$c = \frac{\mathrm{tg}\,\varphi + \mathrm{tg}\,\psi}{1 - \mathrm{tg}\,\varphi\,\mathrm{tg}\,\psi}.$$

$$(6) \qquad = \mathrm{tg}(\varphi + \psi).$$

Die Gleichung (1) hingegen geht in die folgende über:

$$\frac{a^2}{\cos\varphi^2} = \frac{b^2}{\cos\psi^2},$$

oder:

$$(7) \qquad a\cos\psi = b\cos\varphi.$$

Hat man nun aus (6) einen Winkel $\lambda = \varphi + \psi$ gefunden, welcher zwischen $-\frac{\pi}{2}$ und $+\frac{\pi}{2}$ liegt, so folgt aus (7):

$$a\cos(\lambda - \varphi) = b\cos\varphi,$$

oder:

$$\mathrm{tg}\,\varphi = \frac{b - a\cos\lambda}{a\sin\lambda}.$$

Durch Vertauschung von a mit b erhält man ebenso:

$$\mathrm{tg}\,\psi = \frac{a - b\cos\lambda}{b\sin\lambda}.$$

Der Gleichung (6) genügen aber außer dem Winkel λ noch eine unendliche Reihe von Winkeln, welche sämmtlich in der Form enthalten sind:

$$\lambda + n\pi,$$

wenn man unter n irgend eine ganze, positive oder negative, Zahl versteht. Es liefert aber nur der Winkel $\lambda + \pi$ zwei neue Werthe von φ und ψ, nämlich:

$$\operatorname{tg}\varphi = -\frac{b + a\cos\lambda}{a\sin\lambda}$$

und:

$$\operatorname{tg}\psi = -\frac{a + b\cos\lambda}{b\sin\lambda}.$$

Es ergeben sich also überhaupt zwei Werthpaare für x und y, welche natürlich mit den auf algebraischem Wege gefundenen übereinstimmen.

$$2)\quad \frac{x+y}{1-xy} = a,$$

$$\frac{x-y}{\sqrt{1+x^2}\sqrt{1+y^2}} = b.$$

Quadrirt man die beiden Gleichungen, so ergiebt sich, wenn man:

$$x^2 + y^2 = u \quad \text{und:} \quad xy = v$$

setzt:

$$u + 2v = a^2(1 - 2v + v^2),$$
$$u - 2v = b^2(1 + u + v^2).$$

Eliminirt man u, so erhält man für v eine quadratische Gleichung, welche die Wurzeln liefert:

$$v = \frac{(1+a^2)(1-b^2) + 1 \pm \sqrt{(1+a^2)(1-b^2)}}{a^2 - b^2 - a^2b^2}.$$

Da ferner:

$$u = a^2(1 - 2v + v^2) - 2v$$

ist, so können x und y ohne Schwierigkeiten gefunden werden.

Um die gegebenen Gleichungen trigonometrisch aufzulösen, setze man:

$$x = \operatorname{tg}\alpha,$$
$$y = \operatorname{tg}\beta.$$

Die erste der gegebenen Gleichungen geht dann in die folgende über:

$$(3)\quad a = \operatorname{tg}(\alpha + \beta).$$

Die andere hingegen nimmt die Form an:

$$(\operatorname{tg}\alpha - \operatorname{tg}\beta)\cos\alpha\cos\beta = b,$$

oder:

$$(4)\quad b = \sin(\alpha - \beta).$$

Es kann also aus (3) und (4) mit Hülfe der trigonometrischen Tafeln $\alpha + \beta$ und $\alpha - \beta$ unmittelbar gefunden werden. Der Winkel

$\alpha+\beta$ nun, welcher zwischen 0 und π liegt und der Gleichung (3) genügt, werde mit φ bezeichnet. Alsdann sind die sämmtlichen unendlich vielen Wurzeln der Gleichung (3) durch die Gleichung gegeben:

$$\alpha+\beta=\varphi+n\pi,$$

in welcher n jede ganze Zahl zwischen $+\infty$ und $-\infty$ sein kann.

Bezeichnet man ebenso den Winkel $x-\beta$, welcher der Gleichung (4) genügt und zwischen $-\frac{1}{2}\pi$ und $+\frac{1}{2}\pi$ liegt, mit ψ, und ist k irgend eine ganze Zahl, so sind sämmtliche andere Wurzeln derselben Gleichung in der Formel enthalten:

$$\alpha-\beta=(-1)^k\psi+k\pi.$$

Durch Addition und Subtraktion ergiebt sich also:

$$\alpha=\frac{\varphi+(-1)^k}{2}\psi+\frac{(n+k)}{2}\pi,$$

$$\beta=\frac{\varphi-(-1)^k}{2}\psi+\frac{(n-k)}{2}\pi.$$

Man setze nun zur Abkürzung:

$$\frac{\varphi+\psi}{2}=\lambda \quad \text{und:} \quad \frac{\varphi-\psi}{2}=\mu.$$

Nimmt man zunächst an $k=0$, so ergeben sich die Wurzeln:

$$x=\operatorname{tg}\left(\lambda+\frac{n}{2}\pi\right),$$

$$y=\operatorname{tg}\left(\mu+\frac{n}{2}\pi\right),$$

in welchen noch für n alle ganze Zahlen zu setzen sind. Es genügen aber offenbar schon die Werthe:

$$n=0 \quad \text{und:} \quad n=1,$$

da man für sämmtliche andere ganze Zahlen nur dieselben Wurzeln x und y wiedererhalten würde. Man findet demnach die Werthpaare:

$$x=\operatorname{tg}\lambda$$

und: $$y=\operatorname{tg}\mu,$$

$$x=\operatorname{tg}(\lambda+\tfrac{1}{2}\pi)=-\cot\lambda$$

und: $$y=\operatorname{tg}(\mu+\tfrac{1}{2}\pi)=-\cot\mu.$$

Substituirt man zweitens für k den Werth 1, so wird:

$$x = \operatorname{tg}\left(\mu + \frac{n+1}{2}\pi\right)$$

und:

$$y = \operatorname{tg}\left(\lambda + \frac{n-1}{2}\pi\right).$$

Auch diese unendliche Reihe von Wurzeln reducirt sich auf zwei, welche man erhält, wenn man $n=0$ und $n=1$ substituirt. Nämlich:

$$x = \operatorname{tg}(\mu + \tfrac{1}{2}\pi) = -\cot\mu$$

und:

$$y = \operatorname{tg}(\lambda - \tfrac{1}{2}\pi) = -\cot\lambda,$$

$$x = \operatorname{tg}(\mu + \pi) = \operatorname{tg}\mu$$

und:

$$y = \operatorname{tg}\lambda.$$

Sämmtliche andere ganze Zahlen, welche noch für k eingesetzt werden könnten, würden stets wieder dieselben Resultate liefern.

Es sind somit überhaupt wieder vier Wurzelpaare gefunden, welche den oben bei der algebraischen Auflösung erhaltenen entsprechen. Allerdings erfüllen, wenn man für die Quadratwurzeln in den gegebenen Gleichungen ein bestimmtes Vorzeichen voraussetzt, nur entweder die ersten oder die letzten zwei Paare die obigen Gleichungen. Da aber die Quadratwurzeln ihrer Natur nach zweideutige Größen sind, so kann man die sämmtlichen erhaltenen Werthe als richtige Wurzeln betrachten. Vergleiche §. 1 Schluß.

$$3)\quad \frac{xy+1}{y-x} = a,$$

$$\frac{xy-1}{\sqrt{1+x^2}\sqrt{1+y^2}} = b.$$

Auch diese Gleichungen lassen sich auf rein algebraischem Wege auflösen. Setzt man nämlich, wie in der vorhergehenden Nummer:

$$x^2+y^2 = u \quad \text{und:} \quad xy = v,$$

so erhält man, wenn man die gegebenen Gleichungen quadrirt:

$$v^2+2v+1 = a^2(u-2v)$$

und:

$$v^2-2v+1 = b^2(1+u+v^2).$$

Also, wenn man u eliminirt:

$$v^2 + 2\frac{a^2b^2+b^2+a^2}{a^2b^2+b^2-a^2}v + 1 = 0,$$

oder:

$$v = \frac{a \mp b\sqrt{1+a^2}}{a \pm b\sqrt{1+a^2}}.$$

Hat man mit Hülfe von v noch u bestimmt, so ergeben sich daraus vier Werthpaare der Unbekannten x und y.

Um die Gleichungen mit Hülfe von Kreisfunktionen aufzulösen, setze man:

$$x = \cot\alpha,$$
$$y = \cot\beta.$$

Die gegebenen Gleichungen nehmen alsdann die Form an:

$$\cot(\alpha-\beta) = a$$

und:

$$\cos(\alpha+\beta) = b.$$

Sind also φ und ψ zwei Winkel zwischen 0 und π, welche den Gleichungen genügen:

$$\cot\varphi = a \quad \text{und:} \quad \cos\psi = b,$$

so erhält man für α und β, analog der vorigen Nummer, die unendliche Reihe von Werthen:

$$\alpha = \frac{\varphi \pm \psi}{2} + \frac{2k+n}{2}\pi,$$

$$\beta = -\frac{\varphi \pm \psi}{2} + \frac{2k-n}{2}\pi.$$

Substituirt man also:

$$\frac{\varphi+\psi}{2} = \lambda \quad \text{und:} \quad \frac{\varphi-\psi}{2} = \mu,$$

so erhält man folgende vier Wurzelpaare:

$$\begin{cases} x = \cot\lambda \\ y = -\cot\mu, \end{cases} \qquad \begin{cases} x = \cot\mu \\ y = -\cot\lambda, \end{cases}$$

und:

$$\begin{cases} x = -\operatorname{tg}\lambda \\ y = \operatorname{tg}\mu, \end{cases} \qquad \begin{cases} x = -\operatorname{tg}\mu \\ y = \operatorname{tg}\lambda. \end{cases}$$

4) $$x\sqrt{1-y^2} + y\sqrt{1-x^2} = a,$$
$$x + y = b.$$

Um diese Gleichungen algebraisch aufzulösen, drücke man y durch die Größe x aus, ein Verfahren, welches bei verwickelteren quadratischen Gleichungen zuweilen angewandt werden kann, obgleich der Erfolg der Methode nur selten vorauszusehen ist, da die andere Unbekannte gewöhnlich unter dem Wurzelzeichen bleibt. In unserem Falle hingegen erhält man aus der ersten Gleichung:

$$y = a\sqrt{1-x^2} \pm x\sqrt{1-a^2}.$$

Setzt man diesen Werth in die zweite Gleichung ein, so ergiebt sich, wenn man quadrirt:

$$x^2 - bx + \tfrac{1}{2}a^2(b^2 - a^2)(1 \pm \sqrt{1-a^2}) = 0,$$

so daß x und zugleich y gefunden werden kann.

Eine andere ebenfalls algebraische Auflösung ist die folgende. Schafft man aus der ersten Gleichung durch Quadriren die Wurzelgrößen fort, so erhält man eine symmetrische Funktion der drei Größen x, y und a, nämlich:

$$x^4 + y^4 + a^4 - 2x^2y^2 - 2a^2x^2 - 2a^2y^2 + 4a^2x^2y^2 = 0.$$

Man kann daher aus der ersten der gegebenen Gleichungen durch Vertauschung der Größen a, x und y mit einander unmittelbar zwei andere Gleichungen erhalten. Substituirt man:

$$\sqrt{1-x^2} = x', \quad \sqrt{1-y^2} = y' \quad \text{und:} \quad \sqrt{1-a^2} = a',$$

so ergiebt sich:

$$xy' + yx' = a,$$
$$ax' + xa' = y,$$
$$ay' + ya' = x.$$

Eliminirt man x′ und y′, so folgt:

$$x^2 + y^2 = a^2 + 2xya'.$$

Da aber:

$$x + y = b,$$

also:

$$x^2 + y^2 = b^2 - 2xy$$

ist, so findet man:

$$xy = \frac{b^2 - a^2}{2(1+a')},$$

folglich für x und y wieder die obigen Werthe, wenn man berücksichtigt, daß a′ als Wurzelgröße ein doppeltes Vorzeichen haben kann.

Eine dritte rein algebraische Auflösung ist die folgende. Setzt man:

$$xy = u \quad \text{und:} \quad x^2 + y^2 = v,$$

so nimmt die erste Gleichung leicht die Form an:

$$\sqrt{x^2-u^2}+\sqrt{y^2-u^2}=a.$$

Quadrirt man beide Gleichungen, so folgt:

$$2u\sqrt{1+v+u^2}=a^2-v+2u^2$$

und:

$$v=b^2-2u.$$

Eliminirt man v, so ergiebt sich schließlich für u die quadratische Gleichung:

$$u^2+u\frac{a^2-b^2}{a^2}+\frac{(a^2-b^2)^2}{4a^2}=0.$$

Aus den Werthen von u und v folgen dann leicht x und y.

Um endlich das gegebene Gleichungssystem mit Hülfe der Kreisfunktionen zu lösen, setze man:

$$x=\sin\alpha \quad \text{und:} \quad y=\sin\beta,$$

eine Substitution, die immer möglich ist, da sämmtliche reelle Wurzeln zwischen -1 und $+1$ liegen müssen. Man erhält alsdann:

$$1) \quad \sin(\alpha+\beta)=a$$

und:

$$2) \quad 2\sin\frac{\alpha+\beta}{2}\cos\frac{\alpha-\beta}{2}=b.$$

Genügt nun der ersten Gleichung ein Winkel zwischen $+\frac{1}{2}\pi$ und $-\frac{1}{2}\pi=2\varphi$, so erhält man noch eine unendliche Zahl anderer Wurzeln, welche sämmtlich die Form haben:

$$(-1)^n2\varphi+n\pi,$$

also:

$$(3) \quad \frac{\alpha+\beta}{2}=(-1)^n\varphi+\frac{n}{2}\pi.$$

Diese Werthe setzt man in die Gleichung (2) ein und berechnet mit ihrer Hülfe den entsprechenden Winkel $\frac{\alpha-\beta}{2}$. Derselbe wird für die verschiedenen Werthe von $\sin\frac{\alpha+\beta}{2}$ verschieden sein. Für $n=0$ hat man:

$$2\sin\varphi\cos\frac{\alpha-\beta}{2}=b.$$

Erhält man für $\frac{\alpha-\beta}{2}$ einen Winkel zwischen 0 und $\pi = \psi$, so ergiebt sich die Reihe von Werthen:

$$(4) \quad \frac{\alpha-\beta}{2} = 2k\pi \pm \psi.$$

Ist mithin $\varphi + \psi = \lambda$ und $\varphi - \psi = \mu$, so folgen aus (3) und (4) die beiden Werthpaare:

$$\text{I.} \quad \begin{cases} x = \sin\lambda \\ y = \sin\mu, \end{cases} \qquad \text{II.} \quad \begin{cases} x = \sin\mu \\ y = \sin\lambda. \end{cases}$$

Setzt man hingegen in (3) $n = 1$, so folgt aus (2):

$$2\cos\varphi\cos\frac{\alpha-\beta}{2} = b.$$

Es ergebe sich:

$$\frac{\alpha-\beta}{2} = \psi_1.$$

Alsdann folgt die unendliche Reihe von Werthen:

$$(4') \quad \frac{\alpha-\beta}{2} = 2k\pi \pm \psi_1,$$

so daß sich, wenn man $\varphi - \psi_1 = \lambda_1$ und $\varphi + \psi_1 = \mu_1$ substituirt, die Werthe ergeben:

$$\text{III.} \quad \begin{cases} x = \cos\lambda_1 \\ y = \cos\mu_1, \end{cases} \qquad \text{IV.} \quad \begin{cases} x = \cos\mu_1 \\ y = \cos\lambda_1. \end{cases}$$

Für $n = 2$ und $n = 3$ erhielte man resp.:

$$\frac{\alpha-\beta}{2} = (2k+1)\pi \pm \psi$$

und:

$$\frac{\alpha-\beta}{2} = (2k+1)\pi \pm \psi_1.$$

Diese Reihe von Werthen liefert aber nur dieselben schon gefundenen Resultate. Es sind somit wieder die obigen vier Wurzelpaare gefunden, welche den gegebenen Gleichungen genügen.

$$5) \quad xy - \sqrt{1-x^2}\sqrt{1-y^2} = a,$$
$$x + y = b.$$

Schafft man in diesen Gleichungen, welche den in der vorigen

Nummer behandelten ganz analog sind, die Quadratwurzeln fort, so ergiebt sich:

$$2axy - (a^2 + x^2 + y^2) + 1 = 0,$$

oder, da nach der zweiten Gleichung:

$$x^2 + y^2 = b^2 + 2xy$$

ist:

$$xy = \frac{a^2 + b^2 - 1}{2(a-1)}.$$

Die Größen x und y sind mithin die Wurzeln der quadratischen Gleichung:

$$z^2 - bz - \frac{a^2 + b^2 - 1}{2(a-1)} = 0.$$

Zum Zwecke der trigonometrischen Auflösung setze man:

$$x = \cos\alpha \quad \text{und:} \quad y = \cos\beta.$$

Die gegebenen Gleichungen gehen dann in die folgenden über:

$$(1) \quad \cos(\alpha + \beta) = a,$$

$$(2) \quad 2\sin\frac{\alpha+\beta}{2}\sin\frac{\alpha-\beta}{2} = -b.$$

Ist nun 2φ der Winkel zwischen 0 und π, welcher der Gleichung genügt:

$$\cos 2\varphi = a,$$

so hat $\alpha + \beta$ die unendliche Reihe von Werthen:

$$2n\pi \pm 2\varphi.$$

Es ist also:

$$(3) \quad \frac{\alpha+\beta}{2} = n\pi \pm \varphi.$$

Da folglich $\sin\frac{\alpha+\beta}{2}$ nur zwei verschiedene Werthe hat, die man erhält, wenn man $n = 0$ setzt, so folgt der Winkel $\frac{\alpha-\beta}{2} = \psi$ aus der Gleichung:

$$2\sin\varphi\sin\frac{\alpha-\beta}{2} = \pm b,$$

und die unendlich vielen Werthe von $\frac{\alpha-\beta}{2}$ ergeben sich aus der Gleichung:

$$(4) \quad \frac{\alpha-\beta}{2}=(-1)^k\psi+k\pi, \quad \text{oder:} \quad =(-1)^{k+1}\psi+k\pi.$$

Aus (3) und (4) folgt:

$$\alpha=+\varphi+(-1)^k\psi+k\pi,$$

oder:

$$=-\varphi+(-1)^{k+1}\psi+k\pi.$$

Ebenso:

$$\beta=+\varphi-(-1)^k\psi-k\pi,$$

$$=-\varphi-(-1)^{k+1}\psi-k\pi.$$

Man erhält also, wenn wieder $\varphi+\psi=\lambda$ und $\varphi-\psi=\mu$ gesetzt wird, folgende zwei Werthpaare:

$$\text{I.} \begin{cases} x=\cos\lambda \\ y=\cos\mu, \end{cases} \qquad \text{II.} \begin{cases} x=-\cos\mu \\ y=-\cos\lambda. \end{cases}$$

Dieselben entsprechen den oben gefundenen Wurzeln. Wir haben diese Gleichungen etwas ausführlicher behandelt, weil wir glauben, daß die Schüler durch dieselben eine klare Einsicht in das Wesen der trigonometrischen Funktionen erlangen und ihre Wichtigkeit für die Algebra ahnen lernen. Die Zahl der hierher gehörigen Gleichungen ließe sich übrigens leicht vermehren.

Zweite Abtheilung.

Geometrische und physikalische Aufgaben.

Erstes Kapitel.

Aufgaben aus der ebenen Geometrie.

1) Es soll der Inhalt eines ebenen Dreieckes aus den drei Höhen berechnet werden.

Bezeichnet man die drei Seiten des Dreieckes mit a, b und c, so erhält man den gesuchten Inhalt Δ nach der Formel:

$$(1) \quad \Delta=\sqrt{\frac{a+b+c}{2}\cdot\frac{-a+b+c}{2}\cdot\frac{a-b+c}{2}\cdot\frac{a+b-c}{2}}.$$

Sind nun α, β und γ die resp. zu a, b und c gehörigen Höhen, so hat man:

$$\varDelta = \frac{a\alpha}{2} = \frac{b\beta}{2} = \frac{c\gamma}{2},$$

folglich:

$$\tfrac{1}{2}a = \frac{\varDelta}{\alpha}, \quad \tfrac{1}{2}b = \frac{\varDelta}{\beta} \quad \text{und:} \quad \tfrac{1}{2}c = \frac{\varDelta}{\gamma}.$$

Setzt man diese Werthe in die Formel (1) ein, so folgt:

$$\varDelta = \varDelta^2 \sqrt{\left(\frac{1}{\alpha}+\frac{1}{\beta}+\frac{1}{\gamma}\right)\left(-\frac{1}{\alpha}+\frac{1}{\beta}+\frac{1}{\gamma}\right)\left(\frac{1}{\alpha}-\frac{1}{\beta}+\frac{1}{\gamma}\right)\left(\frac{1}{\alpha}+\frac{1}{\beta}-\frac{1}{\gamma}\right)}$$

oder:

$$\varDelta = \frac{1}{R},$$

wenn man die obige Wurzel der Abkürzung halber mit R bezeichnet.

2) In dem Dreiecke ABC (Fig. 1) sind die Transversalen nach den Mitten der gegenüberliegenden Seiten $AA' = a$, $BB' = b$ und $CC' = c$ gegeben. Es sollen die Seiten und der Inhalt des Dreiecks berechnet werden.

Man mache $CD = A'C$ und setze alsdann diese Strecke $= x$. Zieht man ferner $B'A''$ parallel zu AA', so ist offenbar $B'A'' = \frac{1}{2}a$ und $BA'' = \frac{3x}{2}$. Man erhält also aus den Dreiecken $BB'A''$ und $B'A''D$ die Gleichungen:

$$\cos B'A''B = \frac{a^2 + 9x^2 - 4b^2}{6ax}$$

und:

$$\cos B'A''D = \frac{a^2 + 9x^2 - 4c^2}{6ax},$$

denn $B'DCC'$ ist ein Parallelogramm, also $B'D = CC' = c$. Da aber $B'A''B$ und $B'A''D$ Nebenwinkel sind, so ergiebt sich:

$$a^2 + 9x^2 - 4b^2 = 4c^2 - a^2 - 9x^2,$$

also:

$$x = \tfrac{1}{3}\sqrt{2(b^2 + c^2) - a^2}.$$

Durch Vertauschung der Größen a, b und c mit einander erhält man dann auch die anderen Seiten des Dreieckes.

Um aber den Inhalt $\varDelta$ zu bestimmen, ziehe man (Fig. 2) CE parallel zu AA′ und AE parallel zu A′C. Da nun, wie leicht zu beweisen, B′E gleich und parallel zur Linie BC′, so ist auch C′E gleich und parallel BB′ = b. Es hat somit das Dreieck CC′E die Seiten a, b und c. Weil nun:

$$\Delta C'B'E = \Delta AC'B',$$
$$\Delta B'EC = \Delta A'B'C$$

und:

$$\Delta B'C'C = \Delta C'A'B',$$

so erhält man:

$$\Delta ECC' = \text{Trapez } ACA'C' = \tfrac{3}{4}\Delta ABC.$$

Man erhält also, wenn man $a+b+c=2s$ setzt:

$$\Delta ABC = \tfrac{4}{3}\sqrt{s(s-a)(s-b)(s-c)}.$$

3) **Es sollen die Seiten AB und AC eines Dreieckes ABC (Fig. 4) berechnet werden, von welchem man die Seite BC = a, den Radius des eingeschriebenen Kreises = ϱ und den des umschriebenen = $\frac{1}{2}$ kennt.**

Setzt man:

$$\frac{a+b+c}{2} = s,$$

so ist, wenn man unter Δ den Inhalt des Dreiecks ABC versteht.

$$(1) \quad \varrho = \frac{\Delta}{s}.$$

Zweitens hat man, wenn der Winkel mit C bei γ bezeichnet wird:

$$(2) \quad \Delta = \tfrac{1}{2}ab\sin\gamma = \frac{abc}{2}.$$

Aus den beiden Gleichungen (1) und (2) sind jetzt die unbekannten Größen b und c zu bestimmen.

Da der Durchmesser des umschriebenen Kreises = 1 ist, so erhält man, wenn α, β, γ die Dreieckswinkel sind:

$$a = \sin\alpha, \quad b = \sin\beta \quad \text{und} \quad c = \sin\gamma.$$

Aus (1) und (2) folgt aber durch Multiplikation:

$$\varrho = \frac{abc}{2s},$$

$$\varrho = \frac{abc}{a+b+c},$$

$$= \frac{\sin\alpha\sin\beta\sin\gamma}{\sin\alpha+\sin\beta+\sin\gamma},$$

$$= \frac{\sin\alpha\sin\beta\sin\gamma}{4\cos\frac{1}{2}\alpha\cos\frac{1}{2}\beta\cos\frac{1}{2}\gamma},$$
$$= 2\sin\tfrac{1}{2}\alpha\sin\tfrac{1}{2}\beta\sin\tfrac{1}{2}\gamma.$$

Man hat also:

$$\frac{\varrho}{\sin\frac{1}{2}\alpha} = 2\sin\tfrac{1}{2}\beta\cos\frac{\beta+\alpha}{2},$$
$$= \sin(\beta+\tfrac{1}{2}\alpha) - \sin\tfrac{1}{2}\alpha,$$

so daß endlich:

$$\sin(\beta+\tfrac{1}{2}\alpha) = \frac{\varrho}{\sin\frac{1}{2}\alpha} + \sin\tfrac{1}{2}\alpha$$

ist. Durch diese Gleichung ist also der Winkel β völlig bestimmt, und folglich das ganze Dreieck in allen seinen Stücken gefunden.

Die gegebenen Größen a und ϱ stehen übrigens in einem bestimmten Verhältniß zu einander, wenn das Dreieck ABC wirklich existiren soll, wie die geometrische Construktion der Auflösung zeigt. Ist der Durchmesser des unbeschriebenen Kreises $ED = 1$, und ist Winkel $BEC = \alpha$, so hat man $HC = \frac{1}{2}\sin\alpha$, ferner Winkel HCD $= \frac{1}{2}\alpha$. Es folgt also:

$$HD = CD\sin\tfrac{1}{2}\alpha, \qquad = ED\sin\tfrac{1}{2}\alpha^2 = \sin\tfrac{1}{2}\alpha^2.$$

Ist ferner GK das Loth vom Mittelpunkt des eingeschriebenen Kreises auf ED, so hat man:

$$DG = \varrho + \sin\tfrac{1}{2}\alpha^2.$$

Trägt man nun DG auf DC in DF ab und errichtet zu dieser Strecke das Loth FJ, so ist:

$$DJ = \frac{\varrho + \sin\frac{1}{2}\alpha^2}{\sin\frac{1}{2}a} = \sin(\beta+\tfrac{1}{2}\alpha).$$

Schlägt man also mit DJ einen Kreis um D als Mittelpunkt, welcher den umschriebenen Kreis in A schneiden mag, so ist Winkel:

$$DEA = \beta + \tfrac{1}{2}\alpha \quad \text{und also:} \quad AC = \sin\beta = b.$$

Ferner hat man:

$$AB = \sin(\alpha+\beta) = \sin\gamma = c.$$

Das Dreieck ABC ist also nur möglich, so lange $DF < DC$ ist.

Schlägt man nun mit DC den Bogen CM, so sieht man, daß ϱ einen Werth annehmen kann, welcher zwischen 0 und HM liegt.

Man kann aber auch den Winkel HDC als $\frac{1}{2}\alpha$ betrachten, so daß, wenn man mit EC um E einen Kreisbogen CM′ konstruirt, noch in dem Segmente BDC ein Dreieck gedacht werden kann, in welchem der Radius des eingeschriebenen Kreises zwischen 0 und HM′ liegt. So lange also $\varrho < \mathrm{HM}'$ ist, giebt es zwei Dreiecke, in welchen die Größen ϱ und a die gegebenen Werthe haben. Liegt indessen ϱ zwischen HM und HM′, so giebt es nur eine reelle Auflösung des Problems, und schließlich keine, wenn $\varrho > \mathrm{HM}$ ist.

Es ist nun leicht, diese Bedingungen analytisch durch die gegebene Größe a auszudrücken.

Man hat nämlich:

$$\mathrm{HM}' = \cos\tfrac{1}{2}\alpha - \cos\tfrac{1}{2}\alpha^2$$

und:

$$\mathrm{HM} = \sin\tfrac{1}{2}\alpha - \sin\tfrac{1}{2}\alpha^2.$$

Es ist aber:

$$\sin\tfrac{1}{2}\alpha = \sqrt{\frac{1-\cos\alpha}{2}} = \sqrt{\frac{1-\sqrt{1-\mathrm{a}^2}}{2}} = \tfrac{1}{2}\{\sqrt{1+\mathrm{a}} - \sqrt{1-\mathrm{a}}\}$$

und:

$$\sin\tfrac{1}{2}\alpha^2 = \tfrac{1}{2}\{1-\sqrt{1-\mathrm{a}^2}\}.$$

Also:

$$\mathrm{HM} = \tfrac{1}{2}\{\sqrt{1+\mathrm{a}} - \sqrt{1-\mathrm{a}} + \sqrt{1-\mathrm{a}^2} - 1\},$$
$$= \tfrac{1}{2}(\sqrt{1+\mathrm{a}} - 1)(\sqrt{1-\mathrm{a}} + 1)$$

Ferner ist:

$$\cos\tfrac{1}{2}\alpha = \sqrt{\frac{1+\sqrt{1-\mathrm{a}^2}}{2}} = \tfrac{1}{2}\{\sqrt{1+\mathrm{a}} + \sqrt{1-\mathrm{a}}\}$$

und:

$$\cos\tfrac{1}{2}\alpha^2 = \tfrac{1}{2}\{1+\sqrt{1-\mathrm{a}^2}\},$$

folglich:

$$\mathrm{HM}' = \tfrac{1}{2}\{\sqrt{1+\mathrm{a}} + \sqrt{1-\mathrm{a}} - \sqrt{1-\mathrm{a}^2} - 1\}$$
$$= \tfrac{1}{2}(\sqrt{1+\mathrm{a}} - 1)(1 - \sqrt{1-\mathrm{a}}),$$

so daß unmittelbar, wenn a und ϱ gegeben sind, die Anzahl der reellen Auflösungen gefunden werden kann.

4) In einem Dreiecke ABC (Fig. 3) sind die Radien des ein- und umgeschriebenen Kreises resp. $= \varrho$ und 1

gegeben. Man sucht den Abstand der Mittelpunkte dieser Kreise E und U.

Es sei $EU = \delta$. Die Dreiecksseiten seien a, b und c, die ihnen gegenüberliegenden Winkel resp. α, β und γ. Es ergiebt sich dann aus dem Dreiecke ECU die Gleichung:

$$\delta^2 = 1 - \frac{2\varrho}{\sin\frac{1}{2}\gamma}\cos ECU + \frac{\varrho^2}{\sin\frac{1}{2}\gamma^2},$$

da in dem rechtwinkligen Dreiecke EDC die Hypotenuse:

$$EC = \frac{\varrho}{\sin ECD} = \frac{\varrho}{\sin\frac{1}{2}\gamma} \text{ ist.}$$

Setzt man in diese Gleichung den in Nr. 3 gefundenen Werth von $\varrho = 4\sin\frac{1}{2}\alpha\sin\frac{1}{2}\beta\sin\frac{1}{2}\gamma$ ein, so folgt nach einfachen Umformungen:

$$\delta^2 = 1 - 2\varrho.$$

Eine andere Auflösung ist die folgende.

Es ergiebt sich durch einfache Betrachtungen, daß:

$$(1)\quad \text{W. } EAU = \frac{\beta-\gamma}{2},$$

$$\text{W. } EBU = \frac{\gamma-\alpha}{2}$$

und:

$$\text{W. } ECU = \frac{\beta-\alpha}{2} \text{ ist.}$$

Aus dem Dreiecke AEC folgt ferner nach einfachen Umformungen:

$$AE = 4\sin\tfrac{1}{2}\beta\sin\tfrac{1}{2}\gamma.$$

Analog ergeben sich:

$$BE = 4\sin\tfrac{1}{2}\gamma\sin\tfrac{1}{2}\alpha$$

und:

$$CE = 4\sin\tfrac{1}{2}\alpha\sin\tfrac{1}{2}\beta.$$

Mit Berücksichtigung dieser Gleichungen erhält man aus dem Dreiecke AEU:

$$\begin{aligned}\delta^2 &= 1 + (4\sin\tfrac{1}{2}\beta\sin\tfrac{1}{2}\gamma)^2 - 8\sin\tfrac{1}{2}\beta\sin\tfrac{1}{2}\gamma\cos\left(\frac{\beta-\gamma}{2}\right),\\ &= 1 - 8\sin\tfrac{1}{2}\beta\sin\tfrac{1}{2}\gamma\left\{\cos\frac{\beta-\gamma}{2} - 2\sin\tfrac{1}{2}\beta\sin\tfrac{1}{2}\gamma\right\},\\ &= 1 - 8\sin\tfrac{1}{2}\alpha\sin\tfrac{1}{2}\beta\sin\tfrac{1}{2}\gamma,\\ &= 1 - 2\varrho,\end{aligned}$$

wenn man wiederum den in Nr. 3 entwickelten Werth von ϱ berücksichtigt.

Wir machen hier beiläufig noch auf einige Relationen aufmerksam, welche den in (1) gefundenen Werthen in gewisser Beziehung entsprechen. Man findet nämlich:

$$DG = \frac{b-c}{2}, \qquad FJ = \frac{b-a}{2}$$

und:

$$HK = \frac{c-a}{2},$$

wenn D, F und K die Fußpunkte der von E und G, H, J die Fußpunkte der von U auf die Dreiecksseiten gefällten Lothe sind.

Derselbe oben gefundene Werth von δ ergiebt sich auch auf folgendem rein geometrischem Wege. (Unger, Crelle Bd. 4.)

Ist AB (Fig. 5) irgend ein Bogen des Kreises um C, E die Mitte zwischen A und B, und beschreibt man um E mit der Strecke EA einen Kreis, so ist derselbe der Ort für die Mittelpunkte aller Kreise, welche den Dreiecken eingeschrieben werden können, deren eine Seite AB ist und deren dritte Ecke auf dem Kreise um C liegt. Betrachtet man nämlich irgend eines dieser Dreiecke z. B. ABG, so muß der Mittelpunkt des eingeschriebenen Kreises erstens auf der Linie EG liegen, da der Winkel AGE = EGB ist. Verbindet man zweitens den Punkt D mit B, so ist, wie leicht zu beweisen, auch Winkel GBD = DBF. Man hat nämlich:

$$\begin{aligned} \angle DBG = \pi - BDG - BGD &= BDE - BGD \\ &= EBD - EBA = ABD. \end{aligned}$$

In der That ist also D der Mittelpunkt des dem Dreiecke AGB eingeschriebenen Kreises, DC die gesuchte Strecke δ und das von D auf AB gefällte Loth $DJ = \varrho$. Man hat nun:

$$\begin{aligned} DC^2 &= CK^2 + KD^2, \\ &= (CF - DJ)^2 + FJ^2, \\ &= CF^2 + 2CF \cdot DJ + DJ^2 + FJ^2. \end{aligned}$$

Nun ist aber:

$$(AF + FJ)(AF - FJ) = AF^2 - FJ^2,$$

oder:

$$AJ \cdot JB = AF^2 - FJ^2$$

und:

$$FJ^2 = AF^2 - AJ \cdot JB,$$

also:

$$DC^2 = CF^2 + AF^2 - 2CF \cdot DJ + DJ^2 - AJ \cdot JB,$$
$$= CB^2 - 2CF \cdot DJ + DJ^2 - DJ \cdot JL,$$
$$= CB^2 - 2CF \cdot DJ - DJ(JL - DJ).$$

Fällt man ferner von E das Loth EH auf DL, so ist HL = HD, also:

$$JL = HJ + HD,$$

oder:

$$JL - DJ = HJ + HD - JD = 2HJ.$$

Dies eingesetzt, erhält man:

$$DC^2 = CB^2 - 2CF \cdot DJ - 2DJ \cdot HJ,$$
$$= CB^2 - 2DJ(CF + JH),$$
$$= CB^2 - 2CB \cdot DJ.$$

Ist also wieder nach den obigen Bezeichnungen:

$$CB = 1 \quad \text{und:} \quad DJ = \varrho,$$

so erhält man dasselbe Resultat wie oben:

$$\delta^2 = 1 - 2\varrho.$$

5) Es sollen die drei Seiten a, b, c eines Dreiecks ABC (Fig. 3) aus dem Flächeninhalte f desselben, dem Radius des umschriebenen Kreises = r und dem des eingeschriebenen Kreises = 1 berechnet werden.

Es sei U der Mittelpunkt des um- und E der des eingeschriebenen Kreises. Alsdann ergiebt sich, wenn UGC ein rechter Winkel ist:

$$\text{W. } BUG = \tfrac{1}{2}BUC = \alpha.$$

Man findet also die Gleichung:

$$(1) \quad a = 2r\sin\alpha = \frac{4r\,\mathrm{tg}\,\frac{1}{2}\alpha}{1 + \mathrm{tg}\,\frac{1}{2}\alpha^2}.$$

Nun ist aber der Winkel $BAE = EAC = \frac{1}{2}\alpha$, also wenn $EFA = \frac{1}{2}\pi$ ist:

$$\mathrm{tg}\,\tfrac{1}{2}\alpha = \frac{1}{AF}.$$

Aus einfachen Betrachtungen folgt ferner:

$$AF = s - a,$$

wenn man zur Abkürzung $a + b + c = 2s$ setzt. Es ist mithin:

$$\operatorname{tg}\tfrac{1}{2}\alpha = \frac{1}{s-a}.$$

Ferner hat man, da $\varrho = 1$ ist:

$$f = s,$$

folglich:

$$\operatorname{tg}\tfrac{1}{2}\alpha = \frac{1}{f-a}.$$

Setzt man diesen Werth in (1) ein, so ergiebt sich:

$$(2) \quad a = \frac{4r(f-a)}{(f-a)^2+1}.$$

Substituirt man in diese Gleichung x für f — a, so folgt:

$$x^2(f-x)+f-x = 4rx,$$

oder, wenn man nach Potenzen von x ordnet:

$$x^3 - fx^2 + (1+4r)x - f = 0.$$

Die drei Wurzeln dieser Gleichung dritten Grades entsprechen den drei Seiten des betrachteten Dreiecks.

6) Man kennt in einem Dreiecke ABC (Fig. 6) den Umfang $=2s$, die Höhe $AD = h$ und den Radius des eingeschriebenen Kreises $= \varrho$. Es werden die Seiten des Dreiecks gesucht.

Betrachtet man die Abschnitte der Dreiecksseiten $AC' = x$, $BA' = y$ und $CB' = z$ als die drei unbekannten Größen, so findet man zur Bestimmung derselben das folgende Gleichungssystem:

$$1) \quad x+y+z = s,$$

$$2) \quad x\operatorname{tg}\tfrac{1}{2}\alpha = y\operatorname{tg}\tfrac{1}{2}\beta = z\operatorname{tg}\tfrac{1}{2}\gamma = \varrho$$

und: $$3) \quad (y+z)h = 2\varrho s.$$

Aus (1) und (3) ergiebt sich durch Elimination von $y+z$ unmittelbar:

$$x = s - \frac{2\varrho s}{h} = \frac{s(h-2\varrho)}{h},$$

oder aus (2):

$$\operatorname{tg}\tfrac{1}{2}\alpha = \frac{h\varrho}{s(h-2\varrho)},$$

so daß also x und der Winkel α, mithin auch $\beta+\gamma$ bekannt ist.

Mit Hülfe von (2) und (3) erhält man weiter:

$$\cot\tfrac{1}{2}\beta + \cot\tfrac{1}{2}\gamma = \frac{2s}{h},$$

oder:

$$\frac{\sin\frac{\beta+\gamma}{2}}{\sin\frac{1}{2}\beta\sin\frac{1}{2}\gamma} = \frac{\cos\frac{1}{2}\alpha}{\sin\frac{1}{2}\beta\sin\frac{1}{2}\gamma} = \frac{2s}{h}.$$

Folglich:

$$h\cos\tfrac{1}{2}\alpha = s\left(\cos\frac{\beta-\gamma}{2} - \cos\frac{\beta+\gamma}{2}\right),$$

mithin:

$$\cos\frac{\beta-\gamma}{2} = \frac{h}{s}\cos\tfrac{1}{2}\alpha + \sin\tfrac{1}{2}\alpha,$$

oder, wenn man $\frac{h}{s} = \operatorname{tg}\mu$ substituirt:

$$\cos\frac{\beta-\gamma}{2} = \frac{\sin(\frac{1}{2}\alpha+\mu)}{\cos\mu}.$$

Man kann also, aus $\frac{\beta+\gamma}{2}$ und $\frac{\beta-\gamma}{2}$, β und γ selbst, und damit nach (2) auch y und z berechnen.

Eine andere Methode die obigen Gleichungen aufzulösen ist die folgende.

Sind α, β und γ die drei Winkel eines Dreiecks, so findet man, wenn man die cot als Brüche betrachtet und die Summanden linker Hand addirt, die Gleichung:

$$\cot\tfrac{1}{2}\alpha + \cot\tfrac{1}{2}\beta + \cot\tfrac{1}{2}\gamma = \cot\tfrac{1}{2}\alpha\cot\tfrac{1}{2}\beta\cot\tfrac{1}{2}\gamma.$$

Substituirt man in diese Gleichung für die cot ihre aus (2) hergeleiteten Werthe, so ergiebt sich:

$$\frac{x+y+z}{\varrho} = \frac{xyz}{\varrho^3},$$

oder nach (1):

$$xyz = \varrho^2 s.$$

Da aber $x = \frac{s(h-2\varrho)}{h}$ schon gefunden war, so folgt:

$$yz = \frac{\varrho^2 h}{h-2\varrho}.$$

Es sind also, wenn man die Gleichung (3) berücksichtigt, y und z die Wurzeln der quadratischen Gleichung:

$$t^2 - \frac{2\varrho s}{h} t + \frac{\varrho^2 h}{h - 2\varrho} = 0.$$

Die rein geometrische Construktion des gesuchten Dreiecks bietet übrigens durchaus keine Schwierigkeiten dar. Man konstruirt nämlich aus der Proportion (3) zuerst die Strecke $y + z$, dann aus (1) den Abschnitt x. Alsdann ist das Viereck $AC'OB'$ ebenfalls bekannt. Man hat also nur mit $AD = h$ um A einen Kreis zu schlagen, und die gemeinschaftliche Tangente BC der Kreise um O und A zu zeichnen, so ist das Dreieck gefunden.

7) Es sollen die drei Seiten des Dreiecks ABC (Fig. 6) berechnet werden, wenn man die drei Strecken a_1, b_1, c_1 kennt, welche den Mittelpunkt des eingeschriebenen Kreises mit den Dreiecksecken A, B, C verbinden.

Bezeichnet man die gesuchten Dreiecksseiten mit a, b und c, den Radius des eingeschriebenen Kreises mit ϱ, und den halben Umfang des Dreieckes mit s, so erhält man:

$$AC' = s - a,$$

$$CB' = s - c$$

und:

$$BA' = s - b.$$

Aus dem rechtwinkligen Dreiecke AOC' ergiebt sich nun:

$$a_1^2 = (s - a)^2 + \varrho^2,$$

oder, da $\varrho = \frac{\Delta}{s}$ ist:

$$= (s - a)^2 + \frac{\Delta^2}{s^2},$$

$$= (s - a)^2 + \frac{(s - a)(s - b)(s - c)}{s},$$

also nach einfacher Umformung:

$$a_1^2 = \frac{bc(s - a)}{s}.$$

Analog findet man:

$$b_1^2 = \frac{ac(s - b)}{s}$$

und:

$$c_1^2 = \frac{ab(s - c)}{s}.$$

Diese Gleichungen nehmen nun leicht die folgende Form an:

$$1)\quad bc = \frac{abc}{s} + a_1^2,\quad ac = \frac{abc}{s} + b_1^2,\quad ab = \frac{abc}{s} + c_1^2,$$

oder, wenn man zur Abkürzung $\frac{abc}{s} = x$ setzt:

$$\frac{a}{abc} = \frac{1}{x+a_1^2},\quad \frac{b}{abc} = \frac{1}{x+b_1^2},\quad \frac{c}{abc} = \frac{1}{x+c_1^2}.$$

Durch Addition dieser letzteren ergiebt sich eine Gleichung, welche nur noch die Unbekannte x enthält:

$$\frac{2s}{abc} = \frac{2}{x} = \frac{1}{x+a_1^2} + \frac{1}{x+b_1^2} + \frac{1}{x+c_1^2}.$$

Multiplicirt man endlich mit x und subtrahirt alsdann von jedem Bruche der rechten Seite 1, so ergiebt sich nach einfachen Umformungen die Gleichung dritten Grades:

$$\frac{a_1^2}{x+a_1^2} + \frac{b_1^2}{x+b_1^2} + \frac{c_1^2}{x+c_1^2} = 1,$$

oder:

$$x^3 - (a_1^2b_1^2 + b_1^2c_1^2 + c_1^2a_1^2)x - 2a_1^2b_1^2c_1^2 = 0.$$

Damit ist also $x = \frac{abc}{s}$ gefunden.

Multiplicirt man nun die Gleichungen (1) mit einander, so ergiebt sich:

$$(abc)^2 = (x+a_1^2)(x+b_1^2)(x+c_1^2),$$

oder, wenn man die nun bekannte Größe:

$$\sqrt{(x+a_1^2)(x+b_1^2)(x+c_1^2)} = X \text{ setzt}$$

und die Gleichungen (1) berücksichtigt:

$$a = \frac{X}{x+a_1^2},\quad b = \frac{X}{x+b_1^2},\quad c = \frac{X}{x+c_1^2}.$$

8) Auf den drei Seiten a, b, c eines Dreieckes ABC (Fig. 7) sind von den Ecken aus drei konstante Stücke $AC' = BA' = CB' = d$ abgeschnitten. Es soll der Inhalt des Dreiecks $A'B'C'$ durch a, b, c und d ausgedrückt werden.

Man bezeichne den Inhalt von ABC mit Δ, den von $A'B'C'$ mit Δ', den von $AB'C'$ mit δ_1, $BC'A'$ mit δ_2 und $CA'B'$ mit δ_3. Alsdann hat man:

$$\Delta' = \Delta - \delta_1 - \delta_2 - \delta_3.$$

Da aber, wenn man:

$$\frac{d}{a} = \alpha, \quad \frac{d}{b} = \beta \quad \text{und:} \quad \frac{d}{c} = \gamma,$$

setzt:

$$\delta_1 = \Delta\gamma(1-\beta),$$
$$\delta_2 = \Delta\alpha(1-\gamma),$$
$$\delta_3 = \Delta\beta(1-\alpha)$$

ist, so erhält man:

$$\frac{\Delta'}{\Delta} = 1-\alpha-\beta-\gamma+\alpha\beta+\beta\gamma+\gamma\alpha,$$

oder, wenn man $\alpha\beta\gamma$ addirt und subtrahirt:

$$\frac{\Delta'}{\Delta} = (1-\alpha)(1-\beta)(1-\gamma)+\alpha\beta\gamma.$$

9) Es befindet sich auf der Seite BC (Fig. 8) des bekannten Dreiecks ABC, oder auf der Verlängerung derselben ein Punkt D. Man soll durch denselben eine gerade Linie DEF so legen, daß das von ABC abgeschnittene Dreieck AFE der nte Theil des ersteren ist.

Man bezeichne die bekannten Dreiecksseiten mit a, b, c, die gleichfalls bekannte Strecke CD mit d. Die Unbekannte AF sei $= y$ und AE $= x$. Ferner sei die Strecke CG $\#$ AB und $= z$. Man erhält dann zunächst die Gleichung:

$$\Delta AFE : \Delta ABC = \frac{1}{n} = \frac{xy}{bc},$$

oder:

$$(1) \quad xy = \frac{bc}{n}.$$

Ferner ergeben sich aus den ähnlichen Dreieckspaaren AEF und ECG, DGC und DFB die beiden Gleichungen:

$$\frac{x}{y} = \frac{b-x}{z} \quad \text{und:} \quad \frac{d}{a+d} = \frac{z}{c-y}.$$

Also, nachdem man z eliminirt hat:

$$(2) \quad b(a+d)y - cdx = \frac{abc}{n}.$$

Aus (1) und (2) ergiebt sich nun, wenn man eine der Unbekannten x oder y eliminirt, eine quadratische Gleichung für die andere Unbekannte. Die positiven Wurzeln derselben entsprechen den Strecken, welche auf AB und AC selbst abgetragen sind, während die negativen Werthe als zweite Auflösung der gegebenen Aufgabe das Scheiteldreieck AE′F′ liefern.

10) Es sind die vier Seiten a, b, c, d eines Viereckes ABCD (Fig. 9) gegeben. Man soll den Inhalt dieses Vierecks bestimmen, vorausgesetzt, daß sich um dasselbe ein Kreis beschreiben läßt.

Bezeichnet man die an den vier Ecken liegenden Winkel mit resp. α, β, γ und δ, so hat man, da das Viereck ein Kreisviereck sein soll, die Bedingungsgleichung:

$$\alpha + \gamma = \beta + \delta = \pi.$$

Der gesuchte Inhalt $= V$ ist aber durch die Gleichung gegeben:

$$V = \tfrac{1}{2} ab \sin\beta + \tfrac{1}{2} cd \sin\delta.$$

Also, wenn δ mit Hülfe der obigen Bedingungsgleichung eliminirt wird:

$$V = \tfrac{1}{2} \sin\beta (ab + cd).$$

Es bleibt also allein die Unbekannte β noch zu eliminiren übrig. Aus den beiden Dreiecken ABC und ADC ergeben sich aber die beiden Gleichungen:

$$AC^2 = a^2 + b^2 - 2ab\cos\beta$$

und:

$$AC^2 = c^2 + d^2 + 2cd\cos\beta.$$

Setzt man daher die beiden Werthe von AC^2 einander gleich, so erhält man die folgende Gleichung:

$$\cos\beta = \frac{a^2 + b^2 - (c^2 + d^2)}{2(ab + cd)}.$$

Daraus folgt aber:

$$1 + \cos\beta = 2\cos\tfrac{1}{2}\beta^2 = \frac{(a+b)^2 - (c-d)^2}{2(ab+cd)},$$

$$= \frac{(a+b+c-d)(a+b-c+d)}{2(ab+cd)}.$$

Ferner:

$$1 - \cos\beta = 2\sin\tfrac{1}{2}\beta^2 = \frac{(c+d)^2 - (a-b)^2}{2(ab+cd)},$$

$$= \frac{(a-b+c+d)(-a+b+c+d)}{2(ab+cd)}.$$

Setzt man endlich:

$$a+b+c+d=2s,$$

so wird:

$$a+b+c-d=2(s-d),\quad a+b-c+d=2(s-c) \text{ u. s. w.},$$

und man findet durch Multiplikation:

$$\sin\beta^2=\frac{4(s-a)(s-b)(s-c)(s-d)}{(ab+cd)^2}.$$

Also, wenn man diesen Werth in die Gleichung für V einsetzt:

$$V=\sqrt{(s-a)(s-b)(s-c)(s-d)}.$$

Soll nun das Viereck noch ein solches sein, daß sich ein Kreis hineinbeschreiben läßt, so gilt zwischen den gegebenen Seiten die Bedingungsgleichung:

$$a+c=b+d.$$

Dadurch reduciren sich aber die Faktoren $s-a$ auf c, $s-b$ auf d u. s. w., so daß man den einfachen Ausdruck erhält:

$$V=\sqrt{abcd}.$$

11) **Man kennt die vier Seiten a, b, c, d eines Vierecks ABCD (Fig. 10) und den Winkel α, welchen die Diagonalen mit einander bilden. Man soll diese Diagonalen berechnen.**

Man bezeichne die unbekannten Winkel BDA mit β, BDC mit γ und die gesuchten Diagonalen BD mit x, AC mit y. Man fälle ferner das Loth AE auf die Diagonale BD, von C auf dieselbe Linie das Loth CF und auf AH das Loth CH. Da also CH parallel BD läuft, so ist der Winkel $ACH=AGE=\alpha$. Es folgt somit aus dem Dreiecke ACH:

$$\operatorname{tg}\alpha=\frac{AH}{CH}.$$

Nun ist aber AH gleich dem doppelten Flächeninhalte des Viereckes dividirt durch x. Da sich aber dieser Inhalt ebenfalls durch x darstellen läßt, so läßt sich der Zähler AH durch x ausdrücken. Man erhält nämlich:

$$\Delta BCD=\tfrac{1}{4}\sqrt{\{(c+d)^2-x^2\}\{x^2-(c-d)^2\}},$$
$$=\tfrac{1}{4}\sqrt{4c^2d^2-(c^2+d^2-x^2)^2}$$

und ebenso:

$$\varDelta ADB = \tfrac{1}{4}\sqrt{4a^2b^2-(a^2+b^2-x^2)^2}.$$

Zweitens ist:

$$CH = FD - ED,$$
$$= d\cos\gamma - a\cos\beta.$$

Aus den Dreiecken BCD und ABD ergiebt sich aber:

$$2dx\cos\gamma = d^2+x^2-c^2$$

und:

$$2ax\cos\beta = a^2+x^2-b^2.$$

Folglich ist:

$$CH = d\cos\gamma - a\cos\beta = \frac{b^2+d^2-a^2-c^2}{2x}.$$

Setzt man diese Werthe in die Gleichung für $\operatorname{tg}\alpha$ ein, so ergiebt sich:

$$\text{(a)}\quad \operatorname{tg}\alpha = \frac{\sqrt{4a^2b^2-(a^2+b^2-x^2)^2}+\sqrt{4c^2d^2-(c^2+d^2-x^2)^2}}{b^2+d^2-a^2-c^2}.$$

Um diese Gleichung aufzulösen, substituire man:

$$a^2+b^2-x^2 = 2ab\cos\varphi$$

und:

$$c^2+d^2-x^2 = 2cd\cos\psi,$$

so daß die unbekannten, neu eingeführten, Winkel φ und ψ durch die Gleichung mit einander verbunden sind:

$$a^2+b^2-c^2-d^2 = 2(ab\cos\varphi - cd\cos\psi).$$

Die aufzulösende Gleichung aber nimmt die Gestalt an:

$$(b^2+d^2-a^2-c^2)\operatorname{tg}\alpha = 2ab\sin\varphi + 2cd\sin\psi.$$

Setzt man ferner:

$$(1)\quad \tfrac{1}{2}(a^2+b^2-c^2-d^2) = r\sin\lambda$$

und:

$$(2)\quad \tfrac{1}{2}(b^2+d^2-a^2-c^2)\operatorname{tg}\alpha = r\cos\lambda,$$

so daß r und λ als bekannte Größen betrachtet werden können, so erhält man:

$$r\cos\lambda = ab\sin\varphi + cd\sin\psi$$

und:

$$r\sin\lambda = ab\cos\varphi - cd\cos\psi.$$

Aus diesen beiden Gleichungen ergiebt sich durch Erweitern mit resp. $\cos\varphi$ und $\sin\varphi$:

$$(3)\quad r\cos(\lambda+\varphi) = cd\sin(\varphi+\psi).$$

Analog folgt:

$$r\sin(\lambda+\varphi) = ab - cd\cos(\varphi+\psi).$$

Quadrirt man diese Gleichungen, so erhält man durch Addition:

$$r^2 = a^2b^2 + c^2d^2 - 2abcd\cos(\varphi + \psi),$$

oder:

$$\cos(\varphi + \psi) = \frac{a^2b^2 + c^2d^2 - r^2}{2abcd}.$$

Hat man nun aus (1) und (2) r und λ berechnet, so ergiebt sich aus der letzten Gleichung $\varphi + \psi$ und aus (3) der gesuchte Winkel φ, also auch ψ. Alsdann kann x unmittelbar berechnet werden. Hat man aber x, so ergeben sich auch die Winkel β und γ und damit sämmtliche andere Stücke des Viereckes ohne alle Schwierigkeit. Man wird offenbar auf eine ähnliche Endgleichung geführt, wenn nicht der Diagonalenwinkel, sondern der Flächeninhalt V des Viereckes als gegeben angenommen wird. Man findet nämlich sofort:

$$\text{(b)} \quad 4V = \sqrt{4a^2b^2 - (a^2 + b^2 - x^2)^2} + \sqrt{4c^2d^2 - (c^2 + d^2 - x^2)^2}.$$

Durch Vergleichung der Gleichungen (a) und (b) findet man noch eine interessante Formel zur Inhaltsbestimmung von Vierecken, nämlich:

$$4V = \operatorname{tg}\alpha(b^2 + d^2 - a^2 - c^2).$$

12) Man kennt die vier Winkel α, β, γ und δ eines Viereckes ABCD (Fig. 9) und die beiden Diagonalen $AC = f$ und $BD = g$. Man soll die Seiten des Vierecks bestimmen.

Die unbekannten Größen, welche wir einführen wollen, seien $AB = a$, $DC = c$ und die Winkel $CAB = u$ und $DBA = v$. Zur Bestimmung derselben ergeben sich nun die vier Gleichungen:

$$(1) \quad a\sin\alpha = g\sin(\alpha + v),$$
$$(2) \quad a\sin\beta = f\sin(\beta + u),$$
$$(3) \quad c\sin\delta = f\sin(a - u),$$
$$(4) \quad c\sin\gamma = g\sin(\beta - v).$$

Durch Division von (1) durch (2) und von (3) durch (4) ergiebt sich das folgende System mit den zwei Unbekannten u und v:

$$(5) \quad \frac{\sin(\alpha + v)}{\sin(\beta + u)} = \frac{f\sin\alpha}{g\sin\beta}$$

und:

$$(6) \quad \frac{\sin(\alpha - u)}{\sin(\beta - v)} = \frac{g\sin\delta}{f\sin\gamma}.$$

Aus der Gleichung (5) läßt sich nun nach einfachen Transformationen, indem man 1 erst addirt, dann subtrahirt, die folgende herleiten:

$$\frac{\sin(\alpha+v)+\sin(\beta+u)}{\sin(\alpha+v)-\sin(\beta+u)}=\frac{f\sin\alpha+g\sin\beta}{f\sin\alpha-g\sin\beta}.$$

Verwandelt man nun die Nenner und Zähler der linken Seite dieser Gleichung in Produkte und setzt die rechte Seite = A, so ergiebt sich:

$$\operatorname{tg}\frac{\alpha+\beta+u+v}{2}\cot\frac{\alpha-\beta+v-u}{2}=A.$$

Ebenso folgt aus der Gleichung (6), wenn man:

$$\frac{g\sin\delta+f\sin\gamma}{g\sin\delta-f\sin\gamma}=B$$

setzt:

$$\operatorname{tg}\frac{\alpha+\beta-u-v}{2}\cot\frac{\alpha-\beta+v-u}{2}=B.$$

Also, wenn man schließlich $\alpha+\beta=\lambda$ und die Unbekannte $u+v=\varphi$ substituirt:

$$(7)\quad \frac{\operatorname{tg}\frac{1}{2}(\lambda+\varphi)}{\operatorname{tg}\frac{1}{2}(\lambda-\varphi)}=\frac{A}{B}.$$

Aus dieser Gleichung findet man analog wie oben:

$$\frac{\sin\lambda}{\sin\varphi}=\frac{A+B}{A-B}.$$

Setzt man für A, B, λ und φ wieder ihre Werthe ein, so ergiebt sich daraus nach einigen Umformungen:

$$\sin(u+v)=\frac{\left\{\frac{g}{f}\sin\beta\sin\delta-\frac{f}{g}\sin\alpha\sin\gamma\right\}\sin(\alpha+\beta)}{\sin\alpha\sin\delta-\sin\beta\sin\gamma}.$$

Da dieser Werth des gesuchten $\sin(u+v)$ für die logarithmische Rechnung noch wenig geeignet ist, wollen wir denselben in eine andere Form bringen.

Zwischen den gegebenen vier Winkeln findet die Bedingungsgleichung Statt:

$$\alpha+\beta+\gamma+\delta=2\pi.$$

Man erhält also, wenn man γ eliminirt:

$$\sin\alpha\sin\delta - \sin\beta\sin\gamma = \sin\alpha\sin\delta + \sin\beta\sin(\alpha+\beta+\delta),$$
$$= \sin\alpha\sin\delta + \sin\beta\cos\beta\sin(\alpha+\delta) + \sin\beta^2\cos(\alpha+\delta),$$
$$= \sin(\alpha+\beta)\sin(\beta+\delta).$$

Substituirt man diesen Werth in die obige Gleichung für $\sin(u+v)$, so erhält man:

$$\sin(\beta+\delta)\sin(u+v) = \frac{g}{f}\sin\beta\sin\delta - \frac{f}{g}\sin\alpha\sin\gamma,$$
$$= \frac{g}{f}\sin\beta\sin\delta\left\{1 - \frac{f^2\sin\alpha\sin\gamma}{g^2\sin\beta\sin\delta}\right\},$$

Substituirt man noch:

$$\frac{f^2\sin\alpha\cos\gamma}{g^2\sin\beta\sin\delta} = \operatorname{tg}\varepsilon,$$

also:

$$\frac{f^2\sin\alpha\sin\gamma}{g^2\sin\beta\sin\delta} = \operatorname{tg}\varepsilon\operatorname{tg}\gamma,$$

so findet man:

$$\sin(u+v) = \frac{g\sin\beta\sin\delta\cos(\varepsilon+\gamma)}{f\cos\varepsilon\cos\gamma\sin(\beta+\delta)}.$$

Nach der Definitionsgleichung von ε ist aber:

$$g\sin\beta\sin\delta = \frac{f^2\sin\alpha\cos\gamma}{g\operatorname{tg}\varepsilon},$$

also wird schließlich, wenn man diesen Werth einsetzt:

$$\sin(u+v) = \frac{f\sin\alpha\cos(\varepsilon+\gamma)}{g\sin\varepsilon\sin(\beta+\delta)}.$$

Hat man somit $u+v$ gefunden, so ist es leicht, aus einer der obigen Gleichungen den Werth von $u-v$ zu entwickeln. Ist aber u und v selbst bekannt, so geben die ursprünglichen Gleichungen unmittelbar die Unbekannten a und c.

13) Man hat ein beliebiges Viereck E'F'G'H' (Fig. 11) und vier Punkte A, B, C und D, welche in einer geraden Linie liegen. Man soll ein Viereck EFGH konstruiren, das dem gegebenen ähnlich ist und dessen Seiten entweder selbst, oder in ihren Verlängerungen durch jene festen Punkte gehen.

Es sei AB = a, BC = b und CD = c. Der Winkel bei E'

sei $=\alpha$, die Außenwinkel bei F′ und H′ resp. $=\beta$ und γ. Bezeichnet man ferner E′F′ mit d, E′H′ mit e und das unbekannte Verhältniß der entsprechenden Viereckseiten mit x, so hat man in dem gesuchten Vierecke EFGH die Seite EF = dx, EH = ex, Winkel FEH $=\alpha$, AFC $=\beta$ und BHD $=\gamma$. Es seien außerdem die unbekannten Strecken AF = y, HD = z, die Winkel FAC $=\varphi$ und HDC $=\psi$.

Es ergeben sich nun aus den Dreiecken AED, AFC und BHD folgende fünf Gleichungen zwischen den fünf unbekannten Größen:

$$(1)\quad (a+b+c)\sin\psi = (y+dx)\sin\alpha,$$
$$(2)\quad (a+b+c)\sin\varphi = (z+ex)\sin\alpha,$$
$$(3)\quad (a+b)\sin(\varphi+b) = y\sin\beta,$$
$$(4)\quad (b+c)\sin(\psi+\gamma) = z\sin\gamma,$$
$$(5)\quad \varphi+\psi = \pi-\alpha.$$

Setzt man die aus (3) und (4) hergeleiteten Werthe von y und z in (1) und (2) ein, so ergiebt sich:

$$\frac{(a+b+c)\sin\psi}{\sin\alpha} = \frac{a+b}{\sin\beta}\sin(\varphi+\beta)+dx,$$
$$\frac{(a+b+c)\sin\varphi}{\sin\alpha} = \frac{b+c}{\sin\gamma}\sin(\psi+\gamma)+ex.$$

Durch Elimination von x folgt dann eine Gleichung, welche, wenn man mit Hülfe von (5) noch ψ eliminirt, die Gestalt erhält:

$$\frac{a+b+c}{\sin\alpha}\{e\sin(\varphi+\alpha)-d\sin\varphi\}$$
$$=\frac{e(a+b)}{\sin\beta}\sin(\varphi+\beta)-\frac{d(b+c)}{\sin\gamma}\sin(\varphi+\alpha-\gamma).$$

Aus diesem Resultate erhält man nun leicht, wenn man mit $\cos\varphi$ dividirt, eine Gleichung ersten Grades, welche den Werth von $\operatorname{tg}\varphi$ ergiebt. Damit ist φ und ψ und nach (3) und (4) auch y und z gefunden. Das gesuchte Viereck ist also seiner Gestalt und seiner Lage zu den gegebenen Punkten nach, völlig bestimmt.

14) In ein gegebenes Quadrat ABCD (Fig. 12), dessen Seite = a ist, soll ein Dreieck AFE gezeichnet werden, dessen Winkel α, β, γ sind, und dessen eine Ecke mit der Ecke des Quadrates A zusammenfällt.

Wir bezeichnen den unbekannten Winkel BAE mit φ und die Strecke BE mit u. Wählt man ferner den Durchmesser des um das Dreieck FEA beschriebenen Kreises zur Einheit, so sind die Dreiecksseiten die sinus der ihnen gegenüberliegenden Winkel. Man erhält also aus dem Dreiecke FCE:

$$a - u = \sin\alpha \sin(\beta - \varphi),$$

da Winkel CFE $= \beta - \varphi$ ist. Ferner folgt aus ABE:

$$a = \sin\gamma \cos\varphi \quad \text{und} \quad u = \sin\gamma \sin\varphi.$$

Setzt man aber diese Werthe oben ein, so ergiebt sich:

$$\sin\gamma(\cos\varphi - \sin\varphi) = \sin\alpha \sin(\beta - \varphi)$$

oder:

$$\sin\gamma - \sin\gamma \operatorname{tg}\varphi = \sin\alpha \sin\beta - \sin\alpha \cos\beta \operatorname{tg}\varphi,$$

$$\operatorname{tg}\varphi = \frac{\sin(\alpha + \beta) - \sin\alpha \sin\beta}{\cos\alpha \sin\beta},$$

$$= 1 - \operatorname{tg}\alpha + \operatorname{tg}\alpha \cot\beta.$$

Hat man aber φ gefunden, so kann man auch sofort u und die Seiten des gesuchten Dreieckes berechnen, und zwar in Einheiten der gegebenen Seite a.

Wir stellen im Folgenden eine Reihe interessanter Parallelogramm-Aufgaben zusammen, deren Auflösung sich auf einem doppelten Wege bewerkstelligen läßt. Man kann nämlich erstens rein algebraisch verfahren, indem man stets die Summe und das Produkt der gesuchten Stücke zu bestimmen sucht, oder man kann, indem man an Stelle der Unbekannten Kreisfunktionen einführt und diese berechnet, die Probleme auf trigonometrischem Wege auflösen. Wir werden indessen nur bei der ersten Aufgabe beide Methoden durchführen und uns bei den folgenden auf die zweite beschränken.

15) Von einem Parallelogramme ABCD (Fig. 13) ist gegeben ein Winkel $= \beta$, die Summe der beiden Diagonalen $= 2a$ und der Winkel α, welchen dieselben mit einander bilden. Man soll die Seiten und Diagonalen des Parallelogrammes berechnen.

Bezeichnet man die halben Diagonalen als unbekannte Größen resp. mit u und z und die Seiten AB mit x und BC mit y, so hat man die folgenden Gleichungen aufzulösen:

$$(1)\quad u^2 + z^2 - 2uz\cos\alpha = x^2,$$
$$(2)\quad u^2 + z^2 + 2uz\cos\alpha = y^2,$$
$$(3)\quad z + u = a,$$
$$(4)\quad 2uz\sin\alpha = xy\sin\beta.$$

Multiplicirt man die Gleichungen (1) und (2) mit einander, so ergiebt sich:

$$(u^2 + z^2)^2 - 4u^2z^2\cos\alpha^2 = x^2y^2,$$

oder, wenn man mit Hülfe von (3) $u^2 + z^2$ und mit Hülfe von (4) xy eliminirt:

$$u^2z^2 + uz\frac{a^2\operatorname{tg}\beta^2}{\sin\alpha^2} - \frac{a^4\operatorname{tg}\beta^2}{4\sin\alpha^2} = 0.$$

Man findet also:

$$uz = \frac{a^2\operatorname{tg}\beta}{2\sin\alpha}\left\{-\frac{\operatorname{tg}\beta}{\sin\alpha} \pm \sqrt{\frac{\operatorname{tg}\beta^2}{\sin\alpha^2} + 1}\right\}.$$

Substituirt man:

$$\frac{\operatorname{tg}\beta}{\sin\alpha} = \cot\lambda,$$

so erhält man, da nur das positive Wurzelzeichen einen Sinn hat:

$$uz = \tfrac{1}{2}a^2\cot\lambda\{-\cot\lambda + \sqrt{\cot\lambda^2 + 1}\},$$
$$= \tfrac{1}{2}a^2\cot\lambda\left\{\frac{1-\cos\lambda}{\sin\lambda}\right\}.$$
$$(5)\quad uz = \tfrac{1}{2}a^2\cot\lambda\operatorname{tg}\tfrac{1}{2}\lambda.$$

Die Diagonalen u und z sind also die Wurzeln der quadratischen Gleichung:

$$t^2 - at + \tfrac{1}{2}a^2\cot\lambda\operatorname{tg}\tfrac{1}{2}\lambda = 0,$$

aus der man erhält:

$$t = \tfrac{1}{2}a\{1 \pm \sqrt{1 - 2\cot\lambda\operatorname{tg}\tfrac{1}{2}\lambda}\}.$$

Sollen diese Werthe reell sein, so muß $2\cot\lambda\operatorname{tg}\tfrac{1}{2}\lambda < 1$ sein. Man kann also immer setzen:

$$(6)\quad 2\cot\lambda\operatorname{tg}\tfrac{1}{2}\lambda = \sin\mu^2.$$

Mithin wird schließlich:

$$u = \tfrac{1}{2}a\{1 + \cos\mu\} = a\cos\tfrac{1}{2}\mu^2$$

und:

$$z = \tfrac{1}{2}a\{1 - \cos\mu\} = a\sin\tfrac{1}{2}\mu^2.$$

Aus der Gleichung (1) erhält man weiter mit Hülfe von (3):

$$x^2 = a^2 - 2uz(1 + \cos\alpha),$$
$$= a^2 - 4uz\cos\tfrac{1}{2}\alpha^2,$$

oder nach (5) und (6):

$$x^2 = a^2(1 - \cos\tfrac{1}{2}\alpha^2 \sin\mu^2).$$

Ganz ebenso ergiebt sich:

$$y^2 = a^2(1 - \sin\tfrac{1}{2}\alpha^2 \sin\mu^2).$$

Setzt man endlich noch:

$$\cos\tfrac{1}{2}\alpha \sin\mu = \sin\psi$$

und:

$$\sin\tfrac{1}{2}\alpha \sin\mu = \sin\chi,$$

so erhält man für x und y die Endwerthe:

$$x = a\cos\psi$$

und:

$$y = a\cos\chi.$$

Um nun zweitens die gegebenen Gleichungen trigonometrisch aufzulösen, setze man:

$$x = r\sin\varphi$$

und:

$$y = r\cos\varphi,$$

indem man r und φ als neue Unbekannte einführt. Subtrahirt man alsdann (1) von (2), so ergiebt sich:

$$r^2(\cos\varphi^2 - \sin\varphi^2) = 4uz\cos\alpha,$$

oder nach (4):

$$r^2(\cos\varphi^2 - \sin\varphi^2) = 2r^2\sin\varphi\cos\varphi\sin\beta\cot\alpha.$$

Somit ergiebt sich erstens für den Winkel φ die Gleichung:

$$\cot 2\varphi = \sin\beta\cot\alpha.$$

Addirt man ferner die Gleichungen (1) und (2), so erhält man:

$$r^2 = 2(u^2 + z^2),$$
$$= 2(a^2 - 2uz),$$
$$= 2\left\{a^2 - r^2\sin\varphi\cos\varphi\frac{\sin\beta}{\sin\alpha}\right\},$$

oder:

$$r^2 = \frac{2a^2\sin\alpha}{\sin\alpha + \sin 2\varphi\sin\beta}.$$

Substituirt man jetzt:

$$\frac{\sin 2\varphi\sin\beta}{\sin\alpha} = \cot\mu^2,$$

so folgt:

$$r^2 = 2a^2 \sin\mu^2,$$

oder:

$$r = \sqrt{2}\, a \sin\mu.$$

Da man also r und φ berechnet hat, so sind x und y ebenfalls gefunden. Aus den Gleichungen (3) und (4) ergeben sich dann auch unmittelbar die Werthe von u und z.

16) Von einem Parallelogramme ABCD (Fig. 13) ist der Umfang gegeben $= 2a$, ein Winkel $= \beta$ und der Winkel α, welchen die Diagonalen mit einander bilden. Es sollen die Seiten und Diagonalen des Parallelogrammes berechnet werden.

Es sei $AB = x$, $BC = y$, $OB = u$ und $OZ = z$. Man erhält dann die folgenden vier Gleichungen:

$$(1)\quad x + y = a,$$
$$(2)\quad x^2 = z^2 + u^2 - 2uz\cos\alpha,$$
$$(3)\quad y^2 = z^2 + u^2 + 2uz\cos\alpha,$$
$$(4)\quad 2uz\sin\alpha = xy\sin\beta.$$

Man substituire wieder:

$$x = r\sin\varphi$$

und:

$$y = r\cos\varphi.$$

Subtrahirt man alsdann (2) von (3), so ergiebt sich mit Hülfe von (4):

$$r^2(\cos\varphi^2 - \sin\varphi^2) = 2r^2 \sin\varphi\cos\varphi\cot\alpha\sin\beta,$$

oder:

$$(5)\quad \cot 2\varphi = \cot\alpha\sin\beta.$$

Aus (1) aber folgt unmittelbar:

$$(6)\quad r = \frac{a}{\sqrt{2}\cos(\varphi - \frac{1}{4}\pi)}.$$

Es ist somit x und y gefunden.

Um u und z zu berechnen, addire man (2) und (3). Man erhält:

$$u^2 + z^2 = \tfrac{1}{2}r^2.$$

Außerdem ist nach (4):

$$uz = \tfrac{1}{4}r^2 \sin 2\varphi \frac{\sin\beta}{\sin\alpha}.$$

Setzt man endlich:

$$u = r' \cos\psi$$

und:

$$z = r' \sin\psi,$$

so folgt aus der ersten dieser zwei Gleichungen:

$$r' = \frac{r}{\sqrt{2}}$$

und aus der zweiten:

$$\sin 2\psi = \sin 2\varphi \frac{\sin\beta}{\sin\alpha}.$$

Es ist also r' und ψ und damit auch u und z gefunden.

17) **In einem Parallelogramme ABCD (Fig. 13) ist der Umfang gegeben $= 2a$, ein Winkel $= \beta$ und die Summe der Diagonalen $= 2b$. Es sollen die Seiten und Diagonalen des Parallelogramms berechnet werden.**

Die unbekannten Seiten seien x und y, die halben Diagonalen u und z. Es ergiebt sich dann zur Bestimmung dieser vier Unbekannten das folgende Gleichungssystem:

$$(1) \quad x + y = a,$$
$$(2) \quad u + z = b,$$
$$(3) \quad x^2 + y^2 - 2xy\cos\beta = 4z^2,$$
$$(4) \quad x^2 + y^2 + 2xy\cos\beta = 4u^2.$$

Man substituire, um diese Gleichungen aufzulösen:

$$x = r\sin\varphi, \qquad z = r'\sin\psi,$$
$$y = r\cos\varphi, \qquad u = r'\cos\psi.$$

Quadrirt man alsdann die beiden ersten Gleichungen, so ergiebt sich nach einfachen Umformungen:

$$(1') \quad \sin 2\varphi = \frac{a^2 - r^2}{r^2}$$

und:

$$(2') \quad \sin 2\psi = \frac{b^2 - r'^2}{r'^2}.$$

Ferner ergiebt sich, wenn man (3) und (4) addirt und subtrahirt:

$$(3') \quad r^2 = 2r'^2$$

und nach dieser Gleichung:

$$(4') \quad \sin 2\varphi \cos\beta = \cos 2\psi.$$

Quadrirt und addirt man die Gleichungen (2') und (4'), so folgt:

$$1 = \left(\frac{2b^2}{r^2} - 1\right)^2 + \left(\frac{a^2}{r^2} - 1\right)^2 \cos\beta^2.$$

Man kann nun immer substituiren:

$$(5) \quad \frac{2b^2}{r^2} - 1 = \cos\lambda$$

und:

$$(6) \quad \left(\frac{a^2}{r^2} - 1\right)\cos\beta = \sin\lambda.$$

Durch Elimination von r^2 aus diesen Gleichungen ergiebt sich:

$$\frac{2b^2 - a^2}{a^2} = \cos\lambda - \frac{2b^2}{a^2\cos\beta}\sin\lambda.$$

Substituirt man endlich:

$$\frac{2b^2}{a^2\cos\beta} = \operatorname{tg}\varepsilon,$$

so folgt:

$$\cos(\lambda + \varepsilon) = \frac{2b^2 - a^2}{a^2}\cos\varepsilon.$$

Die aus dieser Gleichung berechneten Werthe von λ setzt man in (5) ein und erhält schließlich:

$$r = \frac{b}{\cos\frac{1}{2}\lambda}.$$

Nachdem auf diese Weise r gefunden ist, ergeben sich aus (1′), (3′) und (2′) unmittelbar die andern drei unbekannten Größen.

18) Von einem Parallelogramme ist der Umfang $= 2a$ gegeben, die Summe der Diagonalen $= 2b$ und der Winkel α, welchen dieselben mit einander bilden. Es sollen die Seiten und Diagonalen des Parallelogrammes berechnet werden.

Nach den Bezeichnungen der vorhergehenden Nummer hat man das Gleichungssystem aufzulösen:

$$(1) \quad x + y = a,$$
$$(2) \quad u + z = b,$$
$$(3) \quad z^2 + u^2 - 2uz\cos\alpha = x^2,$$
$$(4) \quad z^2 + u^2 + 2uz\cos\alpha = y^2.$$

Wendet man die in der vorigen Nummer eingeführten Substitutionen an, so erhält man Folgendes:

$$(1') \quad \sin 2\varphi = \frac{a^2 - r^2}{r^2},$$
$$(2') \quad \sin 2\psi = \frac{b^2 - r'^2}{r'^2},$$
$$(3') \quad r^2 = 2r'^2,$$
$$(4') \quad \sin 2\psi \cos\alpha = \cos 2\varphi.$$

Diese Gleichungen sind aber denen der vorigen Nummer ganz analog. Man findet, wenn man $\cos 2\varphi^2 + \sin 2\varphi^2$ bildet, die Gleichung:

$$\left(\frac{a^2}{r^2} - 1\right)^2 + \left(\frac{2b^2}{r^2} - 1\right)^2 \cos\alpha^2 = 1.$$

Folglich, wenn man:

$$\frac{a^2}{r^2} - 1 = \cos\lambda, \quad \left(\frac{2b^2}{r^2} - 1\right)\cos\alpha = \sin\lambda,$$

und:

$$\frac{a^2}{2b^2\cos\alpha} = \operatorname{tg}\varepsilon$$

substituirt:

$$\cos(\lambda + \varepsilon) = \frac{\frac{1}{2}a^2 - b^2}{b^2}\cos\varepsilon \quad \text{und:} \quad r = \frac{a}{\sqrt{2}\cos\frac{1}{2}\lambda}.$$

Man hat also auch unmittelbar die Werthe der andern in (1'), (2'), (3') und (4') enthaltenen unbekannten Größen.

19) Es ist in dem Parallelogramme ABCD (Fig. 13) der Inhalt $= p$ und der Umfang $= 2a$ gegeben; außerdem sei die Summe der Diagonalen $= 2b$. Es sollen die Seiten und Diagonalen des Parallelogrammes berechnet werden.

Außer den Seiten x und y und den halben Diagonalen u und z wollen wir noch den Winkel α, welchen u und z mit einander bilden, als fünfte unbekannte Größe einführen. Es ergeben sich dann die folgenden fünf Gleichungen:

$$(1) \quad x + y = a,$$
$$(2) \quad u + z = b,$$
$$(3) \quad 2uz\sin\alpha = p,$$
$$(4) \quad z^2 + u^2 - 2uz\cos\alpha = x^2,$$
$$(5) \quad z^2 + u^2 + 2uz\cos\alpha = y^2.$$

Dieselben gehen, wenn man wieder:

$$x = r\sin\varphi, \qquad z = r'\sin\psi,$$
$$y = r\cos\varphi, \qquad u = r'\cos\psi,$$

substituirt, in die folgenden über (vgl. Nr. 17):

$$(1') \quad \sin 2\varphi = \frac{a^2 - r^2}{r^2},$$
$$(2') \quad \sin 2\psi = \frac{b^2 - r'^2}{r'^2},$$
$$(3') \quad r'^2 \sin 2\psi \sin\alpha = p,$$
$$(4') \quad 2r'^2 = r^2,$$
$$(5') \quad \sin 2\psi \cos\alpha = \cos 2\varphi.$$

Eliminirt man wieder r' und bildet $\sin\alpha^2 + \cos\alpha^2$, so ergiebt sich:

$$\frac{4p^2}{r^4 \sin 2\psi^2} + \frac{1 - \sin 2\varphi^2}{\sin 2\psi^2} = 1,$$

oder:

$$1 + \frac{4p^2}{r^4} = \sin 2\varphi^2 + \sin 2\psi^2.$$

Mit Hülfe von (1′) und (2′) ergiebt sich also:

$$r^4 + 4p^2 = (a^2 - r^2)^2 + (2b^2 - r^2)^2,$$

oder: $$r^4 - 2r^2(2b^2 + a^2) + 4b^4 + a^4 - 4p^2 = 0.$$

Daraus folgt aber:

$$(6) \quad r^2 = 2b^2 + a^2 \pm 2\sqrt{b^2a^2 + p^2}.$$

Hat man auf diese Weise r gefunden, so ist auch r′ und aus (1′) und (2′) auch φ und ψ bekannt.

Man überzeugt sich leicht, wenn man berücksichtigt, daß $r^2 = x^2 + y^2$ ist, daß das Wurzelzeichen in dem Werthe r^2 nur das negative sein darf.

Mit Hülfe der Gleichung (6) oder:

$$x^2 + y^2 = 2b^2 + a^2 - 2\sqrt{b^2a^2 + p^2}$$

und der Gleichung (1) kann man die Werthe von x und y selbst entwickeln. Man erhält zunächst:

$$xy = \sqrt{a^2b^2 + p^2} - b^2$$

und daraus:

$$x = \tfrac{1}{2}a + \sqrt{\tfrac{1}{4}a^2 + b^2 - \sqrt{a^2b^2 + p^2}}$$

und:

$$y = \tfrac{1}{2}a - \sqrt{\tfrac{1}{4}a^2 + b^2 - \sqrt{a^2b^2 + p^2}}.$$

Ganz ähnlich findet man aus dem Werthe von r'^2 die Größen u und z.

20) Man kennt in einem Parallelogramme ABCD (Fig. 13) den einen Winkel $=\beta$, den Winkel, welchen die Diagonalen mit einander bilden $=\alpha$ und den Inhalt $=p$. Man soll die Seiten und Diagonalen des Parallelogrammes berechnen.

Wenn man wieder die halben Diagonalen $=u$ und z und die Seiten $=x$ und y als die unbekannten Größen einführt, so erhält man die folgenden vier Gleichungen:

$$(1)\quad 2uz\sin\alpha = p,$$

$$(2)\quad xy\sin\beta = p,$$

$$(3)\quad u^2+z^2-2uz\cos\alpha = x^2$$

und:

$$(4)\quad u^2+z^2+2uz\cos\alpha = y^2.$$

Man setze wieder:

$$x = r\sin\varphi, \qquad u = r'\sin\psi,$$

$$y = r\cos\varphi, \qquad z = r'\cos\psi.$$

Alsdann gehen die gegebenen Gleichungen in die folgenden über:

$$(1')\quad p = r'^2\sin 2\psi\sin\alpha,$$

$$(2')\quad 2p = r^2\sin 2\varphi\sin\beta,$$

$$(3')\quad r^2 = 2r'^2,$$

$$(4')\quad \cos 2\varphi = \sin 2\psi\cos\alpha.$$

Aus (1') und (2') erhält man aber, nachdem man r' eliminirt hat:

$$(5)\quad \sin 2\psi = \frac{\sin 2\varphi\sin\beta}{\sin\alpha},$$

oder, wenn man diesen Werth in (4') einsetzt:

$$(6)\quad \cot 2\varphi = \sin\beta\cot\alpha.$$

Ferner ist aus (2'):

$$r = \sqrt{\frac{2p}{\sin\beta\sin 2\varphi}},$$

folglich:

$$x = \sqrt{\frac{p\,\mathrm{tg}\,\varphi}{\sin\beta}}$$

und:

$$y = \sqrt{\frac{p\cot\varphi}{\sin\beta}}.$$

Mit Hülfe des Werthes von r und der Gleichung (5) findet man endlich:

$$r' = \sqrt{\frac{4p}{\sin 2\psi \sin\alpha}},$$

also:

$$u = \sqrt{\frac{2p\,\mathrm{tg}\,\psi}{\sin\alpha}}$$

und:

$$z = \sqrt{\frac{2p\cot\psi}{\sin\alpha}}.$$

21) Man kennt in dem Parallelogramme ABCD (Fig. 13) die Summe der Diagonalen und Seiten $= 2a$, den einen Winkel $= \beta$ und den Diagonalenwinkel $= \alpha$. Es sollen die Seiten und Diagonalen des Parallelogrammes berechnet werden.

Behalten wir dieselben Bezeichnungen, wie in der vorigen Nummer bei, so ergeben sich zwischen x, y, u und z die folgenden vier Gleichungen:

$$(1)\quad x + y + u + z = a,$$
$$(2)\quad u^2 + z^2 - 2uz\cos\alpha = x^2,$$
$$(3)\quad u^2 + z^2 + 2uz\cos\alpha = y^2,$$
$$(4)\quad x^2 + y^2 - 2xy\cos\beta = 4z^2.$$

Man substituire:

$$x = \sqrt{2}\,r\sin\varphi, \qquad u = r'\sin\varphi,$$
$$y = \sqrt{2}\,r\cos\varphi, \qquad z = r'\cos\varphi.$$

Addirt man alsdann (2) und (3), so ergiebt sich unmittelbar:

$$r = r'.$$

Die Gleichungen (2), (3) und (4) nehmen demnach die Gestalt an:

$$(2')\quad 1 - \sin 2\psi\cos\alpha = 2\sin\varphi^2,$$
$$(3')\quad 1 + \sin 2\psi\cos\alpha = 2\cos\varphi^2,$$
$$(4')\quad 1 - \sin 2\varphi\cos\beta = 2\sin\psi^2.$$

Durch Multiplikation von (2') und (3') ergiebt sich aber:

$$\sin 2\varphi^2 = 1 - \sin 2\psi^2\cos\alpha^2.$$

Ferner geht (4') in die Form über:

$$\sin 2\varphi\cos\beta = \cos 2\psi.$$

Also, wenn man aus den beiden letzten Gleichungen $\sin 2\varphi$ eliminirt:

$$\cos\beta^2\{1-\sin 2\psi^2\cos\alpha^2\}=\cos 2\psi^2.$$

Folglich:

$$\cos 2\psi^2=\frac{\cos\beta^2\sin\alpha^2}{1-\cos\alpha^2\cos\beta^2}$$

und:

$$\sin 2\psi^2=\frac{\sin\beta^2}{1-\cos\alpha^2\cos\beta^2}$$

Man findet also:

$$(5)\qquad \cot 2\psi=\sin\alpha\cot\beta$$

und analog:

$$(6)\qquad \cot 2\varphi=\sin\beta\cot\alpha.$$

Aus der Gleichung (1) ergiebt sich endlich:

$$r\{\sqrt{2}(\sin\varphi+\cos\varphi)+\cos\psi+\sin\psi\}=a,$$

oder, wenn man $\sin\varphi+\cos\varphi$ und $\cos\psi+\sin\psi$ in Produkte verwandelt:

$$r\sqrt{2}\{\sqrt{2}\cos(\tfrac{1}{4}\pi-\varphi)+\cos(\tfrac{1}{4}\pi-\psi)\}=a.$$

Man erhält also:

$$r=\frac{a}{\sqrt{2}\{\sqrt{2}\cos(\frac{1}{4}\pi-\varphi)+\cos(\frac{1}{4}\pi-\psi)\}}.$$

Setzt man endlich noch:

$$(7)\qquad \frac{\cos(\frac{1}{4}\pi-\psi)}{\sqrt{2}\cos(\frac{1}{4}\pi-\varphi)}=\operatorname{tg}\chi^2,$$

so findet man:

$$r=r'=\frac{a\cos\chi^2}{2\cos(\frac{1}{4}\pi-\varphi)}.$$

Hat man also aus (5) und (6) φ und ψ, und dann aus (7) χ gefunden, so kann man r und also auch die unbekannten Größen x, y, z und u selbst leicht berechnen.

22) Es ist ein Punkt B (Fig. 14) durch die rechtwinkligen Strecken $BA=AO=a$ gegeben. Man soll durch ihn eine gerade Linie BC so legen, daß das auf derselben von den Coordinatenaxen OX und OY abgeschnittene Stück $=b$ ist.

Setzt man OC = x und OD = y, so ergiebt sich aus der Aehnlichkeit der Dreiecke ABC und ODC die Gleichung:

$$a(x-y) = xy.$$

Bezeichnet man endlich den Winkel DCO mit φ, so wird:

$$x = b\cos\varphi \quad \text{und:} \quad y = b\sin\varphi.$$

Aus der obigen Gleichung ergiebt sich somit:

$$a\{\sin(\tfrac{1}{2}\pi - \varphi) - \sin\varphi\} = b\sin\varphi\cos\varphi,$$

$$2a\cos\tfrac{1}{4}\pi\sin(\tfrac{1}{4}\pi - \varphi) = \tfrac{1}{2}b\sin 2\varphi.$$

Ist ferner der Winkel OBC = ψ, so hat man die Gleichungen:

$$\psi = \tfrac{1}{4}\pi - \varphi \quad \text{und:} \quad 2\psi = \tfrac{1}{2}\pi - 2\varphi,$$

so daß die obige Gleichung in die folgende übergeht:

$$\frac{2a\sqrt{2}}{b}\sin\psi = \cos 2\psi = 1 - 2\sin\psi^2,$$

oder:

$$\frac{b}{a} = \frac{2\sqrt{2}\sin\psi}{1-2\sin\psi^2}.$$

Substituirt man also:

$$(1) \quad \sqrt{2}\sin\psi = \operatorname{tg}\alpha,$$

so wird sofort:

$$(2) \quad \operatorname{tg}2\alpha = \frac{b}{a}.$$

Die aus dieser Gleichung berechneten Winkel α geben zwei verschiedene Werthe für $\operatorname{tg}\alpha$, so daß sich mit Hülfe von (1) vier Winkel ψ ergeben, welche sämmtlich zwischen 0 und 2π liegen. Es giebt daher vier verschiedene Linien durch den Punkt B, welche die verlangte Bedingung erfüllen, nämlich BD, BD_1, BD_2 und BD_3.

23) **Es soll ein Trapez construirt werden, dessen nicht parallele Seiten beide = b, dessen eine parallele Seite = a und dessen Flächeninhalt ein Maximum ist.**

Es sei ABCD (Fig. 15) irgend ein Trapez, dessen drei Seiten AD = BC = b und DC = a die verlangte Länge haben, während die veränderliche Basis AB = x ist. Man erkennt dann zunächst, daß x höchstens = a + 2b sein kann, weil in diesem Falle sich das Trapez in die gerade Linie AB ausbreitet. Wird x kleiner, indem der Punkt B sich dem Punkte A nähert, so wächst der Flächeninhalt des Trapezes bis zu einem gewissen Maximum an. Der Punkt B wird nämlich endlich mit A zusammenfallen, so daß das Trapez in das Dreieck AD_1C_1 übergeht und $x = 0$ wird. Fährt nun der Punkt B fort, sich in demselben Sinne weiter zu bewegen, so hat man x als negativ zu betrachten, das Trapez wird überschlagen und sein Inhalt ist der Unterschied der beiden Dreiecke FAB_2 und FC_2D_2, welche es zusammensetzen. Da nun aber diese beiden Dreiecke bei einer gewissen Größe von x gleich groß sind, so muß bei den betrachteten Veränderungen der Flächeninhalt des Trapezes einmal durch ein Maximum gegangen sein. Entfernt sich nun B_2 noch weiter von A, so wird das negative Dreieck das größere und daher der ganze Flächeninhalt negativ. Wird schließlich $x = -2b + a$, so geht das Trapez in die gerade AB über und sein Flächeninhalt verschwindet mithin abermals. Es muß also noch einen zweiten ausgezeichneten Werth und zwar ein Minimum geben, das noch vor $x = -2b + a$ liegt.

Gehen wir jetzt zur Berechnung dieser ausgezeichneten Werthe selbst über. Es sei die Höhe CF des Trapezes ABCD = h und sein Flächeninhalt = M. Man hat alsdann die Gleichung:

$$M = \frac{(a+x)h}{2}.$$

Aus dem Dreiecke FCB folgt aber:

$$h = \sqrt{b^2 - \left(\frac{x-a}{2}\right)^2} = \tfrac{1}{2}\sqrt{4b^2 - (x-a)^2}.$$

Folglich wird:

$$(1) \quad M = \frac{a+x}{4}\sqrt{4b^2 - (x-a)^2}.$$

Setzt man nun nach der bekannten Methode (vgl. Schellbach Mathematische Lehrstunden. Aufgaben aus der Lehre vom Größten und Kleinsten. Berlin 1860, 8°):

$$\frac{x_1+a}{4}\sqrt{4b^2-(x_1-a)^2} = \frac{x+a}{4}\sqrt{4b^2-(x-a)^2},$$

so ergiebt sich:

$$\frac{x_1 - x}{x+a} = \frac{\sqrt{4b^2-(x-a)^2} - \sqrt{4b^2-(x_1-a)^2}}{\sqrt{4b^2-(x_1-a)^2}}.$$

Erweitert man rechts mit der Summe der Quadratwurzeln, hebt

alsdann mit $x_1 - x$ und setzt schließlich $x = x_1$, so folgt zur Bestimmung von x die Gleichung:

$$\frac{1}{x+a} = \frac{x-a}{4b^2-(x-a)^2}.$$

oder:

$$x^2 - ax - 2b^2 = 0.$$

Man erhält daher:

$$x = \frac{a \pm \sqrt{a^2+8b^2}}{2}.$$

Aus dem Obigen folgt nun, daß das obere Vorzeichen einem Maximum und das untere einem Minimum entspricht. Es ist übrigens klar, daß in gewissen Fällen, wenn z. B. $a > 2b$ ist, das Trapez überhaupt nicht überschlagen werden kann, und daher auch das soeben gefundene Minimum nicht möglich ist. Es ist auch leicht in aller Strenge die Bedingung aufzustellen, welche zur Existenz dieses Minimum erfüllt sein muß. Damit M reell sei, muß nach der Gleichung (1):

$$4b^2 - (x-a)^2 > 0,$$

oder:

$$(2b^2 + x - a)(2b^2 - x + a) > 0 \text{ sein.}$$

Setzt man in diese Ungleichheit den dem Minimum entsprechenden Werth von $x = \frac{a - \sqrt{a^2+8b^2}}{2}$ ein, so wird der zweite Faktor immer positiv, so daß also der erste oder:

$$2b - \tfrac{1}{2}a - \tfrac{1}{2}\sqrt{a^2+8b^2} > 0$$

sein muß. Man erhält dafür:

$$4b - a > \sqrt{a^2+8b^2},$$

oder endlich:

$$b > a.$$

Ist hingegen $b \overline{\overline{<}} a$, so findet nur ein Maximum Statt.

23) Die quadrirbaren mondförmigen Flächen.

Hippocrates von Chios hatte schon gezeigt, daß man ein mondförmiges Flächenstück quadriren kann, wenn es von zwei Kreisbogen und zwar einem Halb- und einem Viertelkreise begrenzt ist. Construirt man nämlich über der Hypotenuse und den Katheten eines rechtwinkligen Dreiecks Halbkreise (Fig. 16b), so ist die Summe der dabei entstehenden mondförmigen Flächen gleich dem Inhalte des rechtwinkligen Dreiecks. War dasselbe aber gleichschenklig, so sind auch die Monde einander gleich, also jeder gleich dem Inhalt des halben Dreiecks. In neuerer Zeit hat nun Clausen noch eine ganze Gruppe mondförmiger Flächen aufgefunden, deren Flächeninhalt mit Hülfe von Zirkel und Lineal konstruirt werden kann.

Es seien (Fig. 16) ADBC und AD′BC′ zwei Kreisausschnitte, welche als flächengleich vorausgesetzt werden sollen, so daß das konkave Viereck ACBC′ gleich der mondförmigen Figur AD′BD ist. In denjenigen Fällen also, in welchen dieses Viereck konstruirt werden kann, ist auch der Flächeninhalt des entsprechenden Mondes gefunden.

Es sei nun der Radius $AC = r$ und $AC' = r'$, Winkel $ACE = m\alpha$ nnd $AC'E = n\alpha$. Man erhält dann aus der Flächengleichheit der Kreisausschnitte die Bedingungsgleichung:

$$r\sqrt{m} = r'\sqrt{n}.$$

Ferner ist:

$$AE = r \sin m\alpha = r' \sin n\alpha,$$

also mit Berücksichtigung der soeben gefundenen Gleichung:

$$(1) \quad \frac{\sin m\alpha}{\sqrt{m}} = \frac{\sin n\alpha}{\sqrt{n}}.$$

Aus dieser Gleichung folgt immer eine algebraische Gleichung für die unbekannten Größen $\sin\alpha$ und $\cos\alpha$, die sich in einzelnen Fällen auf den zweiten Grad reducirt, so daß ihre Wurzeln geometrisch konstruirt werden können. Wenn erstens:

$$m = 1, \quad n = 2,$$

so ergiebt sich aus (1):

$$\sqrt{2}\sin\alpha = \sin 2\alpha, \quad \text{oder:} \quad \cos\alpha = \sqrt{\tfrac{1}{2}} = \cos 45^\circ.$$

In diesem Falle folgt also der schon oben erwähnte Mond des Hippokrates (Fig. 16b):

(2) Ist $m = 1$, $n = 3$, so erhält man:

$$\sqrt{3}\sin\alpha = \sin 3\alpha = \sin\alpha\cos 2\alpha + \cos\alpha\sin 2\alpha,$$

oder: $$\sqrt{3} = \cos 2\alpha + 2\cos\alpha^2 = 2\cos 2\alpha + 1.$$

Somit ist:

$$\cos 2\alpha = \frac{\sqrt{3}-1}{2},$$

oder: $$m\alpha = 34^\circ{,}25 \quad \text{und:} \quad n\alpha = 102^\circ{,}75.$$

(3) Wenn $m = 1$ und $n = 5$ ist, so wird:

$$\sqrt{5}\sin\alpha = \sin 5\alpha,$$
$$= \sin\alpha\cos 4\alpha + 2\cos\alpha\sin 2\alpha\cos 2\alpha.$$

Also:
$$\sqrt{5} = \cos 4\alpha + 4\cos\alpha^2\cos 2\alpha,$$
$$= 2\cos 2\alpha^2 - 1 + 2\cos 2\alpha\{\cos 2\alpha + 1\}.$$

Man findet also eine quadratische Gleichung für $\cos 2\alpha$, welche die Wurzeln liefert:

$$\cos 2\alpha = \frac{\sqrt{5 + 4\sqrt{5}} - 1}{4}.$$

Daraus folgt:

$$m\alpha = 23^\circ{,}45 \quad \text{und:} \quad n\alpha = 117^\circ{,}25.$$

(4) Ist $m = 2$ und $n = 3$, so wird:

$$\sqrt{3}\sin 2\alpha = \sqrt{2}\sin 3\alpha = \sqrt{2}(\sin\alpha\cos 2\alpha + 2\cos\alpha^2\sin\alpha).$$

Hebt man mit $\sin\alpha$, so ergiebt sich:

$$\sqrt{6}\cos\alpha = \cos 2\alpha + 2\cos\alpha^2,$$
$$= 2\cos 2\alpha + 1.$$

Quadrirt man also, so folgt:

$$3(\cos 2\alpha + 1) = 4\cos 2\alpha^2 + 4\cos 2\alpha + 1.$$

Man findet also wieder eine quadratische Gleichung, welche die Wurzeln liefert:

$$\cos 2\alpha = \frac{\sqrt{33} - 1}{8}.$$

Man erhält mithin:

$$m\alpha = 53^\circ{,}6 \quad \text{und:} \quad n\alpha = 80^\circ{,}4.$$

(5) Ist endlich $m = 3$ und $n = 5$, so findet man:

$$\sqrt{5}\sin 3\alpha = \sqrt{3}\sin 5\alpha,$$

oder:

$$\sqrt{\frac{5}{3}}\sin 3\alpha = \sin\alpha\cos 4\alpha + 4\cos\alpha^2\cos 2\alpha\sin\alpha.$$

Hebt man diese Gleichung mit $\sin\alpha$, so folgt:

$$\sqrt{\frac{5}{3}}(\cos 2\alpha + 2\cos\alpha^2) = \cos 4\alpha + 4\cos\alpha^2\cos 2\alpha$$

und:

$$\sqrt{\frac{5}{3}}(2\cos 2\alpha + 1) = 2\cos 2\alpha^2 - 1 + 2\cos 2\alpha(1 + \cos 2\alpha).$$

Diese quadratische Gleichung liefert schließlich den Werth:

$$\cos 2\alpha = \frac{1}{4}\left\{\sqrt{\frac{5}{3}} - 1 + \sqrt{\frac{20}{3} + \sqrt{\frac{20}{3}}}\right\}$$

und daraus:

$$m\alpha = 50^{\circ},4 \quad \text{und:} \quad n\alpha = 84^{\circ},0. \quad \text{(Siehe Fig. 16.)}$$

Hat man also mondförmige Flächen, deren Grenzlinien Kreisbogen von der in den fünf betrachteten Fällen angegebenen Größe sind, so kann man stets das flächengleiche konvexe Viereck ACBC′ konstruiren, da man die Winkel und Seiten mit Hülfe des Zirkels und Lineals finden kann. Es sind also damit auch die fünf betrachteten Flächen quadrirt.

24) Die Malfattische Aufgabe. In ein gegebenes Dreieck ABC (Fig. 17) mit den Seiten a, b und c sollen drei Kreise so gelegt werden, daß jeder von ihnen die beiden andern und zwei Dreiecksseiten berührt.

Die Entfernungen der Berührungspunkte der drei gesuchten Kreise von den entsprechenden Ecken A, B und C des gegebenen Dreiecks seien resp. x, y und z, K und L seien die Mittelpunkte der die Seite CB berührenden Kreise, so daß BM = y und CH = z ist. Bezeichnet man nun die Winkel des Dreiecks ABC mit resp. α, β, γ, so ist:

$$LM = y\,\mathrm{tg}\tfrac{1}{2}\beta \quad \text{und:} \quad HK = z\,\mathrm{tg}\tfrac{1}{2}\gamma.$$

Da nun:

$$KL = y\,\mathrm{tg}\tfrac{1}{2}\beta + z\,\mathrm{tg}\tfrac{1}{2}\gamma \quad \text{und:} \quad HM = a - y - z$$

ist, so erhält man:

$$(y\,\mathrm{tg}\tfrac{1}{2}\beta + z\,\mathrm{tg}\tfrac{1}{2}\gamma)^2 = (a - y - z)^2 + (z\,\mathrm{tg}\tfrac{1}{2}\gamma - y\,\mathrm{tg}\tfrac{1}{2}\beta)^2,$$

oder:

$$y + z + 2\sqrt{yz\,\mathrm{tg}\tfrac{1}{2}\beta\,\mathrm{tg}\tfrac{1}{2}\gamma} = a.$$

Bezeichnet man aber a + b + c mit 2s, so hat man:

$$\mathrm{tg}\tfrac{1}{2}\beta = \sqrt{\frac{(s-a)(s-c)}{s(s-b)}} \quad \text{und:} \quad \mathrm{tg}\tfrac{1}{2}\gamma = \sqrt{\frac{(s-a)(s-b)}{s(s-c)}},$$

also:

$$\mathrm{tg}\tfrac{1}{2}\alpha\,\mathrm{tg}\tfrac{1}{2}\beta = 1 - \frac{a}{s}.$$

Setzt man nun:

$$1 - \frac{a}{s} = \cos\varphi^2, \quad \text{oder:} \quad a = s\sin\varphi^2,$$

so ergiebt sich:

$$(1)\quad y + z + 2\sqrt{yz}\cos\varphi = s\sin\varphi^2.$$

Analog erhält man, wenn man $b = s\sin\chi^2$ und $c = s\sin\psi^2$ setzt:

$$(2)\quad z + x + 2\sqrt{xz}\cos\chi = s\sin\chi^2$$

und:

$$(3)\quad x + y + 2\sqrt{xy}\cos\psi = s\sin\psi^2.$$

Die Lösung dieser drei Gleichungen gelingt leicht, wenn man sich in einem Kreise, dessen Durchmesser $= 1$ ist, ein Dreieck mit den Winkeln $\sigma - \chi$, $\sigma - \psi$ und $\pi - \varphi$ konstruirt, wo $2\sigma = \varphi + \psi + \chi$ ist. Bezeichnet man nun die drei Seiten dieses Dreiecks mit e, f, g, so ist:

$$e = \sin(\sigma - \chi),\quad f = \sin(\sigma - \psi) \quad \text{und:}\quad g = \sin\varphi.$$

Man erhält also die folgende Relation:

$$(1')\ \sin^2(\sigma-\chi) + \sin^2(\sigma-\psi) + 2\sin(\sigma-\chi)\sin(\sigma-\psi)\cos\varphi = \sin\varphi^2.$$

Analog erhält man aus zwei Dreiecken mit den Winkeln $\pi - \chi$, $\sigma - \varphi$, $\sigma - \psi$ und $\pi - \psi$, $\sigma - \varphi$, $\sigma - \chi$ die folgenden Gleichungen:

$$(2')\ \sin^2(\sigma-\varphi) + \sin^2(\sigma-\chi) + 2\sin(\sigma-\varphi)\sin(\sigma-\chi)\cos\psi = \sin\psi^2$$

und:

$$(3')\ \sin^2(\sigma-\psi) + \sin^2(\sigma-\varphi) + 2\sin(\sigma-\psi)\sin(\sigma-\varphi)\cos\chi = \sin\chi^2$$

Durch Vergleichung dieser Gleichungen (1′), (2′), (3′) mit (1), (2) und (3) erhält man unmittelbar:

$$x = s\sin(\sigma - \varphi)^2,\quad y = s\sin(\sigma - \chi)^2,\quad z = s\sin(\sigma - \psi)^2.$$

Es sind mithin die Berührungspunkte der Kreise und daher diese selbst gefunden.

Will man dies Resultat geometrisch konstruiren, so verlängert man CB über B hinaus bis F, so daß $CF = s$ ist, mache $CD = c$ und $CE = b$, schlage über CF als Durchmesser einen Halbkreis und errichte in D, E und B zu diesem Durchmesser die Lothe DD′, EE′ und BB′. Aus dem rechtwinkligen Dreiecke CB′F erhält man alsdann:

$$B'C^2 = as = s^2\sin B'FC^2,$$

also:

$$a = s\sin B'FC^2.$$

Es war aber substituirt:

$$a = s\sin\varphi^2,$$

mithin ist:

$$\varphi = CFB'$$

und der Bogen:

$$CB' = 2\varphi.$$

Ebenso ist:

$$CE' = 2\chi \quad \text{und:} \quad CD' = 2\psi.$$

Macht man nun $B'G = D'E'$ und halbirt den Bogen CG in H', so erhält man leicht:

$$\text{Bogen } CH' = \varphi + \chi - \psi = 2(\sigma - \psi).$$

In dem rechtwinkligen Dreiecke CH'F ist folglich:

$$CH' = s \sin(\sigma - \psi).$$

Fällt man aber das Loth HH', so ist:

$$CH'^2 = s\,CH, \quad \text{oder:} \quad CH = s \sin(\sigma - \psi)^2 = z.$$

Ganz ebenso ergiebt sich die Construktion von x und y.

Man hätte die Gleichungen (1), (2) und (3) noch leicht auf einem anderen Wege auflösen können.

Substituirt man nämlich:

$$x = s \sin \lambda^2,$$
$$y = s \sin \mu^2$$

und:

$$z = s \sin \nu^2,$$

so geht die Gleichung (1) in die folgende über:

$$\sin \mu^2 + \sin \nu^2 + 2 \sin \mu \sin \nu \cos \varphi = 1 - \cos \varphi^2,$$

oder:

$$\cos \varphi^2 + 2 \sin \mu \sin \nu \cos \varphi + \sin \mu^2 \sin \nu^2$$
$$= 1 - \sin \mu^2 - \sin \nu^2 + \sin \mu^2 \sin \nu^2,$$

oder:

$$\cos \varphi + \sin \mu \sin \nu = \pm \cos \mu \cos \nu.$$

Daher ist:

$$\cos \varphi = \pm \cos(\mu \pm \nu),$$

wenn man nur die oberen oder unteren Zeichen zusammennimmt. Es ist folglich:

$$\mu + \nu = \varphi,$$

oder:

$$\mu - \nu = \pi - \varphi.$$

Analog erhält man aus (2) und (3):

$$\lambda + \nu = \chi, \quad \text{oder:} \quad \nu - \lambda = \pi - \chi$$

und:

$$\lambda + \mu = \psi, \quad \text{oder:} \quad \lambda - \mu = \pi - \psi.$$

Berücksichtigen wir zunächst die positiven Vorzeichen und betrachten wir also die Summen der unbekannten Größen, so folgt durch Addition:

$$\lambda + \mu + \nu = \tfrac{1}{2}(\varphi + \chi + \psi) = \sigma.$$

Somit ist:

$$\lambda = \sigma - \varphi,$$

folglich wieder:

$$x = s \sin(\sigma - \varphi)^2.$$

Ebenso findet man:

$$y = s \sin(\sigma - \chi)^2 \quad \text{und:} \quad z = s \sin(\sigma - \psi)^2.$$

Die andern Auflösungen der obigen Gleichungen haben für die innerhalb des Dreiecks liegenden Kreise keine Bedeutung.

25) **Die Malfattische Aufgabe für das sphärische Dreieck. In ein gegebenes sphärisches Dreieck ABC (Fig. 18) sollen drei Kreise so gelegt werden, daß jeder derselben die beiden andern und zwei Dreiecksseiten berührt.**

Die Seiten des Dreiecks seien a, b und c, seine Winkel α, β und γ. Die Mittelpunkte der drei gesuchten Kreise seien A′, B′, C′. Der Bogen B′D des durch B′ und den Berührungspunkt D gelegten größten Kreises sei $= u$. Ebenso sei der Bogen C′E $= v$. Nach diesen Bezeichnungen ist der Bogen B′C′ eines größten Kreises, welcher durch B′ und C′ und also auch durch den Berührungspunkt der beiden Kreise um B′ und C′ geht $= u + v$. Es sei ferner der Bogen $AG = x$, $BD = y$ und $CE = z$ und F der Pol des größten Kreises durch B und C, so daß $DF = EF = \tfrac{1}{2}\pi$ ist.

Da nun die größten Kreise BB′ und CC′ die Winkel β und γ halbiren, so erhält man aus den rechtwinkligen sphärischen Dreiecken BB′D und CC′E die Gleichungen:

$$\operatorname{tg} u = \sin y \operatorname{tg} \tfrac{1}{2}\beta$$

und:

$$\operatorname{tg} v = \sin z \operatorname{tg} \tfrac{1}{2}\gamma.$$

Außerdem ergiebt sich aus dem sphärischen Dreiecke FB′C′:

$$\cos(u + v) = \sin u \sin v + \cos u \cos v \cos(a - y - z),$$

oder:

$$1 = 2 \operatorname{tg} u \operatorname{tg} v + \cos(a - y - z).$$

Aus den ersten beiden Gleichungen folgt ferner:

$$\operatorname{tg} u \operatorname{tg} v = \sin y \sin z \operatorname{tg} \tfrac{1}{2}\beta \operatorname{tg} \tfrac{1}{2}\gamma.$$

Substituirt man aber $a+b+c=2s$, so hat man:

$$\operatorname{tg}\tfrac{1}{2}\beta=\sqrt{\frac{\sin(s-a)\sin(s-c)}{\sin s\sin(s-b)}}$$

und:

$$\operatorname{tg}\tfrac{1}{2}\gamma=\sqrt{\frac{\sin(s-a)\sin(s-b)}{\sin s\sin(s-c)}},$$

so daß:

$$\operatorname{tg}u\operatorname{tg}v=\frac{\sin(s-a)}{\sin s}\sin y\sin z \text{ wird.}$$

Setzt man diesen Werth in die obige Gleichung ein, so ergiebt sich, wenn man zu gleicher Zeit mit $\sin s$ erweitert:

$$\sin s=2\sin y\sin z\sin(s-a)+\sin s\cos(a-y-z),$$

oder:

$$\begin{aligned}\sin s&=\{\cos(y-z)-\cos(y+z)\}\sin(s-a)+\sin s\cos a\cos(y+z)\\&\qquad+\sin s\sin a\sin(y+z),\\&=\cos(y-z)\sin(s-a)+\cos s\sin a\cos(y+z)\\&\qquad+\sin s\sin a\sin(y+z),\\&=\sin(s-a)\cos(y-z)+\sin a\cos(s-y-z).\end{aligned}$$

Um diese Gleichung auf eine einfachere Form zu bringen, setze man:

$$\begin{aligned}a-\tfrac{1}{2}s&=\alpha, & \tfrac{1}{2}s-x&=\xi,\\ b-\tfrac{1}{2}s&=\beta, & \tfrac{1}{2}s-y&=\eta,\\ c-\tfrac{1}{2}s&=\gamma, & \tfrac{1}{2}s-z&=\zeta.\end{aligned}$$

Alsdann wird:

$$\begin{aligned}\sin s&=\sin(\tfrac{1}{2}s-\alpha)\cos(\zeta-\eta)+\sin(\tfrac{1}{2}s+\alpha)\cos(\zeta+\eta),\\&=\sin\{(\tfrac{1}{2}s-\alpha)+\sin(\tfrac{1}{2}s+\alpha)\}\cos\zeta\cos\eta\\&\qquad-\{\sin(\tfrac{1}{2}s+\alpha)-\sin(\tfrac{1}{2}s-\alpha)\}\sin\zeta\sin\eta,\end{aligned}$$

oder:

$$2\sin\tfrac{1}{2}s\cos\tfrac{1}{2}s=2\sin\tfrac{1}{2}s\cos\alpha\cos\zeta\cos\eta-2\cos\tfrac{1}{2}s\sin\alpha\sin\zeta\sin\eta$$

und:

$$\frac{\cos\alpha\cos\eta\cos\zeta}{\cos\tfrac{1}{2}s}-\frac{\sin\alpha\sin\eta\sin\zeta}{\sin\tfrac{1}{2}s}=1.$$

Wenn man analoge Rechnungen auf die andern beiden Seiten des sphärischen Dreiecks anwendet, erhält man noch zwei ähnliche Gleichungen.

Setzt man nun zur Abkürzung an Stelle der cos die Winkel selbst und an Stelle der sin die Winkel mit einem oberen Accente, wobei wir aber $\cos\frac{1}{2}s = s$ und $\sin\frac{1}{2}s = s'$ schreiben wollen, so nehmen diese Gleichungen die Form an:

$$(1)\quad \frac{\alpha\eta\zeta}{s} - \frac{\alpha'\eta'\zeta'}{s'} = 1,$$

$$(2)\quad \frac{\beta\zeta\xi}{s} - \frac{\beta'\zeta'\xi'}{s'} = 1,$$

$$(3)\quad \frac{\gamma\xi\eta}{s} - \frac{\gamma'\xi'\eta'}{s'} = 1.$$

Substituirt man nun (2) von (1), so folgt:

$$\frac{\alpha\eta - \beta\xi}{s}\zeta = \frac{\alpha'\eta' - \beta'\zeta'}{s'}\zeta',$$

oder:

$$\frac{\alpha\eta - \beta\xi}{\alpha'\eta' - \beta'\xi'}\cdot\frac{s'}{s} = \frac{\zeta'}{\zeta}.$$

Wenn man aber (1) quadrirt, so erhält man:

$$\left(\frac{\alpha\eta}{s} - \frac{\alpha'\eta'}{s'}\cdot\frac{\zeta'}{\zeta}\right)^2 = \frac{1}{\zeta^2},$$

oder, da $\zeta^2 + \zeta'^2 = 1$ ist:

$$\left(\frac{\alpha\eta}{s} - \frac{\alpha'\eta'}{s'}\cdot\frac{\zeta'}{\zeta}\right)^2 = 1 + \frac{\zeta'^2}{\zeta^2}.$$

Substituirt man in diese Gleichung den für $\frac{\zeta'}{\zeta}$ gefundenen Werth, so findet man nach einfachen Umformungen die Gleichung:

$$(4)\quad (\alpha'\beta\xi\eta' - \alpha\beta'\xi'\eta)^2 = s^2(\alpha'\eta' - \beta'\xi')^2 + s'^2(\alpha\eta - \beta\xi)^2.$$

Es ist nun zu beachten, daß diese Gleichung identisch ist mit der folgenden:

$$(5)\quad (\alpha\beta\xi'\eta' - \alpha'\beta'\xi\eta)^2 = s^2(\xi'\eta' - \alpha'\beta')^2 + s'^2(\xi\eta - \alpha\beta)^2,$$

denn die Differenz dieser beiden Gleichungen liefert eine identisch richtige Gleichung. Man kann also jetzt aus (3) und (5) die beiden unbekannten Größen $\xi\eta$ und $\xi'\eta'$ bestimmen. Zu diesem Zwecke dividirt man noch die Gleichung (5) mit $s^2s'^2$, so daß sich ergiebt:

$$\left(\frac{\alpha\beta}{s}\cdot\frac{\xi'\eta'}{s'} - \frac{\alpha'\beta'}{s'}\cdot\frac{\xi\eta}{s}\right)^2 = \left(\frac{\xi'\eta'}{s'} - \frac{\alpha'\beta'}{s'}\right)^2 + \left(\frac{\xi\eta}{s} - \frac{\alpha\beta}{s}\right)^2.$$

Setzt man endlich:

$$\frac{\xi\eta}{s} = t, \quad \frac{\xi'\eta'}{s'} = t', \quad \frac{\alpha\beta}{s} = \lambda \quad \text{und:} \quad \frac{\alpha'\beta'}{s'} = \lambda',$$

so findet man zur Bestimmung von t und t' die beiden Gleichungen:

$$(7) \quad \gamma t - \gamma' t' = 1$$

und:

$$(8) \quad (\lambda t' - \lambda' t)^2 = (t' - \lambda')^2 + (t - \lambda)^2.$$

Man bringe die zweite dieser Gleichungen in die folgende Form:

$$1 = \left(\frac{t' - \lambda'}{\lambda t' - \lambda' t}\right)^2 + \left(\frac{t - \lambda}{\lambda t' - \lambda' t}\right)^2.$$

Es bedeute jetzt φ den Cosinus eines noch unbekannten Winkels, so kann man, wenn φ' den sinus desselben Winkels bedeutet, immer substituiren:

$$(9) \quad \frac{t' - \lambda'}{\lambda t' - \lambda' t} = \varphi$$

und:

$$(10) \quad \frac{t - \lambda}{\lambda t' - \lambda' t} = \varphi'.$$

Multiplicirt man nun, um φ zu bestimmen, (9) mit λ und (10) mit λ' und subtrahirt die resultirenden Gleichungen, so folgt:

$$(11) \quad \lambda\varphi - \lambda'\varphi' = 1.$$

Aus dieser Gleichung kann man nun, da $\varphi' = \sqrt{1 - \varphi^2}$ ist, leicht den Werth von φ entwickeln und mit seiner Hülfe t und t' berechnen.

Multiplicirt man zu diesem Zwecke (9) mit t und (10) mit t', so ergiebt sich durch Subtraktion der resultirenden Gleichungen:

$$t\varphi - t'\varphi' = 1.$$

Berücksichtigt man noch die Gleichung (7), so findet man mit Hülfe der letzten Gleichung:

$$(12) \quad t = \frac{\gamma' - \varphi'}{\gamma'\varphi - \varphi'\gamma}$$

und:

$$(13) \quad t' = \frac{\gamma - \varphi}{\gamma'\varphi - \varphi'\gamma}.$$

Setzt man in diese Gleichung die für φ und φ' gefundenen Werthe ein, so hat man also t und t' gefunden. Man erhält also nach der Bedeutung dieser Buchstaben die Gleichungen:

$$\frac{\xi\eta}{s} = \frac{\varphi' - \gamma'}{\gamma\varphi' - \gamma'\varphi} = \frac{\sin\varphi - \sin\gamma}{\sin(\varphi - \gamma)} = \frac{\cos\frac{\varphi+\gamma}{2}}{\cos\frac{\varphi-\gamma}{2}},$$

oder: (14) $\cos\xi\cos\eta = \dfrac{\cos\frac{1}{2}s\cos\frac{\varphi+\gamma}{2}}{\cos\frac{\varphi-\gamma}{2}}.$

Ebenso ergiebt sich:

$$\frac{\xi'\eta'}{s'} = -\frac{\sin\frac{\varphi+\gamma}{2}}{\cos\frac{\varphi-\gamma}{2}},$$

oder: (15) $\sin\xi\sin\eta = -\dfrac{\sin\frac{1}{2}s\sin\frac{\varphi+\gamma}{2}}{\cos\frac{\varphi-\gamma}{2}}.$

Durch Addition und Subtraktion von (14) und (15) findet man daher:

$$\cos(\xi+\eta) = \frac{\cos\frac{1}{2}(s-\varphi-\gamma)}{\cos\frac{1}{2}(\varphi-\gamma)}$$

und: $$\cos(\xi-\eta) = \frac{\cos\frac{1}{2}(s+\varphi+\gamma)}{\cos\frac{1}{2}(\varphi-\gamma)},$$

so daß ξ und η ohne Schwierigkeit gefunden werden können. Um übrigens aus der Gleichung (11) den Winkel φ zu berechnen, bringen wir sie auf die Form:

$$\frac{\cos\alpha\cos\beta\cos\varphi}{\cos\frac{1}{2}s} - \frac{\sin\alpha\sin\beta\sin\varphi}{\sin\frac{1}{2}s} = 1$$

und substituiren:

$$\frac{\cot\alpha\cot\beta}{\cot\frac{1}{2}s} = \operatorname{tg}\psi.$$

Man erhält dann:

$$\sin(\psi-\varphi) = \frac{\cos\psi\sin\frac{1}{2}s}{\sin\alpha\sin\beta},$$

so daß man, wenn ψ berechnet ist, auch den Winkel φ leicht finden kann.

26) Ueber zwei Kreise, welche in einer Ebene liegen, ist ein Faden von der Länge 2l gespannt (Fig. 19), so daß ein Theil desselben mit den Peripherien der beiden Kreise zusammenfällt, während der Rest zwei gemeinschaftliche Tangenten bildet. Man kennt die Centrale der beiden Kreise $AB = a$ und das Verhältniß der Radien $\frac{\varrho}{r} = n$. Es soll die Länge dieser Radien r und ϱ und der Winkel α berechnet werden, welchen die Radien nach den Berührungspunkten der gemeinschaftlichen Tangenten mit der Centrale bilden.

Sind CD und EF die gemeinschaftlichen Tangenten, so ergiebt sich, da Winkel $CAB = \alpha$ ist:

$$CD = EF = a \sin\alpha, \quad \text{Bogen } CGE = 2r(\pi - \alpha)$$

und:

$$\text{Bogen } DF = 2\varrho\alpha.$$

Folglich erhält man die Gleichung:

$$a \sin\alpha + r(\pi - \alpha) + \varrho\alpha = l,$$

oder, da $\varrho = nr$ ist:

$$(1) \quad a \sin\alpha + r(\pi + (n-1)\alpha) = l.$$

Aus dem Dreiecke BLA folgt aber:

$$r - \varrho = a \cos\alpha,$$

oder:

$$(2) \quad r(1-n) = a \cos\alpha.$$

Setzt man diesen für r gefundenen Werth in die Gleichung (1) ein, so ergiebt sich:

$$\sin\alpha + \{(n-1)\alpha + \pi\}\frac{\cos\alpha}{1-n} = \frac{l}{a},$$

$$\sin\alpha - \left(\alpha - \frac{\pi}{1-n}\right)\cos\alpha = \frac{l}{a}.$$

Die erhaltene Gleichung ist also eine transscendente, so daß sie nicht mehr allgemein aufgelöst werden kann. Sind aber für die Buchstabenkoefficienten a, l und n bestimmte Zahlenwerthe gegeben, so kann man die Berechnung des Winkels α stets nach der in der folgenden Nummer angeführten Methode ausführen.

Läßt man die betrachtete Figur um die Centrale rotiren, so beschreibt der Faden eine Fläche, welche die beiden entstandenen Kugeln umhüllt.

Es sei der Inhalt dieser Fläche $=f$, die Centrale $=a$ und das Verhältniß der Kugelradien $\frac{\varrho}{r}=n$ gegeben. Man soll diese Radien selbst und den Winkel α berechnen, welchen die Centrale mit einem Radius nach dem Berührungskreise der Fläche bildet.

Nach den eingeführten Bezeichnungen ist die Kugelkalotte:

$$CGE = 2\pi r\, GJ = 2\pi r(r + r\cos\alpha) = 4\pi r^2 \cos\tfrac{1}{2}\alpha^2.$$

Ebenso Kalotte:

$$DHF = 2\pi r\, HK = 2\pi\varrho(\varrho - \varrho\cos\alpha) = 4\pi\varrho^2 \sin\tfrac{1}{2}\alpha^2$$

und der Kegelmantel:

$$CDFE = \pi CD(CJ + DK) = \pi a \sin\alpha(r\sin\alpha + \varrho\sin\alpha)$$
$$= \pi a(r+\varrho)\sin\alpha^2.$$

Man erhält also, wenn man mit Hülfe der obigen Gleichung (2) r und ϱ eliminirt, zur Bestimmung des Winkels α die Gleichung:

$$\cos\tfrac{1}{2}\alpha^2 + n^2\sin\tfrac{1}{2}\alpha^2 + \frac{1-n^2}{4}\,\frac{\sin\alpha^2}{\cos\alpha} = \frac{f(1-n)^2}{4\pi a^2\cos\alpha^2}.$$

Setzt man jetzt $\cos\alpha = y$ und ordnet nach den Potenzen dieser neuen Unbekannten, so ergiebt sich:

$$y^3 + 2y^2\,\frac{1+n^2}{1-n^2} + y = \frac{f(1-n)}{\pi a^2(1+n)}.$$

Hat man diese Gleichung dritten Grades aufgelöst, so ergiebt sich auch leicht der Werth von $\cos\alpha$, r und ϱ.

27) In einen gegebenen Kreis mit dem Mittelpunkte M (Fig. 20), dessen Radius $=1$ sein mag, soll eine Sehne AB so gelegt werden, daß das Dreieck AMB der dritte Theil des Segmentes ACB ist.

Wir setzen den Winkel AMB als Unbekannte $=\varphi$. Dann ist Dreieck AMB $=\frac{1}{2}\sin\varphi$ und der Sektor AMB $=\frac{1}{2}\varphi$, folglich das Segment ACB $=\frac{1}{2}\varphi - \frac{1}{2}\sin\varphi$. Es ergiebt sich also zur Bestimmung des Winkels φ die Gleichung:

$$\tfrac{1}{2}\varphi - \tfrac{1}{2}\sin\varphi = \tfrac{3}{2}\sin\varphi, \quad \text{oder:} \quad \varphi = 4\sin\varphi.$$

Nimmt man von beiden Seiten die Logarithmen, so muß:

$$\log\varphi - \log\sin\varphi - 0{,}6020600 = 0$$

sein. Um zunächst einen angenäherten Werth einer Wurzel zu finden, welcher dieser Gleichung genügt, berücksichtige man, daß das gesuchte Dreieck ein stumpfwinkliges ist. Setzt man also versuchsweise $\varphi = 150^\circ$, so wird die linke Seite der aufzulösenden Gleichung, die wir als Funktion von φ mit F bezeichnen wollen, $=0{,}117$, wie ein bloßer Blick in die trigonometrischen Tafeln zeigt. Setzt man aber:

$$\varphi = 140^\circ, \text{ so wird: } F = -0{,}022.$$

Es folgt daraus, daß jener erste Werth zu groß, der letztere aber zu klein ist, daß dieser aber der gesuchten Wurzel bedeutend näher liegt, als jener. Versucht man demgemäß:

$$\varphi = 141^\circ, \text{ so wird: } F = -0{,}0098$$

und: $$\varphi = 142^\circ, \text{ so wird: } F = +0{,}0028.$$

Ohne alle Rechnung hat man demnach schon festgestellt, daß φ innerhalb der Grenzen 141° und 142° liegen muß. Zur genaueren Bestimmung wenden wir aber, obschon durch einfaches Versuchen die Genauigkeit noch weiter getrieben wenden könnte, die folgende Methode an. Trägt man (Fig. 21) die willkürlich angenommenen Werthe von φ als Abscissen auf der horizontalen Linie OX ab, während man die zugehörigen Ordinaten gleich den entsprechenden F macht, so bilden die Endpunkte dieser Ordinaten eine Curve EF, welche in einem Punkte S, dessen Abscisse OS das gesuchte φ ist, die Axe OX schneidet. Man weiß nun schon, daß OS zwischen $OA = 141^\circ$ und $OB = 142^\circ$ liegen muß, weil der dem ersten Werthe entsprechende Curvenpunkt noch unterhalb, der dem zweiten entsprechende schon oberhalb der Abscissenaxe liegt. Um nun einen weiteren Näherungswerth von φ zu erhalten, nimmt man an, daß, innerhalb der engen Grenzen OA und OB, F sich proportional mit φ ändere, oder mit andern Worten, daß man den Durchschnittspunkt L der Sehne CD mit der Axe OX als den Durchschnittspunkt S der Curve selbst betrachten kann. Um also einen genaueren Werth von φ zu erhalten, hat man nur die Strecke AL zu berechnen und zur Abscisse $OA = 141^\circ$ zu addiren. Es ist nun:

$$AC = 0{,}0098; \quad BD = 0{,}0028 \text{ und: } AB = 60'.$$

Es ergiebt sich ferner aus der Aehnlichkeit der Dreiecke ACL und BDL:

$$AL:AC = AB:AC + BD,$$

also:
$$AL = \frac{60' \cdot 98}{127} = 46'.$$

Berechnet man das entsprechende F, so folgt:

$$\mathrm{arc}\,\varphi = 2{,}474295$$

folglich:
$$\log \varphi = 0{,}3934515$$
$$\log\sin\varphi = 9{,}7915963$$
$$\log\varphi - \log\sin\varphi = 0{,}6018552$$

oder:
$$F = -0{,}0002048.$$

Stellt man den soeben gefundenen Werth noch einmal mit $\varphi = 142^\circ$ zusammen, so ergiebt sich, wenn man noch wieder die Bezeichnungen der obigen Figur anwendet:

$$AL = \frac{14'}{15} = 56''.$$

Folglich wird:

$$\varphi = 141^\circ\ 46'\ 56''.$$

Wendet man dasselbe Verfahren noch einmal an, so findet man als den gesuchten Endwerth:

$$\varphi = 141^\circ\ 46'\ 58'',088.$$

28) In einen gegebenen Kreis um den Mittelpunkt M (Fig. 20), dessen Radius wir $=1$ setzen wollen, soll eine Sehne AB so gelegt werden, daß der Umfang des Dreieckes AMB dreimal so groß ist, als der Bogen ACB.

Bezeichnet man den Centriwinkel AMB mit φ, so erhält man:

$$AB = 2\sin\tfrac{1}{2}\varphi.$$

Der Umfang des Dreiecks AMB ist mithin:

$$2(1 + \sin\tfrac{1}{2}\varphi).$$

Man erhält daher zur Bestimmung des Winkels φ die transscendente Gleichung:

$$1 + \sin\tfrac{1}{2}\varphi = \tfrac{3}{2}\varphi,$$

oder, wenn man $\varphi = 4\psi$ substituirt:

$$1 + \sin 2\psi = 6\psi,$$
$$1 + \cos(\tfrac{1}{2}\pi - 2\psi) = 6\psi,$$

folglich:
$$\cos^2(\tfrac{1}{4}\pi - \psi) = 3\psi,$$

oder:
$$2\log\cos(\tfrac{1}{4}\pi - \psi) - \log 3\psi = F = 0.$$

Durch einfaches Nachschlagen der trigonometrischen Tafeln ergiebt sich wieder leicht, daß ψ zwischen 14° und 15° liegen muß, und zwar findet man für den ersten Werth:

$$F = +0{,}00101$$

und für $\psi = 15°$:

$$F = -0{,}02003.$$

Nach der in der vorigen Nummer angewandten Methode ergiebt sich nun für die zu 14° zu addirende Correktion:

$$AL = \frac{101}{2104} 60',$$

$$= 2'\ 50'',$$

folglich: $$\psi = 14°\ 2'\ 50''.$$

Berechnen wir das diesem Werthe entsprechende F. Es ist:

$$\begin{aligned} \text{arc}\, 3\psi &= 0{,}7355108 \\ 2 \log \cos 30°\ 57'\ 10'' &= 9{,}8665601 \\ \log 3\psi &= 9{,}8665891 \\ \hline F &= -0{,}0000290. \end{aligned}$$

Stellt man diesen Werth mit F = 14° zusammen, so ergiebt sich für die Correktion AL die Gleichung:

$$AL = -\frac{29}{1039} 170''$$

$$= -4{,}7'',$$

oder: $$\psi = 14°\ 2'\ 45'',3.$$

Eine letzte Correktion giebt schließlich:

$$\psi = 14°\ \ 2'\ 45'',36$$

und daher: $$\varphi = 56°\ 11'\ \ 1'',44.$$

29) **Es ist ein Kreis mit dem Radius 1 gegeben. Man soll durch eine Sehne AB (Fig. 20) ein Drittel der Kreisfläche abschneiden.**

Wir führen als Unbekannte den Centriwinkel $AMB = \varphi$ ein. Es ist alsdann der Sektor $AMB = \frac{1}{2}\varphi$ und das Dreieck:

$$AMB = \tfrac{1}{2} \sin \varphi.$$

Man erhält somit zur Bestimmung des Winkels φ die transscendente Gleichung:

$$\varphi - \sin \varphi = \frac{2\pi}{3},$$

oder, wenn man $\varphi = \psi + \frac{2\pi}{3}$ substituirt:

$$\psi = \sin\left(\psi + \frac{2\pi}{3}\right) = \cos(\psi + \tfrac{1}{6}\pi),$$

und, wenn man die Logarithmen nimmt:

$$\log\psi - \log\cos(\psi + \tfrac{1}{6}\pi) = F = 0.$$

Wir lösen die Gleichung wiederum nach dem in den vorigen Nummern angegebenen Näherungsverfahren. Man erkennt aus den Logarithmentafeln zunächst ohne Schwierigkeit, daß ψ zwischen 29^0 und 30^0 liegen muß. Ist nämlich $\psi = 29^0$, so wird:

$$F = -0{,}00756,$$

und ist $\psi = 30^0$, so erhält man:

$$F = +0{,}02003.$$

Es ergiebt sich also für die Correktion des ersten Werthes von ψ die Gleichung:

$$x = \frac{756}{2759}60',$$
$$= 16',45.$$

Es ist somit: $\psi = 29^0\ 16'\ 27''.$

Mit Hülfe der siebenstelligen Logarithmen findet man endlich noch:

$$\psi = 29^0\ 16'\ 27'',106$$

und daher: $\varphi = 149^0\ 16'\ 27'',106.$

30) Von einem Kreise, dessen Radius AC (Fig. 22) $= 1$ ist, soll ein Bogen AD $= \varphi$, so abgeschnitten werden, daß der Sektor ACD die Hälfte des Dreieckes EAC ist, welches vom Radius AC, der Tangente AE und der Sekante EDC gebildet wird.

Zur Bestimmung des unbekannten Winkels φ ergiebt sich unmittelbar die Gleichung:

$$\tfrac{1}{2}\operatorname{tg}\varphi = \varphi,$$

oder: $$\log\operatorname{tg}\varphi - \log\varphi - \log 2 = F = 0.$$

Ein bloßes Nachschlagen in den Logarithmentafeln zeigt sofort, daß φ zwischen 66^0 und 67^0 liegen muß, denn im ersteren Falle wird:

$$F = -0{,}01106$$

und im anderen:

$$F = +0{,}00331.$$

Es wird somit die Correktion:

$$BL = \frac{331}{1437} 60',$$
$$= 13' \; 48'',$$

oder: $$\varphi = 66^\circ \; 46' \; 12''.$$

Es ist also:

$$\begin{aligned} \operatorname{arc}\varphi &= 1{,}1653563 \\ \log\varphi &= 0{,}0664213 \\ \lg 2 &= 0{,}3010300 \\ \hline & 0{,}3674513 \\ \lg\operatorname{tg}\varphi &= 0{,}3673196 \\ \hline F &= -0{,}0001317. \end{aligned}$$

Stellt man wieder diesen Werth mit $\psi = 67^\circ$ zusammen, so ergiebt sich die Correktion:

$$AL = \frac{1317}{34417} 828'' \text{ u. s. w.}$$

Es ergiebt sich schließlich für φ der Werth:

$$\varphi = 66^\circ \; 46' \; 54'',26.$$

31) Es ist ein Kreisquadrant BAC (Fig. 23) mit dem Radius $AC = 1$ gegeben. Man soll den Bogen $AE = \varphi$ bestimmen, welcher gleich ist der Strecke AF, welche man erhält, wenn man die Sehne AE bis zu ihrem Durchschnittspunkte F mit dem Radius CB verlängert.

Es ist $ED = \sin\varphi$ und $CD = \cos\varphi$. Also wird:

$$AD = 1 - \cos\varphi = 2\sin\tfrac{1}{2}\varphi^2 \quad \text{und:} \quad AE = 2\sin\tfrac{1}{2}\varphi.$$

Man hat ferner aus der Aehnlichkeit Dreiecke AED und AFC, da $AF = \varphi$ sein soll:

$$\varphi = \frac{2\sin\frac{1}{2}\varphi}{2\sin\frac{1}{2}\varphi^2} \quad \text{oder:} \quad \varphi\sin\tfrac{1}{2}\varphi = 1.$$

Mithin:

$$\log\varphi + \log\sin\tfrac{1}{2}\varphi = F = 0.$$

Setzt man $\varphi = 84^\circ$, so ergiebt sich:

$$F = -0{,}00836$$

und für $\varphi = 85^\circ$:

$$F = +0{,}00097.$$

Die Correktion BL wird somit:

$$= \frac{97 \cdot 60'}{933},$$

$$= 6'\ 14'',$$

oder: $$\varphi = 84^0\ 53'\ 46''.$$

Berechnet man schließlich das entsprechende F, so ergiebt sich durch eine abermalige Interpolation:

$$\varphi = 84^0\ 53'\ 38'',82.$$

32) Auf einem Halbkreise AEB' (Fig. 23), dessen Mittelpunkt C und dessen Radius AC = 1 ist, soll ein Bogen AE so abgeschnitten werden, daß, wenn man den zu B'E gehörigen sinus ED konstruirt, der Bogen AE gleich ist der Summe AD + DE.

Bezeichnet man den Bogen AE mit 2ψ, so ist:

$$ED = \sin 2\psi \quad \text{und:} \quad DC = \cos 2\psi.$$

Man erhält also die Gleichung:

$$2\psi = 1 - \cos 2\psi + \sin 2\psi,$$

oder:

$$\psi = \sin\psi^2 + \sin\psi\cos\psi,$$

$$\psi = 2\sin\psi\sin\tfrac{1}{4}\pi\cos(\psi - \tfrac{1}{4}\pi),$$

$$= \sqrt{2}\sin\psi\cos(\psi - \tfrac{1}{4}\pi).$$

Also: $\log\psi - \log\sin\psi - \log\cos(\psi - \frac{1}{4}\pi) - 0{,}1505150 = F = 0.$

Setzt man nun $\psi = 69^0$, so wird:

$$F = -0{,}00066$$

und für $\psi = 70^0$:

$$F = +0{,}00618.$$

Durch Zusammenstellung dieser beiden Werthe erhält man:

$$AL = \frac{66}{684}\,60',$$

$$= 5'\ 48'',$$

oder: $$\psi = 69^0\ 5'\ 48''.$$

Durch eine letzte Correktion ergiebt sich endlich:

$$\psi = 69^0\ 5'\ 56'',47,$$

oder: $$AE = 138^0\ 11'\ 52'',94.$$

33) Es sei M (Fig. 20) der Mittelpunkt eines Halbkreises, dessen Radius MA = 1 ist. Es soll von A aus

eine Sehne AB so gezogen werden, daß sie die Fläche des Halbkreises halbirt.

Es sei der Bogen $AB = \frac{1}{2}\pi + \varphi$. Man hat alsdann die Gleichung:

$$\text{sector}\, AMB = 2 \triangle AMB + \text{sector}\, DMB,$$

oder:
$$\tfrac{1}{2}\pi + \varphi = \tfrac{1}{2}\pi - \varphi + 2 \sin(\tfrac{1}{2}\pi + \varphi),$$

folglich:
$$\log \varphi - \log \cos \varphi = F = 0.$$

Man sieht sogleich aus den Logarithmentafeln, daß φ zwischen 42° und 43° liegen muß. Die entsprechenden F sind −0,00597 und +0,01122. Als erste Correktion erhält man also:

$$AL = \frac{597}{1719} 60'$$

$$= 20'\ 48'',$$

oder:
$$\varphi = 42^\circ\ 20'\ 48''.$$

Berechnet man das entsprechende F, so ergiebt sich durch eine letzte Correktion:

$$\varphi = 42^\circ\ 20'\ 47'',23.$$

34) In einem Kreisquadranten ACB (Fig. 23), dessen Radius $AC = 1$ ist, soll ein Winkel $ECA = \varphi$ so bestimmt werden, daß sein sinus ED die Fläche des Quadranten in zwei gleiche Theile theilt.

Da $EA = \varphi$ ist, so ist $EB = \frac{1}{2}\pi - \varphi$, $ED = \sin\varphi$ und $CD = \cos\varphi$. Mithin ist das Dreieck $EDC = \frac{1}{2}\sin\varphi\cos\varphi$ und $\text{sector}\, ECA = \frac{1}{2}\varphi$. Da aber EDA gleich dem achten Theile der Kreisfläche sein soll, so erhält man:

$$\tfrac{1}{8}\pi = \tfrac{1}{2}(\varphi - \sin\varphi\cos\varphi),$$

oder:
$$\varphi - \tfrac{1}{4}\pi = \tfrac{1}{2}\sin 2\varphi.$$

Substituirt man noch $\varphi - \frac{1}{4}\pi = \frac{1}{2}\psi$, so geht diese Gleichung in die Form über:

$$\tfrac{1}{2}\psi = \tfrac{1}{2}\sin(\tfrac{1}{2}\pi + \psi),$$

oder:
$$\psi = \cos\psi.$$

Diese Gleichung ist mit der unter der vorigen Nummer gelösten identisch. Man hat also:

$$\psi = 21^\circ\ 10'\ 23'',61$$

und:
$$\varphi = 66^\circ\ 10'\ 23'',61.$$

35) Es sind (Fig. 24) fünf gerade Linien $AB = a = 5'$, $BC = b = 4'$, $CD = c = 3'$, $DE = d = 2'$ und $EA = e = 1'$ gegeben. Dieselben sollen so zu einem Fünfecke zusammengelegt werden, daß sich um dasselbe ein Kreis beschreiben läßt. Wie groß ist der Radius x dieses Kreises?

Man setze die unbekannten Centriwinkel $AMB = 2\alpha$, $BMC = 2\beta$, $CMD = 2\gamma$, $DME = 2\delta$, $EMA = 2\varepsilon$. Alsdann ergeben sich zur Bestimmung der eingeführten sechs unbekannten Größen die Gleichungen:

$$(1) \quad \alpha + \beta + \gamma + \delta + \varepsilon - \pi = 0 = F.$$

$$2x \sin\alpha = a,$$
$$2x \sin\beta = b,$$
$$2x \sin\gamma = c,$$
$$2x \sin\delta = d,$$
$$2x \sin\varepsilon = e.$$

Dividirt man, um x zu eliminiren, jede dieser Gleichungen durch die zweite, so erhält man:

$$(2) \quad \sin\alpha = \frac{a}{b} \sin\beta,$$

$$\sin\gamma = \frac{c}{b} \sin\beta,$$

$$\sin\delta = \frac{d}{b} \sin\beta,$$

$$\sin\varepsilon = \frac{e}{b} \sin\beta,$$

so daß sämmtliche Winkel bekannt sind, wenn man den Winkel β kennt. Um nun einen ersten Näherungswerth für denselben zu finden, nehmen wir an, die entsprechenden Bogen seien den zugehörigen Sehnen nahezu proportional. Diese Annahme giebt:

$$\frac{\beta^0}{180^0} = \frac{4}{15} \quad \text{oder:} \quad \beta = 48^0.$$

Der erhaltene Werth bestimmt nun wieder seiner Seits Näherungswerthe der anderen Winkel, deren Gesammtsumme incl. $\beta = \pi$ sein müßte. Berechnen wir nun mit Hülfe von (2) die einzelnen Winkel. Es ist:

$$\log\frac{a}{b} = 0{,}09691, \quad \log\frac{c}{b} = 9{,}87506, \quad \log\frac{d}{b} = 9{,}69897, \quad \log\frac{e}{b} = 9{,}39794, \quad \log\sin\beta = 9{,}87107,$$

folglich: $\begin{cases} \log\sin\alpha = 9{,}96798, \\ \log\sin\gamma = 9{,}74613, \\ \log\sin\delta = 9{,}57004, \\ \log\sin\varepsilon = 9{,}26901, \end{cases}$

und: $\begin{cases} \alpha = 68^\circ\ 16', \\ \gamma = 33^\circ\ 52', \\ \delta = 21^\circ\ 49', \\ \varepsilon = 10^\circ\ 42', \\ \beta = 48^\circ, \end{cases}$

also: $\alpha + \beta + \gamma + \delta + \varepsilon = 182^\circ\ 39'.$

Der erhaltene Ueberschuß, den wir mit F bezeichnen wollen, ist somit $= 159'$, d. h. $\beta = 48^\circ$ war zu groß angenommen. Um einen zweiten Näherungswerth zu erhalten, nehmen wir an, daß sich der gefundene Fehler auf die einzelnen Seiten proportional ihrer Länge vertheile, so daß β um $42'$ zu groß angenommen ist. Wir versuchen also zweitens, inwieweit der Werth $\beta = 47^\circ\ 18'$ der Gleichung (1) genügt. Man hat:

$$\begin{aligned} \log\sin\beta &= 9{,}86624, \\ \log\sin\alpha &= 9{,}96315, \\ \log\sin\gamma &= 9{,}74130, \\ \log\sin\delta &= 9{,}56521, \\ \log\sin\varepsilon &= 9{,}26418, \end{aligned}$$

folglich: $\begin{cases} \beta = 47^\circ\ 18', \\ \alpha = 66^\circ\ 43'\ 48'', \\ \gamma = 33^\circ\ 26'\ 54'', \\ \delta = 21^\circ\ 33'\ 32'', \\ \varepsilon = 10^\circ\ 35'\ 13'', \end{cases}$

$179^\circ\ 37'\ 27''.$

Es ist also: $F = -1353''.$

Der gesuchte Werth von β muß daher zwischen 48° und $47^\circ\ 18'$ liegen. Berücksichtigen wir die entsprechenden Werthe von F, so ergiebt sich als erste Correktion nach der bekannten Methode:

$$AL = \frac{1353}{10893}\,42' = 5',217 = 5'\ 13''.$$

Es ist mithin $\beta = 47^\circ\ 23'\ 13''$. Aus diesem Werthe folgt wieder:

$$\begin{aligned} \log\sin\beta &= 9{,}8668441, \\ \log\sin\alpha &= 9{,}9637541, \\ \log\sin\gamma &= 9{,}7419054, \\ \log\sin\delta &= 9{,}5658141, \\ \log\sin\varepsilon &= 9{,}2647841, \end{aligned}$$

also: $\begin{cases} \beta = 47^\circ\ 23'\ 13'', \\ \alpha = 66^\circ\ 54'\ 56'',23, \\ \gamma = 33^\circ\ 30'\ \ 5'', \\ \delta = 21^\circ\ 35'\ 26'',03, \\ \varepsilon = 10^\circ\ 36'\ \ 7'',21, \end{cases}$

$179^\circ\ 59'\ 47'',47,$

also: $$F = -12'',53.$$
Stellt man diesen Werth mit einem der früheren zusammen, so ergiebt sich bis auf Zehntel Sekunden genau:
$$\beta = 47^0\ 23'\ 15'',95.$$
Es war aber:
$$x = \frac{b}{2\sin\beta} = \frac{2}{\sin\beta},$$
folglich: $$x = 2',717567.$$

Zweites Kapitel.

Aufgaben aus der Stereometrie.

1) Man kennt die drei Winkel eines ebenen Dreiecks und seine Projektion auf irgend eine Ebene, deren Lage zur Ebene des gesuchten Dreiecks unbekannt ist. Man soll das Dreieck konstruiren.

Es sei (Fig. 25) A'B'C die gegebene Projektion und A'B'C' ein Dreieck, das dem gesuchten ähnlich ist. Man kann nun der Allgemeinheit unbeschadet annehmen, daß die eine Ecke des letzteren in der Projektionsebene und zwar im Punkte C liege. Die Projektionsebene wird alsdann von der Ebene des gesuchten Dreiecks in irgend einer Geraden CE geschnitten. Die Verlängerung von A'B' trifft diese Linie in dem gleichfalls unbekannten Punkte E. Denkt man alsdann die Ebene des gesuchten Dreiecks ACB um die Linie CE gedreht, bis dasselbe in die Projektionsebene fällt, so geht die Seite AB oder ihre Verlängerung ebenfalls durch den Punkt E. Ferner sind, wie leicht nachzuweisen, BB' und AA' senkrecht zur Drehungsaxe EC. Man konstruire noch CD ∦ AA' und ziehe C'D'. Man erhält alsdann:
$$\frac{AD}{A'D'} = \frac{AB}{A'B'} = \frac{AC}{A'C'}.$$
Die Dreiecke DAC und D'A'C' sind somit nach dem ersten Aehnlichkeitsatze einander ähnlich. Daraus folgt:
$$BDC = y = B'D'C'.$$

Es sind mithin auch die Dreiecke BCD und B′C′D′ einander ähnlich und man findet:

$$\frac{ED'}{ED} = \frac{B'D'}{BD} = \frac{C'D'}{CD},$$

d. h. die Dreiecke C′D′E und CDE sind nach dem ersten Aehnlichkeitssatze ebenfalls einander ähnlich. Es ist daher Winkel EC′D′ ein rechter, da der entsprechende Winkel ECD ebenfalls ein solcher ist. Die Punkte E, C, D′, C′ liegen also stets auf einem Kreise mit dem Durchmesser ED′.

Man kann demnach den Punkt E und mit seiner Hülfe die Linie CE und das gesuchte Dreieck ACB finden. Man konstruire nämlich einen Kreis, der durch die gegebenen Punkte C und C′ geht und dessen Mittelpunkt auf A′B′ liegt. Derselbe schneidet diese Linie im Punkte E. Man ziehe EC und fälle auf diese Linie die Lothe B′F und A′G, auf denen nach dem Vorigen die gesuchten Punkte A und B liegen müssen.

Construirt man ferner über EC als Sehne einen Kreisabschnitt, der den gegebenen Winkel x als Peripheriewinkel faßt, so schneidet derselbe das Loth A′G in A und die Linie EA trifft B′F in der dritten Ecke B. Es ist somit das verlangte Dreieck gefunden.

Man bemerke übrigens, daß man zwei Auflösungen erhält, indem der durch C und C′ gelegte Kreis auf A′B′ zwei Schnittpunkte E liefert.

Der Winkel, welchen die Ebene des gesuchten Dreiecks mit der Projektionsebene bildet, ergiebt sich offenbar aus einem rechtwinkligen Dreiecke, dessen Hypotenuse GA und dessen Kathete GA′ ist. Mit Hülfe der soeben gelösten Aufgabe kann man die große und kleine Axe einer Ellipse konstruiren, wenn man nur zwei konjugirte Durchmesser derselben kennt. Betrachtet man nämlich die Ellipse als die Projektion eines Kreises, so sind die konjugirten Durchmesser durch die Projektion zweier zu einander senkrechter Kreisdurchmesser entstanden, deren jeder gleich der großen Axe der Ellipse ist. Man verbindet also die Endpunkte zweier konjugirter Halbmesser durch eine Gerade und sucht das gleichschenklige rechtwinklige Dreieck, dessen Projektion das so erhaltene Dreieck ist. Die Katheten dieses rechtwinkligen Dreiecks sind alsdann gleich der halben großen Axe der Ellipse. Mit Hülfe des Projektionswinkels findet man endlich auch die kleine Halbaxe derselben.

2) **Ein gegebenes dreiseitiges Prisma soll durch eine Ebene so geschnitten werden, daß die Schnittfigur ein gleichseitiges Dreieck wird.**

Das durch einen normalen Schnitt erhaltene Grunddreieck des Prisma habe die Seiten a, b und c. Die Seite des gesuchten gleichseitigen Dreiecks sei $= x$. Seine drei Ecken E, G und F liegen nun im Allgemeinen nicht in gleicher Höhe über dem Grunddreieck. Es möge demselben am nächsten E, am entferntesten G sein. Durch die mittlere Ecke F lege man einen Normalschnitt, der also auf dem Prisma das Grunddreieck ausschneidet. Denkt man sich jetzt die Seitenflächen des Prisma in eine Ebene ausgebreitet (Fig. 26), so bilden die Seiten dieses Dreiecks die Gerade FF'. Es sei $FC = a$, $CA = b$ und $CF' = c$. Die Seiten des gesuchten gleichseitigen Dreiecks sind $FG = GE = EF' = x$. Zieht man noch EH parallel zu CA, so erhält man die Gleichung:

$$GC + CH = GH,$$

oder:

$$\sqrt{x^2 - a^2} + \sqrt{x^2 - c^2} = \sqrt{x^2 - b^2}.$$

Quadrirt man, so ergiebt sich:

$$\frac{3x^4}{16} - \frac{a^2 + b^2 + c^2}{8} x^2 + \frac{\{(a-c)^2 - b^2\}\{(a+c)^2 - b^2\}}{16} = 0.$$

Das letzte Glied der linken Seite dieser Gleichung ist nun das Quadrat vom Flächeninhalte $\varDelta$ der Prismenbasis. Ferner ist der Inhalt D des gesuchten gleichseitigen Dreiecks $= \frac{1}{4} x^2 \sqrt{3}$. Man erhält somit aus der gefundenen Gleichung die folgende:

$$D^2 - \frac{a^2 + b^2 + c^2}{2\sqrt{3}} D + \varDelta^2 = 0,$$

oder:

$$D = \frac{a^2 + b^2 + c^2}{\sqrt{48}} \pm \sqrt{\frac{(a^2 + b^2 + c^2)^2}{48} - \varDelta^2}.$$

Von diesen beiden Auflösungen hat indessen nur die eine Gültigkeit. Da nämlich a, b und c kleiner, höchstens $= x$ sind, so ist auch:

$$\frac{a^2 + b^2 + c^2}{\sqrt{48}} \leqq \frac{3x^2}{\sqrt{48}} \leqq D.$$

Folglich muß in dem gefundenen Resultate die Quadratwurzel das positive Vorzeichen haben.

3) Es ist eine beliebige dreiseitige Pyramide gegeben. Man soll durch einen Punkt A einer ihrer Kanten eine Ebene so legen, daß sie auf der Pyramide ein gleichseitiges Dreieck ausschneidet.

Man denke sich die Seitenflächen der Pyramide auf eine Ebene ausgebreitet (Fig. 27), so daß S ihre Spitze und ihre Kantenwinkel $ASB = \alpha$, $BSC = \beta$ und $CSA' = \gamma$ sind. Die Seiten des gesuchten gleichseitigen Dreiecks bilden alsdann die gebrochene Linie ABCA'. Die Seite $AB = BC = CA'$ sei x. Außerdem setze man $SB = y$ und $SC = z$. Nimmt man die Strecke $SA = SA'$ als Einheit an, so ergeben sich zur Bestimmung der eingeführten drei unbekannten Größen die folgenden Gleichungen:

$$x^2 = 1 - 2y\cos\alpha + y^2,$$
$$x^2 = y^2 - 2yz\cos\beta + z^2,$$
$$x^2 = 1 - 2z\cos\gamma + z^2.$$

Eliminirt man aus denselben y und z, so resultirt zur Bestimmung von x eine biquadratische Gleichung. Ist aber einer der Winkel z. B. $\beta = 60^\circ$, so wird die Endgleichung nur kubisch.

4) Oberflächen- und Volumenbestimmung der Cylinderstumpfe.

Bevor wir allgemein einen Körper betrachten, der aus einem geraden Cylinder mit Kreisbasis zwei durch beliebige Ebenen ausgeschnitten wird, berechnen wir die Oberfläche und das Volumen desjenigen Körpers, der (Fig. 31) von dem halben Grundkreise SRQ, der Ebene SRP, welche durch den Mittelpunkt M desselben geht, und dem Cylindermantel RSPQ begränzt wird.

Man lege durch M senkrecht zum Durchmesser RS eine Ebene, welche den Grundkreis in dem zu RS senkrechten Radius QM trifft und die Ellipse SPR in ihrer großen Axe PM schneidet. Denkt man sich ferner in den Halbkreis RQS ein regelmäßiges Polygon beschrieben, dessen Seiten, z. B. AB, $= s$ sein mögen, und legt durch die einzelnen Seiten Normalebenen zum Grundkreise, so bilden dieselben ein vom Cylinder umhülltes Prisma, dessen Grenzflächen

Trapeze von der Form ABUT sind. Die Mittellinie desselben sei KG. Legt man ferner durch TA, KG und UB Normalebenen zu MQ, so schneiden dieselben die Ebene des Grundkreises in den Parallelen AD, GH und BC.

Man setze nun QM = r, das Loth PQ = h, DM = x und die Mittellinie KG = LH = y. Alsdann ist der Inhalt des Trapezes UBAT = sy. Ferner folgt aus der Aehnlichkeit der Dreiecke LMH und PMQ:

$$y = \frac{hx}{r},$$

mithin das Trapez $ABUT = \frac{shx}{r}$.

Fällt man von B das Loth BJ auf RS, setzt AE = z und GM = p, so folgt aus der Aehnlichkeit der Dreiecke MGH und BAE:

$$x = \frac{pz}{s},$$

also:

$$ABUT = \frac{phz}{r}.$$

Bezeichnet man daher die den verschiedenen Trapezen entsprechenden Strecken z mit z_1, z_2, z_3 u. s. w., so ergiebt sich, wenn das eingeschriebene Prisma 2n Seitenflächen hat, für die Oberfläche P desselben die Gleichung:

$$P = \frac{2ph}{r}\{z_1 + z_2 + z_3 + \cdots + z_n\} = 2ph.$$

Nimmt man nun an, daß die Seitenzahl des dem Grundkreise eingeschriebenen Polygones in das Unendliche wachse, so wird die angestellte Berechnung stets gültig bleiben. Die Größe p aber nähert sich immer mehr dem Radius r. An der letzten Grenze also, wenn das Polygon mit dem Grundkreise und somit das umhüllte Prisma mit dem Cylinder zusammenfällt, wird p = r. Die Oberfläche des Cylinderstumpfes ist also = 2rh.

Um sein Volumen zu berechnen, lege man durch M und die einzelnen Kanten des umhüllten Prisma Ebenen. Dieselben zerschneiden den Körper in pyramidale Stücke, deren gemeinschaftliche Spitze M und deren Basen die Trapeze sind, welche die Prismafläche zusammensetzen. Da dieselben also sämmtlich eine gemeinschaftliche Höhe $= r$ haben, so ist das gesuchte Volumen des Cylinderstumpfes $= \frac{2}{3}r^2h$.

Untersuchen wir jetzt allgemeiner den Körper $A'B'Q'P$, der vom Cylindermantel $AQ'B'P$, der Ebene $A'Q'B'$, die parallel zum Grundkreise ist, und der ganz beliebigen Ebene $PA'B'$ begrenzt wird. Man verlängere die Ebene $A'B'P$ bis die Axe des Cylinders in M getroffen wird und lege durch M eine Ebene, welche senkrecht zu dieser Linie steht. Dieselbe schneidet den Cylinder in dem Grundkreise RQS. Ferner lege man durch $A'B'$ eine Ebene senkrecht zu RQS, welche dieselbe in AB schneidet. Es ist dann $AA'B'B$ ein Rechteck. Es sei noch $PQ' = b$, PQ wieder $= h$ und der Winkel AMQ oder der Bogen $A'Q' = \beta$.

Nach den in dem Obigen durchgeführten Betrachtungen erhält man alsdann, wenn man den Bogen AQ in ν gleiche Theile theilt:

$$\text{Fläche } AA'PQ = \frac{ph}{r}(z_1 + z_2 + z_3 + \cdots + z_\nu).$$

Die Summe dieser z ist aber $= AC = r\sin\beta$. Berücksichtigt man außerdem, daß bei dem Cylinder $p = r$ ist, so folgt:

$$\text{Fläche } AA'PQ = rh\sin\beta.$$

Ferner ist der Bogen $AQ = \beta r$, also das Stück $AA'Q'Q$ des Cylindermantels $= \beta r(h - b)$.

Es ist aber:

$$\frac{h-b}{MC} = \frac{h}{r}, \quad \text{oder:} \quad h - b = h\cos\beta,$$

daher:

$$AA'Q'Q = \beta rh\cos\beta.$$

Es ergiebt sich also sofort:

$$\text{Fläche } A'Q'B'P = 2rh\{\sin\beta - \beta\cos\beta\}.$$

Man eliminire aus diesem Werthe noch h. Es ist:

$$b = h - h\cos\beta = 2h\sin\tfrac{1}{2}\beta^2.$$

Daraus folgt:

$$h = \frac{b}{2\sin\frac{1}{2}\beta^2},$$

also die Fläche $$A'Q'B'P = \frac{rb}{\sin\frac{1}{2}\beta^2}\{\sin\beta - \beta\cos\beta\}.$$

Man kann also die Oberfläche des betrachteten Cylinderstumpfes berechnen, wenn man seine Höhe b kennt und die Anzahl der Grade 2β, welche der Kreisbogen $A'Q'B'$ enthält.

Das Volumen des Körpers A′AQPC′C erhält man nun, wenn man von dem Körper PC′MAQP die vierseitige Pyramide A′C′CMA subtrahirt. Der Inhalt derselben ist aber:

$$= \tfrac{1}{3} r^2 h (1 - \sin\beta^2) \sin\beta,$$

folglich: $$A'AQPC'C = \tfrac{1}{3} r^2 h \sin\beta^3.$$

Der Inhalt des Cylinders AA′Q′B′B ist ferner:

$$= h\cos\beta (r^2\beta - r^2 \sin\beta\cos\beta) = \tfrac{1}{3} r^2 h \{3\beta\cos\beta - 3\sin\beta + 3\sin\beta^3\}.$$

Also erhält man durch Subtraktion das Volumen von A′Q′B′P

$$= \tfrac{1}{3} r^2 h\, 2\sin\beta^3 - \tfrac{1}{3} r^2 h \{3\beta\cos\beta - 3\sin\beta + 3\sin\beta^3\},$$

$$= \frac{r^2 b}{6\sin\frac{1}{2}\beta^2}\{3\sin\beta - 3\beta\cos\beta - \sin\beta^3\}.$$

Nachdem jetzt die Oberfläche und das Volumen des Stumpfes A′B′Q′P gefunden ist, kann man auch jedes andere von zwei beliebigen Ebenen herausgeschnittene Stück eines Cylinders berechnen, indem man es in Stücke von der betrachteten Form zerlegt und dieselben einzeln bestimmt.

5) Man soll die Oberfläche O des Cylinderstückes ABC (Fig. 30) berechnen, welches man erhält, wenn man in den einzelnen Punkten eines Kreisbogens AC Lothe errichtet und dieselben gleich dem Produkte aus dem Radius und dem sinus der zwischen ihrem Fußpunkte und dem Anfangspunkte A enthaltenen Bogen macht. (Aufgabe von Pascal.)

Es sei der Radius OC = r und Winkel AOC = α, also Bogen AC = αr. Theilt man denselben in n gleiche Theile und substituirt für das Cylinderstück analog der vorigen Aufgabe ein eingeschriebenes Prisma, dessen Grenzflächen wiederum Trapeze sind, so erhält man für den Flächeninhalt des dem kten Theile von AC entsprechenden Trapezes, wenn n eine sehr große Zahl ist, nahezu den Werth $\frac{r^2\alpha}{n}\sin\frac{k\alpha}{n}$. Folglich ist die Gesammtoberfläche O des eingeschriebenen Prisma:

$$= \frac{r^2\alpha}{n}\left\{\sin\frac{\alpha}{n} + \sin\frac{2\alpha}{n} + \sin\frac{3\alpha}{n} + \cdots + \sin n\frac{a}{n}\right\}.$$

Die Summe dieser sinus muß zunächst berechnet werden. Man hat identisch:

$$\cos(\beta - x) - \cos(\beta + x) = 2\sin\beta\sin x,$$

also, wenn man $\beta = \nu x$ substituirt:

$$\cos(\nu - 1)x - \cos(\nu + 1)x = 2\sin x\sin\nu x.$$

Setzt man in diese Gleichung für ν nach einander alle ganze Zahlen von 1 bis n ein, so erhält man folgendes Gleichungssystem:

$$\begin{aligned}
1 - \cos 2x &= 2\sin x\sin x,\\
\cos x - \cos 3x &= 2\sin x\sin 2x,\\
\cos 2x - \cos 4x &= 2\sin x\sin 3x,\\
\vdots \qquad\quad \vdots \quad &\qquad\quad \vdots\\
\cos(n-1)x - \cos(n+1)x &= 2\sin x\sin nx.
\end{aligned}$$

Addirt man alle diese Gleichungen, so heben sich die meisten Glieder der rechten Seite gegenseitig und man findet:

$$\begin{aligned}
&2\sin x\{\sin x + \sin 2x + \cdots + \sin nx\}\\
&\quad = 1 + \cos x - (\cos nx + \cos(n+1)x),\\
&\quad = 2\cos\tfrac{1}{2}x^2 - 2\cos(n+\tfrac{1}{2})x\cos\tfrac{1}{2}x,
\end{aligned}$$

oder:

$$\begin{aligned}
\sin x + \sin 2x + \cdots + \sin nx &= \frac{\cos\frac{1}{2}x - \cos(n+\frac{1}{2})x}{2\sin\frac{1}{2}x},\\
&= \frac{\sin\frac{1}{2}(n+1)x\sin\frac{1}{2}nx}{\sin\frac{1}{2}x}.
\end{aligned}$$

Substituirt man in diese Gleichung für x den Werth $\frac{\alpha}{n}$, so ergiebt sich:

$$\sin\frac{\alpha}{n} + \sin\frac{2\alpha}{n} + \sin\frac{3\alpha}{n} + \cdots + \sin\frac{n\alpha}{n} = \frac{\sin\frac{1}{2}\left(1 + \frac{1}{n}\right)\alpha\sin\frac{1}{2}\alpha}{\sin\frac{\alpha}{2n}}$$

Setzt man diesen Werth oben ein, so folgt:

$$0 = \frac{\frac{r^2\alpha}{n}\sin\frac{1}{2}\alpha\sin\left(\frac{1}{2}\alpha + \frac{\alpha}{2n}\right)}{\sin\frac{\alpha}{2n}}.$$

Ist nun n unendlich groß, so ist $\frac{\alpha}{2n}$ unendlich klein und $\sin\frac{\alpha}{2n}$ ist $= \frac{\alpha}{2n}$. Daher erhält man:

$$O = 2r^2 \sin\tfrac{1}{2}\alpha^2.$$

Wenn der gegebene Bogen $AC = \frac{1}{2}\pi$, also $\sin\frac{1}{2}\alpha = \sqrt{\frac{1}{2}}$ ist, so erhält man einfach:

$$O = r^2.$$

Dies Resultat ist dadurch besonders interessant, daß das betrachtete Cylinderstück nicht nur quadrirbar, sondern sogar eine einfache rationale Funktion des Radius r ist.

Man wird auf ganz ähnliche Rechnungen geführt, wenn man ein Cylinderstück berechnen will, das durch Errichten der cosinus in den verschiedenen Punkten des Kreisbogens AC erhalten wird.

6) Die Vivianische Aufgabe oder das Florentiner Problem.

Es sei AEA'E' (Fig. 28) der größte Kreis einer Kugel, deren Mittelpunkt C und deren Radius $AC = r$ ist. Auf der Ebene dieses Kreises stehen senkrecht zwei gerade Cylinder, deren Grundkreise resp. ABCD und A'B'CD' mit den Mittelpunkten M und M' sind. Es soll das Stück der Kugeloberfläche berechnet werden, das von den beiden Cylindern auf der Kugel ausgeschnitten wird.

Man beschreibe um den Pol P (Fig. 28b) des größten Kreises AEA'E' als sphärischen Mittelpunkt koncentrische kleine Kreise, von denen der eine auf den Aequator AEA'E' projicirt den kleinen Kreis BDB'D' geben mag. Ist nun der sphärische Radius PB_1 des kleinen Kreises $= \varphi$, so ist das Loth $F_1B_1 = r\sin\varphi$ und $PF_1 = r - r\cos\varphi$.

Es ergiebt sich also für die Oberfläche der Kalotte mit der Höhe PF_1 der Werth:

$$2\pi r(r - r\cos\varphi) = 2\pi r^2(1 - \cos\varphi).$$

Denkt man sich ferner eine andere Kalotte mit der Höhe F_2P und dem sphärischen Radius $PB_2 = \varphi_1$, so ist ihr Inhalt:

$$2\pi r^2(1 - \cos\varphi_1).$$

Die Kugelzone B_1B_2 also, deren Höhe F_1F_2 ist, hat eine Oberfläche von der Größe $2\pi r^2(\cos\varphi - \cos\varphi_1)$.

Von dieser Kugelzone werden nun durch die beiden Cylinder AC und A'C die den Bogen BD und B'D' entsprechenden Stücke abgeschnitten. Um die übrig bleibenden Zonentheile, deren Projektionen BB'FF' und DGD'G' sind, zu finden, hat man, unter der Voraussetzung, daß $\varphi_1 - \varphi$ sehr klein werde und nach o konvergire, in den für die Zonenoberfläche gefundenen Werth an die Stelle von 2π nur $BB' + DD'$ zu substituiren. Es ist aber $CB = r\sin\varphi$ und $CM = \frac{1}{2}r$. Es muß also im Dreiecke CMB der Winkel $CMB = 2\varphi$, folglich $E'CB = \varphi$ und schließlich:

$$BB' + DD' = 4\varphi \text{ sein.}$$

Es ergiebt sich somit für die außerhalb der beiden Cylinder liegenden Theile der betrachteten Kugelzone:

$$4\varphi r^2(\cos\varphi - \cos\varphi_1) = 8\varphi r^2 \sin\frac{\varphi_1 - \varphi}{2} \sin\frac{\varphi + \varphi_1}{2}.$$

Setzt man ferner $\varphi_1 - \varphi = \delta$, so nimmt dieser Ausdruck die Gestalt an:

$$8\varphi r^2 \sin\tfrac{1}{2}\delta \sin(\varphi + \tfrac{1}{2}\delta).$$

Es sei nun $\frac{1}{2}\delta$ unendlich klein, so daß man für den sinus den Bogen selbst und $\sin(\varphi + \frac{1}{2}\delta) = \sin\varphi$ setzen kann. Das betrachtete Flächenelement des Kugelstückes hat alsdann den Werth:

$$4r^2\delta\varphi\sin\varphi.$$

Um nun zunächst die Größe s eines endlichen Flächenstückes, dessen Projektionen CFF' und CGG' sind, zu berechnen, setze man für φ nach einander die Werthe δ, 2δ, 3δ u. s. w. bis $n\delta$. Auf diese Weise erhält man die außerhalb der Cylinder liegenden Theile von n um den Pol koncentrisch gelagerten Ringen, welche sämmtlich die unendlich kleine Breite δ haben. Ihre Gesammtoberfläche s ist also:

$$= 4r^2\delta^2\{\sin\delta + 2\sin 2\delta + 3\sin 3\delta + \cdots + n\sin n\delta\}.$$

Die in den Klammern eingeschlossene Summe läßt sich nun addiren. Man hat nämlich identisch:

$$\begin{aligned}\sin nx \sin ny(\cos y - \cos x) &= \sin nx \sin ny \cos y - \sin ny \sin nx \cos x\\ &= \tfrac{1}{2}\sin nx\{\sin(n+1)y + \sin(n-1)y\}\\ &\quad - \tfrac{1}{2}\sin ny\{\sin(n+1)x + \sin(n-1)x\},\end{aligned}$$

oder: $$\sin nx \sin ny = \frac{\sin nx \sin(n+1)y - \sin(n+1)x \sin ny}{2(\cos y - \cos x)} - \frac{\sin(n-1)x \sin ny - \sin nx \sin(n-1)y}{2(\cos y - \cos x)}.$$

Setzt man in diese Gleichung für n alle ganzzahligen Werthe von 1 bis n, und summirt die erhaltenen Resultate, so heben sich auf der rechten Seite sämmtliche Glieder mit Ausnahme eines einzigen gegenseitig fort, und man findet:

$$\sin x \sin y + \sin 2x \sin 2y + \cdots + \sin nx \sin ny = \frac{\sin nx \sin(n+1)y - \sin(n+1)x \sin ny}{4 \sin\frac{x+y}{2} \sin\frac{x-y}{2}}.$$

Läßt man nun den Winkel y unendlich klein werden und nach o konvergiren, so ist $\sin \nu y = \nu y$. Dividirt man also beide Seiten der erhaltenen Gleichung mit y, so folgt:

$$\sin x + 2\sin 2x + 3\sin 3x + 4\sin 4x + \cdots + n\sin nx = \frac{(n+1)\sin nx - n\sin(n+1)x}{4\sin\frac{1}{2}x^2}.$$

Mit Hülfe dieser Formel wird die Oberfläche des betrachteten Kugelstückes, wenn man $x = \delta$ substituirt:

$$s = r^2\delta^2 \frac{(n+1)\sin n\delta - n\sin(n+1)\delta}{\sin\frac{1}{2}\delta^2}.$$

Das betrachtete Stück der Kugeloberfläche werde nun von einem kleinen Kreise umschlossen, dessen sphärischer Radius $= \alpha$ ist. Es ist somit $\alpha = n\delta$, oder $\delta = \frac{\alpha}{n}$. Man erhält daher:

$$\begin{aligned} s &= r^2\frac{\alpha^2}{n^2}\operatorname{cosec}\frac{\alpha^2}{2n}\left\{(n+1)\sin\alpha - n\sin\left(\alpha+\frac{\alpha}{n}\right)\right\} \\ &= r^2\frac{\alpha^2}{n^2}\operatorname{cosec}\frac{\alpha^2}{2n}\left\{\sin\alpha - n\left(\sin\left(\alpha+\frac{\alpha}{n}\right) - \sin\alpha\right)\right\} \\ &= r^2\frac{\alpha^2}{n^2}\operatorname{cosec}\frac{\alpha^2}{2n}\left\{\sin\alpha - 2n\sin\frac{\alpha}{2n}\cos\left(\alpha+\frac{\alpha}{2n}\right)\right\}. \end{aligned}$$

Nimmt man jetzt an, daß n nach unendlich konvergire, so wird $\sin\frac{\alpha}{2n} = \frac{\alpha}{2n}$, und man findet:

$$s = 4r^2\{\sin\alpha - \alpha\cos\alpha\}.$$

Will man aber das ganze außerhalb der beiden Cylinder liegende Stück der Kugeloberfläche berechnen, so hat man in diesem Ausdrucke nur $\alpha = \frac{1}{2}\pi$ anzunehmen. Es folgt also schließlich:

$$s = 4r^2.$$

Es ist merkwürdig, daß der erhaltene Ausdruck nicht nur quadrirbar, sondern sogar eine ganz einfache algebraische Funktion des Radius r ist.

Die von den beiden Cylindern eingeschlossenen Stücke der Kugel haben ferner jedes einen Flächeninhalt:

$$= (\pi - 2)r^2.$$

7) Wenn auf einer Kugel, die mit konstanter Geschwindigkeit um einen ihrer Durchmesser rotirt, ein Punkt vom Endpunkt der Drehungsaxe mit gleichförmiger Geschwindigkeit herabgleitet, so werden die von demselben berührten Punkte der Kugeloberfläche eine Curve doppelter Krümmung bilden. Es soll das Stück der Kugel berechnet werden, welches von einem größten Kreise durch den Endpunkt der Axe und von dem durch denselben begrenzten Curvenbogen eingeschlossen wird.

Es sei (Fig. 29) OE = r der Radius, um welchen die Kugel rotirt. Der bewegte Punkt, der von E herabgleitet, habe eine Winkelgeschwindigkeit, die sich zu der der rotirenden Kugel wie α zu β verhält, und beschreibe unter diesen Umständen die Curve EDCB, während er auf der ruhenden Kugel den Quadranten EA durchlaufen würde. Es wird also jeder Punkt C seiner Bahn dadurch bestimmt sein, daß, wenn man durch C eine Ebene CF senkrecht zur Axe OE oder parallel zum Aequator AOB legt, der Bogen CF des dadurch entstehenden kleinen Kreises sich zu EF verhalte, wie β zu α. Es sei nun EOF $= \alpha$, also E′OA $= \beta$, wenn der größte Kreis EC den Bogen BA in E′ trifft. Ferner ist Bogen EF $= \alpha r$.

Um nun einen von der Bahn des Punktes begrenzten Theil der Kugeloberfläche z. B. ECDE zu berechnen, denke man sich denselben durch n — 1 größte Kreise, welche den Winkel CEF in n gleiche Theile theilen, in n Elemente zerschnitten, welche, wenn n sehr groß ist, von einem sehr kleinen Curvenelemente der Bahn des

Punktes z. B. KK' und den Bogen zweier größten Kreise EK und EK' eingeschlossen werden. Es treffe EK den Bogen AB in A' und EK' in B'. Alsdann ist Bogen $A'B' = \frac{r\beta}{n}$. Ist ferner K der kte Theilpunkt von A aus, oder der Bogen $HK = \frac{\beta k}{n}$, so ist, nach dem vorausgesetzten Geschwindigkeitsverhältniß, Bogen EK oder Winkel $EOK = \frac{\alpha k}{n}$.

Es ist nun die Oberfläche des Flächenelementes EKK' nahezu gleich dem Stücke ENK, das man erhält, wenn man den Bogen HK verlängert, bis er EK' in N schneidet. Ist nämlich n sehr groß, so ist $\varDelta NKK'$ verschwindend klein im Verhältniß zu EKK'. Es ist nun die Oberfläche von ENK gleich dem Produkte aus dem Bogen A'B' und der Höhe EJ, welche man erhält, wenn man von K das Loth KJ fällt.

Man hat nun:

$$EJ = r - OJ,$$

aber:

$$OJ = r \cos \frac{k\alpha}{n},$$

folglich:

$$EJ = r\left(1 - \cos \frac{k\alpha}{n}\right).$$

Da ferner $A'B' = \frac{\beta r}{n}$ ist, so ergiebt sich:

$$(1) \quad EKN = \frac{\beta r^2}{n}\left(1 - \cos \frac{k\alpha}{n}\right).$$

Will man nun den Flächeninhalt σ des Stückes CED berechnen, so hat man in der letzten Gleichung für k alle ganzen Zahlen von 1 bis $n - 1$ zu substituiren und die erhaltenen Ausdrücke zu addiren. Je größer nun n ist, um so mehr wird die erhaltene Summe sich dem wahren Werthe des Flächenstückes nähern, bis sie für $n = \infty$ vollständig mit demselben übereinstimmt. Man überzeugt sich nämlich leicht, daß der bei der Addition begangene Fehler kleiner als das letzte Element oder $< \frac{\beta r^2}{n}(1 - \cos \alpha)$ ist.

Es läßt sich nun die Summe der verschiedenen Elemente EKN leicht durch folgende geometrische Betrachtungen ableiten.

Auf einem Kreise von Radius r trage man einen Bogen $EGC = \alpha$ (Fig. 29b) ab und theile denselben in n gleiche Theile. Es sei L der $k-1$ste und L' der kte Theilpunkt.

Da alsdann W. $COL' = \frac{k\alpha}{n}$ ist, so ist der Kreissektor COL'

$= \frac{1}{2}r^2 \frac{k\alpha}{n}$ und Dreieck $COL' = \frac{1}{2}r^2 \sin\frac{k\alpha}{n}$.

Es ist also das Segment:

$$CGL' = \frac{1}{2}r^2\left(\frac{k\alpha}{n} - \sin\frac{k\alpha}{n}\right).$$

Ebenso Segment:

$$CGL = \frac{1}{2}r^2\left\{\frac{\alpha(k-1)}{n} - \frac{\sin\alpha(k-1)}{n}\right\}.$$

Es wird mithin:

$$CLL' = \frac{1}{2}r^2\left\{\frac{\alpha}{n} - 2\sin\frac{\alpha}{2n}\cos\frac{(2k-1)\alpha}{2n}\right\}$$

$$= \frac{\alpha r^2}{2n}\left\{1 - \frac{2n}{\alpha}\sin\frac{\alpha}{2n}\cos\left(\frac{k\alpha}{n} - \frac{\alpha}{2n}\right)\right\}.$$

Wird nun n unendlich groß, so wird $\sin\frac{\alpha}{2n} = \frac{\alpha}{2n}$. Man erhält also in diesem Falle:

$$CLL' = \frac{\alpha r^2}{2n}\left\{1 - \cos\frac{\alpha k}{n}\right\}.$$

Es ist nun der leicht zu bestimmende Inhalt des Segmentes CGE gleich der Summe dieser Werthe, die man erhält, wenn für k alle ganzzahligen Werthe von 1 bis unendlich gesetzt werden. Folglich erhält man:

$$\Sigma\frac{\alpha r^2}{2n}\left(1 - \cos\frac{\alpha k}{n}\right) = \frac{1}{2}r^2(\alpha - \sin\alpha),$$

oder:

$$\Sigma\frac{1}{n}\left(1 - \cos\frac{\alpha k}{n}\right) = 1 - \frac{\sin\alpha}{\alpha}.$$

Setzt man nun diesen Werth in die oben zu berechnende Summe ein, so folgt:

$$\text{Fläche EDC} = \beta r^2\left(1 - \frac{\sin\alpha}{\alpha}\right).$$

Will man das ganze Stück ECBE berechnen, so hat man in dieser Gleichung nur $\alpha = \frac{1}{2}\pi$ zu substituiren. Man findet:

$$ECBE = \beta r^2\left(1 - \frac{2}{\pi}\right).$$

Ist nun in einem besonderen Falle $\beta = \alpha = \frac{1}{2}\pi$, so wird:

$$ECBE = \tfrac{1}{2}\pi r^2 - r^2.$$

Da nun der Kugeloktant $O = \frac{1}{2}\pi r^2$ ist, so ergiebt sich:

$$ECBE = O - r^2$$

und das Flächenstück $EABCDE = r^2$.

Es ist bemerkenswerth, daß dieser Werth eine ganz einfache rationale Funktion des Radius und also leicht mit Hülfe des Zirkels und Lineals zu quadriren ist.

In dem letzten Falle wird außerdem die Projektion der Curve auf den Aequator ein Kreis und folglich das Problem in diesem Falle identisch mit der Vivianischen Aufgabe. Ist $\frac{\alpha}{\beta}$ rational, so sind diese Curven noch algebraische, im Allgemeinen aber sind sie transscendent.

8) Es sind (Fig. 32) vom gegebenen Punkte F aus die Tangenten FA und FA′ an den Kreis AEA′ mit dem Mittelpunkte M gelegt. Man ziehe durch den willkürlichen Punkt G′, parallel zu AA′, die Gerade L′GL. **Es soll das Volumen des durch Rotation des Stückes GAL um die Axe FM entstehenden Körpers berechnet werden.**

Um diese Aufgabe zu lösen, braucht man nur den Inhalt des durch Rotation von KBAL um KB entstehenden abgestumpften Kegels zu berechnen und von demselben das Volumen des durch KBAG erzeugten Kugelabschnitts zu subtrahiren. Wir ziehen es indessen vor, das verlangte Volumen unmittelbar durch Zerschneiden des betrachteten Körpers in unendlich dünne Ringe zu berechnen, da die in diesem Falle auszuführende Summation nicht ohne Interesse ist.

Die bekannte Strecke BK sei $= h$ und $AL = s$.

Man theile nun die Höhe h in n gleiche Theile und lege durch die einzelnen Theilpunkte Ebenen parallel dem durch AA′ beschriebenen Kreise, so werden dieselben den untersuchten Körper in n Ringe zerschneiden, die man, wenn n sehr groß ist, nahezu als Cylinder betrachten kann.

Es sei nun von B gerechnet D der kte und E der k—1ste Theilpunkt. Man hat also $DE = \frac{h}{n}$ und $FA = \frac{ks}{n}$. Der Inhalt des durch Rotation von NFF'N' entstehenden Ringes ist also nahezu:

$$\pi(DN + NF)^2 \frac{h}{n} - \pi DN^2 \frac{h}{n}$$

$$= \frac{\pi h}{n}(NF^2 + 2NF \cdot DN) = \frac{\pi h}{n} NF(NF + 2DN),$$

oder endlich:

$$= \frac{\pi h}{n} AF^2 = \frac{\pi h s^2 k^2}{n^3}.$$

Um nun das ganze Volumen V des betrachteten Körpers zu erhalten, setze man in diesen Ausdruck für k alle ganzzahligen Werthe von 1 bis n und summire die einzelnen auf diese Weise erhaltenen Ringe. Es folgt:

$$V = \frac{\pi h s^2}{n^3}(1^2 + 2^2 + 3^2 + \cdots + n^2).$$

Die Summe auf der rechten Seite ist nun durch eine einfache geometrische Betrachtung zu bestimmen. Hat man nämlich einen geraden Kegel mit Kreisbasis, dessen Höhe $= h$ und dessen Radius $= r$ ist, so erhält man durch ähnliches Zerschneiden in parallele Schichten für sein Volumen den Werth:

$$\text{Kegel} = \frac{\pi r^2 h}{n^3}(1^2 + 2^2 + 3^2 + \cdots + n^2),$$

oder, da das Kegelvolumen anderweitig schon bekannt und zwar $= \frac{1}{3}\pi h r^2$ ist:

$$\frac{1}{3} = \frac{1}{n^3}(1^2 + 2^2 + 3^2 + \cdots + n^2),$$

wenn n unendlich groß ist. Setzt man nun diesen Werth ein, so folgt:

$$(1) \quad V = \tfrac{1}{3}\pi h s^2.$$

Diese eigenthümliche Summationsweise ist noch darum besonders interessant, weil möglicher Weise Archimedes auf ganz analoge Weise die Parabel quadrirt hat. Die soeben gefundene Formel gilt nun auch für den durch Rotation von ARP erzeugten Körper.

Um von der Formel (1) eine Anwendung zu machen, betrachten wir einen Kegel mit der Spitze F, der bis PQP′ mit Wasser angefüllt ist. Taucht man eine Kugel vom Radius r in die Flüssigkeit, bis sie den Kegel in A und A′ berührt, so mag das Wasser von P bis C emporsteigen. Es soll die neue Höhe des Wasserstandes oder die Strecke FE′ berechnet werden.

Es sei $FQ = a$, $PC = x$ und Winkel $AFM = \alpha$. Man hat alsdann:

$$MF = \frac{r}{\sin\alpha}, \qquad AF = r\cot\alpha, \qquad BF = r\cot\alpha\cos\alpha,$$

$$SF = \frac{r(1-\sin\alpha)}{\sin\alpha} \quad \text{und:} \quad QS = a - \frac{r(1-\sin\alpha)}{\sin\alpha}.$$

Es muß nun der durch Rotation von PRTC erzeugte Raum gleich dem Kugelabschnitte RSR′Q sein. Es ist aber:

$$\begin{aligned} RSR'Q &= \pi QS^2(r - \tfrac{1}{3}QS) \\ &= \tfrac{1}{3}\pi\left(a - \frac{r(1-\sin\alpha)}{\sin\alpha}\right)^2\left(3r - a + \frac{r(1-\sin\alpha)}{\sin\alpha}\right). \end{aligned}$$

Nach (1) ist aber Volumen $TCPR = \frac{1}{3}\pi\cos\alpha(AP^3 - AC^3)$.

Setzt man diese beiden Werthe einander gleich, so ergiebt sich leicht die folgende Gleichung:

$$AC^3 = AP^3 - \frac{1}{\cos\alpha}\left(a - \frac{r(1-\sin\alpha)}{\sin\alpha}\right)^2\left(3r - a + \frac{r(1-\sin\alpha)}{\sin\alpha}\right),$$

$$AP \text{ aber ist } = AF - PF = r\cot\alpha - \frac{a}{\cos\alpha}.$$

Es ist also AC gefunden. Ferner ist:

$$FE' = FC\cos\alpha = (AF - AC)\cos\alpha = r\cot\alpha\cos\alpha - AC\cos\alpha.$$

Setzt man in diese Gleichung den oben für AC gefundenen Werth ein, so hat man die gesuchte Größe FE′ bestimmt. Man erhält nach einigen Umformungen schließlich:

$$FE' = r\cot\alpha\cos\alpha + \sqrt[3]{a^3\sin\alpha^2 - 4r^3\cot\alpha\cos\alpha\sin(\tfrac{1}{4}\pi - \tfrac{1}{2}\alpha)^4}.$$

9) Einige besondere Fälle der Guldin'schen Regel.

Die Curve EBFD (Fig. 33), welche durch die Linie EF in zwei symmetrische Theile zerschnitten wird, rotirt um eine Axe XX', welche zu EF parallel ist. Es ist das Volumen des so entstandenen Körpers zu bestimmen.

Man zerschneide die Curve durch ein System paralleler Linien, welche senkrecht zur Axe stehen, in unendlich schmale Elemente, die man mit Vernachlässigung einer unendlich kleinen Größe als Rechtecke betrachten kann. Es sei z. B. $AB = b$, $BD = a$ und $CC_1 = \delta$. Alsdann ist das Volumen des Ringes, welcher durch die Rotation des Rechteckes BB_1D_1D entsteht:

$$= \pi(a+b)^2\delta - \pi b^2\delta = \pi(a^2+2ab)\delta = 2\pi(\tfrac{1}{2}a+b)\delta a.$$

Setzt man:

$$\tfrac{1}{2}a + b = AC = r$$

und den Inhalt des Rechtecks:

$$\delta a = \varrho,$$

so ergiebt sich für das Volumen des Ringes der Werth $2\pi r\varrho$. Da aber r für alle Rechtecke BB_1D_1D konstant ist, so erhält man für den Inhalt V des Gesammtkörpers:

$$V = 2\pi r O,$$

wenn O die Oberfläche der rotirenden Figur bezeichnet. Dreht sich z. B. eine Ellipse mit den Axen a und b um eine Linie, welche mit einer ihrer Axen parallel ist und vom Mittelpunkte der Ellipse um $\tfrac{1}{2}a$ absteht, so ist das Volumen des erzeugten Körpers:

$$= \pi^2 abc.$$

Ist die betrachtete Curve nicht symmetrisch in Beziehung auf eine Linie EF, sondern werden alle Linien, welche durch M, die Mitte von EF, gehen, von ihr halbirt, so läßt sich das Volumen des Rotationskörpers auch noch dann berechnen, wenn die Rotationsaxe nicht mehr parallel zu EF ist. Ist z. B. (Fig. 33b) $AB = AB_1$, so ist auch Rechteck CD = Rechteck C_1D_1 und $BE + B_1E_1 = 2AM$. Es ist somit die Summe je zweier entsprechenden Rechtecke:

$$= 2\pi\varrho BE + 2\pi\varrho B_1E_1 = 4\pi\varrho AM,$$

also der ganze Körper wiederum:

$$= 2\pi AM \cdot P.$$

Ebenso läßt sich die Oberfläche eines durch Curven der betrachteten

Art erzeugten Rotationskörpers leicht bestimmen. Ist die Curve wieder nur symmetrisch zur Linie LN (Fig. 33c), welche parallel zur Rotationsaxe läuft, so ist $CF = C'F' = s$. Setzt man nun $AC = \varrho$ und $DF = r$, so ist der Mantel des abgestumpften Kegels, welchen CF beschreibt:

$$= \pi s(r + \varrho) = 2\pi s \frac{r+\varrho}{2} = 2\pi s JG,$$

wenn JG die Strecke AD halbirt. Ebenso findet man aber für den von C'F' durchlaufenen Kegelmantel:

$$2\pi s HJ.$$

Die Summe der beiden Kegelmäntel ist also:

$$2\pi s(HJ + JG) = 4\pi s OJ,$$

da O die Sehne GH halbirt. Substituirt man also wiederum $OJ = r$, so erhält man, da diese Größe für alle Elemente der rotirenden Curve konstant ist, als die gesuchte Oberfläche des Gesammtkörpers:

$$2\pi r P,$$

wenn man mit P den Umfang der gegebenen Curve bezeichnet.

Halbirt ferner die Curve sämmtliche durch ihren Mittelpunkt gehenden Sehnen (Fig. 33d), so ist $BC = B'C' = s$ und die Summe der von zwei diametral gegenüberliegenden Curvenelementen beschriebenen Kegelmäntel:

$$= 2\pi s FG + 2\pi s F'G' = 4\pi s NM,$$

so daß die gesuchte ganze Oberfläche nach den obigen Bezeichnungen wiederum:

$$= 2\pi P \cdot NM \text{ ist.}$$

Wir haben diese speciellen Beispiele in die Sammlung aufgenommen, weil die allgemeine Betrachtung des Schwerpunkts für eine elementare Behandlung weniger geeignet ist.

10) Es ist ein gerader Kegel mit Kreisbasis gegeben. Man soll durch eine feste Tangente des Grundkreises eine Ebene legen, welche den Kegel in einer Ellipse schneidet, deren Flächeninhalt ein Maximum oder Minimum ist.

Die große Axe der Ellipse, welche man erhält, wenn man einen Kegel mit einer Ebene schneidet, liegt bekanntlich in einer Ebene, welche durch die Kegelaxe geht und senkrecht zur Schnittebene steht.

Die kleine Axe hingegen ist der Tangente des Grundkreises, welche in der Schnittebene liegt, parallel. Construirt man ferner die Kugel, welche den Kegel und die Ebene der Ellipse, und zwar im Brennpunkte dieser Curve berührt, so wird sie von der Ebene, welche durch die Axe des Kegels und durch die große Axe der Ellipse gelegt ist, in einem größten Kreise GHF (Fig. 34) geschnitten, welcher die große Axe DB im Brennpunkte F berührt.

Es seien nun die Kegelseiten MA oder $MB = 2s$, Winkel $AMB = \alpha$ und die halbe große Axe $ED = EB = a$. Legt man ferner durch E eine Parallele zu AM, so trifft dieselbe den Durchmesser AB im Mittelpunkte O und MB in C, so daß $BC = s$ ist. Es sei noch $EC = x$, die Excentricität $FE = e$ und die kleine Axe oder:

$$\sqrt{a^2 - e^2} = b.$$

Man erhält alsdann aus dem Dreiecke CEB die Gleichung:

$$a^2 = x^2 - 2sx\cos\alpha + s^2.$$

Es ist ferner:

$$e = a - DF,$$

oder, da aus dem Dreiecke DMB die Strecke $DF = a + x - s$ sich ergiebt:

$$e = a - a + s - x,$$
$$= s - x,$$

mithin:

$$b^2 = a^2 - (s - x)^2,$$
$$= x^2 - 2sx\cos\alpha + s^2 - (s - x)^2,$$
$$= 4sx\sin\tfrac{1}{2}\alpha^2.$$

Der Flächeninhalt einer Ellipse ist nun $= ab\pi$. Es muß folglich nach den für a und b entwickelten Werthen, wenn man nur den Ausdruck unter der Wurzel betrachtet:

$$M = x^3 - 2s\cos\alpha x^2 + s^2 x$$

einen ausgezeichneten Werth erhalten. Man setze also nach der bekannten Methode:

$$x^3 - x_1^3 - 2s\cos\alpha(x^2 - x_1^2) + s^2(x - x_1) = 0.$$

Hebt man also mit $x - x_1$ und setzt alsdann $x = x_1$, so folgt:

$$3x^2 - 4s\cos\alpha x + s^2 = 0,$$

oder:

$$x = \tfrac{1}{3}s(2\cos\alpha \pm \sqrt{1 - 4\sin\alpha^2}).$$

Man hat somit zwei Werthe von x gefunden, deren einer einem Maximum, deren anderer einem Minimum entspricht. Ist nämlich zunächst $x = 0$, so verschwindet auch der Inhalt der Ellipse. Der erste ausgezeichnete Werth, den man mit wachsendem x erhält, ist also ein Maximum, so daß der kleinere der gefundenen Werthe von x eine größte und der größere eine kleinste Ellipse liefert. Dasselbe Resultat ergiebt sich auch, wenn man die entsprechenden a und b berechnet und sodann den Inhalt der Ellipse bestimmt. Damit aber x überhaupt reell werde, muß:

$$4\sin\alpha^2 < 1,$$

oder:

$$\sin\alpha < \tfrac{1}{2},$$

d. h.:

$$\alpha < 30^0 \text{ sein.}$$

Wäre $\alpha = 30^0$, so erhält man allerdings noch einen reellen Werth von x, der aber keinem Maximum oder Minimum mehr entsprechen kann. Da nämlich bei zunehmendem x die Funktion M wächst und schließlich, wenn die Ellipse in die Parabel übergeht, unendlich werden muß, so kann die Funktion nur eine gerade Anzahl ausgezeichneter Werthe annehmen, während die Rechnung doch nur einen liefern würde. Stellt man also die Funktion M als Curve dar, so würde sie in unserem Falle bei dem Werthe $x = \frac{s}{\sqrt{3}}$ nur einen Wendepunkt darbieten.

Wird $\alpha > 150^0$, so wird x wieder reell, aber negativ und die kleine Axe der Ellipse imaginär.

Man könnte die Länge b der kleineren Axe auch noch auf einem andern Wege finden. Die große Axe BD tritt nie aus der Ebene ABM heraus und der Ort der Mittelpunkte sämmtlicher Ellipsen, deren Ebene durch BT geht, ist die Gerade OC die durch O parallel zu AM läuft. Da ferner die entsprechenden kleinen Axen sämmtlich normal sind zur Ebene AMB, so ist der Ort ihrer Endpunkte eine Parabel, deren Axe CO ist, und deren Ebene mit der Ebene AMB einen rechten Winkel bildet. Die Gleichung dieser Curve ist aber:

$$y^2 = 2px.$$

Für $x = OC = s$ wird $y = r$, so daß:

$$2p = \frac{r^2}{s} \text{ ist.}$$

Setzt man also $y = b$, so erhält man, wie oben:

$$b^2 = \frac{r^2}{s}x,$$

oder, da aus dem gleichschenkligen Dreiecke OCB:

$$r = 2s \sin \tfrac{1}{2}\alpha \text{ ist,}$$
$$b^2 = 4sx \sin \tfrac{1}{2}\alpha^2.$$

Drittes Kapitel.

Aufgaben aus der sphärischen Trigonometrie.

1) In einem sphärischen Dreiecke ABC (Fig. 35) ist gegeben die Summe zweier Seiten $AB + BC = g$, die dritte Seite $AC = b$ und der ihr gegenüberliegende Winkel $ABC = \beta$. Es sind AB und BC zu berechnen.

Nach der ersten Gaußischen Formel erhält man unmittelbar (siehe Mehler Elementarmathematik):

$$\cos \tfrac{1}{2}(\alpha + \gamma) = \frac{\cos \frac{1}{2} g \sin \frac{1}{2}\beta}{\cos \frac{1}{2} b}.$$

Nachdem man aus dieser Gleichung den Werth von $\alpha + \gamma$ berechnet hat, folgt aus der zweiten Gaußischen Formel:

$$\cos \tfrac{1}{2}(BC - AB) = \frac{\sin \frac{1}{2}(\alpha + \gamma) \cos \frac{1}{2} b}{\cos \frac{1}{2}\beta}.$$

Aus den Werthen von $BC + AB$ und $BC - AB$, können also AB und BC unmittelbar gefunden werden. Die dritte Gaußische Formel würde endlich $\alpha - \gamma$, und daher auch α und γ liefern.

2) In einem sphärischen Dreieck ABC (Fig. 35) ist die eine Seite $AC = b$ gegeben, der Unterschied der Winkel $BAC - ACB = \delta$ und die Differenz der beiden andern Seiten $BC - AB = d$. Es sollen die Seiten und Winkel des Dreiecks gefunden werden.

Da die Unterschiede der gesuchten Seiten und Winkel gegeben sind, so wird man gut thun, ihre Summen, also $\alpha + \gamma$ und $a + c$ zu suchen.

Man hat nach den Gaußischen Formeln:

$$\frac{\sin \frac{1}{2}(a - c)}{\sin \frac{1}{2} b} = \frac{\sin \frac{1}{2}(\alpha - \gamma)}{\cos \frac{1}{2}\beta}$$

und: $$\frac{\cos\frac{1}{2}(a-c)}{\cos\frac{1}{2}b}=\frac{\sin\frac{1}{2}(\alpha+\gamma)}{\cos\frac{1}{2}\beta}.$$

Dividirt man die erste der beiden Gleichungen durch die zweite, so folgt:

$$\operatorname{tg}\tfrac{1}{2}(a-c)=\operatorname{tg}\tfrac{1}{2}b\,\frac{\sin\frac{1}{2}(\alpha-\gamma)}{\sin\frac{1}{2}(\alpha+\gamma)},$$

oder: $$(1)\quad \sin\tfrac{1}{2}(\alpha+\gamma)=\frac{\operatorname{tg}\frac{1}{2}b\sin\frac{1}{2}\delta}{\operatorname{tg}\frac{1}{2}d}.$$

Somit ist $\alpha+\gamma$ gefunden. Es sei $=\lambda$.
Dividirt man ferner die beiden Formeln:

$$\frac{\sin\frac{1}{2}(a+c)}{\sin\frac{1}{2}b}=\frac{\cos\frac{1}{2}(\alpha-\gamma)}{\sin\frac{1}{2}\beta}$$

und: $$\frac{\cos\frac{1}{2}(a+c)}{\cos\frac{1}{2}b}=\frac{\cos\frac{1}{2}(\alpha+\gamma)}{\sin\frac{1}{2}\beta}$$

durch einander, so ergiebt sich:

$$(2)\quad \operatorname{tg}\tfrac{1}{2}(a+c)=\operatorname{tg}\tfrac{1}{2}b\,\frac{\cos\frac{1}{2}(\alpha-\gamma)}{\cos\frac{1}{2}(\alpha+\gamma)},$$

oder, wenn man, um einen nur aus Tangenten zusammengesetzten Ausdruck zu erhalten, (2) durch (1) dividirt:

$$\frac{\operatorname{tg}\frac{1}{2}(\alpha-\gamma)}{\operatorname{tg}\frac{1}{2}(\alpha+\gamma)}=\frac{\operatorname{tg}\frac{1}{2}(a-c)}{\operatorname{tg}\frac{1}{2}(a+c)},$$

mithin: $$\operatorname{tg}\tfrac{1}{2}(a+c)=\frac{\operatorname{tg}\frac{1}{2}d\operatorname{tg}\frac{1}{2}\lambda}{\operatorname{tg}\frac{1}{2}b}.$$

Daraus folge:

$$a+c=l.$$

Es ergiebt sich alsdann schließlich:

$$\alpha=\frac{\lambda+\delta}{2}\qquad a=\frac{l+d}{2}$$

und:

$$\beta=\frac{\lambda-\delta}{2}\qquad b=\frac{l-d}{2}.$$

3) In einem sphärischen Dreiecke ABC (Fig. 35) ist ein Winkel $ABC=\beta$ gegeben, ferner die Segmente, in welche das Loth BD die Basis AC zerschneidet, $AD=m$ und $CD=n$. Es sind die Seiten a und c des Dreiecks zu berechnen.

Da Winkel $ABD + DBC = \beta$ gegeben ist, so berechnet man am vortheilhaftesten die Differenz der beiden Winkel $ABD - DBC = x$, so daß $ABD = \frac{\beta + x}{2}$ und $DBC = \frac{\beta - x}{2}$ ist. Setzt man noch $BD = z$, so ergeben sich aus den rechtwinkligen Dreiecken ABD und DBC die Gleichungen:

$$\sin z = \operatorname{tg} m \cot \tfrac{1}{2}(\beta + x)$$

und:

$$\sin z = \operatorname{tg} n \cot \tfrac{1}{2}(\beta - x).$$

Durch Division dieser beiden Gleichungen erhält man:

$$\frac{\operatorname{tg} m}{\operatorname{tg} n} = \frac{\cot \frac{1}{2}(\beta - x)}{\cot \frac{1}{2}(\beta + x)} = \frac{\operatorname{tg} \frac{1}{2}(\beta + x)}{\operatorname{tg} \frac{1}{2}(\beta - x)} = \frac{\sin \beta + \sin x}{\sin \beta - \sin x}.$$

Mithin:

$$\sin x = \frac{\operatorname{tg} m - \operatorname{tg} n}{\operatorname{tg} m + \operatorname{tg} n} \sin \beta,$$

oder:

$$= \frac{\sin(m - n)}{\sin(m + n)} \sin \beta.$$

Damit ist also x, folglich auch z und die Winkel α und γ gefunden. Die Berechnung der Seiten a und b bietet also keine weitere Schwierigkeit.

4) Die Seiten a, b und c des sphärischen Dreieckes ABC (Fig. 35) sind bekannt. Ein durch B gehender größter Kreis zerschneidet die Seite AC in die gleichfalls gegebenen Segmente $AD = m$ und $DC = b - m$. Wie groß ist BD?

Setzt man den Winkel $BAC = \alpha$ und die unbekannte Größe $BD = x$, so ergeben sich aus den beiden Dreiecken ABD und ABC die Gleichungen:

$$\cos \alpha = \frac{\cos a - \cos b \cos c}{\sin b \sin c}$$

und:

$$\cos \alpha = \frac{\cos x - \cos c \cos m}{\sin c \sin m}.$$

Setzt man nun die beiden für $\cos \alpha$ gefundenen Werthe einander gleich, so folgt:

$$\cos x = \frac{\cos a \sin m + \cos c \sin(m - b)}{\sin b}.$$

5) Die Seiten a, b und c eines sphärischen Dreieckes ABC (Fig. 36) sind bekannt. Man soll die Länge

von GH berechnen, wenn $AG = c'$ und $AH = b'$ gegeben ist.

Man kann wie in der vorigen Aufgabe aus den Dreiecken ABC und AGH zwei Werthe für den cosinus des Winkels α aufstellen, welche die Gleichung liefern:

$$\frac{\cos x - \cos b' \cos c'}{\sin b' \sin c'} = \frac{\cos a - \cos b \cos c}{\sin b \sin c}.$$

Aus dieser Gleichung folgt, wenn man:

$$\operatorname{tg} b \operatorname{tg} c = \operatorname{tg} \delta$$

und:

$$\operatorname{tg} b' \operatorname{tg} c' = \operatorname{tg} \delta'$$

substituirt:

$$\cos x = \frac{2 \cos b' \cos c'}{\sin 2\delta \sin b \sin c} \{\cos a \sin \delta' \sin \delta - \sin b \sin c \sin(\delta - \delta')\}.$$

6) In einem rechtwinkligen sphärischen Dreiecke ABC (Fig. 35) ist die Hypotenuse $BC = a$ und die Summe der Katheten $AB + AC = s$ gegeben. Man soll diese Katheten berechnen.

Es sei $AB = x$ und $AC = y$. Man hat alsdann:

$$\begin{aligned}\cos a &= \cos x \cos y,\\ &= \cos x \cos(s - x),\\ &= \tfrac{1}{2}\cos(s - 2x) + \tfrac{1}{2}\cos s.\end{aligned}$$

Also: $\cos(s - 2x) = 2\cos a - \cos s.$

Substituirt man: $\cos s = 2 \cos \delta,$

so ergiebt sich:

$$\cos(s - 2x) = 4 \sin\frac{a + \delta}{2} \sin\frac{\delta - a}{2}.$$

Es ist also x und mithin auch $y = s - x$ gefunden.

Ist an Stelle der Summe die Differenz der Katheten $x - y = d$ gegeben, so erhält man wieder, wenn man $\cos d = 2 \cos \delta$ substituirt:

$$\cos(d + 2x) = 4 \sin\frac{a + \delta}{2} \sin\frac{\delta - a}{2}.$$

7) Es sind die drei Seiten a, b und c eines sphärischen Dreiecks ABC (Fig. 35) gegeben. Man soll die Höhe $BD = z$ berechnen.

Sind α, β, γ die drei Winkel des Dreiecks und $a + b + c = 2s$, so hat man:

$$\sin \tfrac{1}{2}\alpha = \sqrt{\frac{\sin(s-b)\sin(s-c)}{\sin b \sin c}}$$

und:

$$\cos \tfrac{1}{2}\alpha = \sqrt{\frac{\sin s \sin(s-a)}{\sin b \sin c}},$$

also:

$$\sin \alpha = \frac{2}{\sin b \sin c} \sqrt{\sin s \sin(s-a) \sin(s-b) \sin(s-c)},$$

oder, da $\sin z = \sin c \sin \alpha$ ist,

$$\sin z = \frac{2}{\sin b} \cdot \sqrt{\sin s \sin(s-a) \sin(s-b) \sin(s-c)}.$$

Mit Hülfe dieses Resultates kann man leicht den körperlichen Inhalt eines Parallelepipedon bestimmen, dessen drei Kanten d, e und f nebst den Kantenwinkeln a, b und c gegeben sind. Ist nämlich z der Winkel, welchen die Kante e mit der aus d und f gebildeten Basis bilden, so hat man nach dem obigen Resultate:

$$\sin z = \frac{2}{\sin b} \sqrt{\sin s \sin(s-a) \sin(s-b) \sin(s-c)}.$$

Folglich, da das Grundparallelogramm $= df \sin b$ und die Höhe $= e \sin z$ ist, das Volumen des Parallelepipedon:

$$V = 2def \sqrt{\sin s \sin(s-a) \sin(s-b) \sin(s-c)}.$$

8) Es sind die drei Seiten a, b und c eines sphärischen Dreiecks ABC (Fig. 35) gegeben. Man soll die Abschnitte AD und DC berechnen, in welche das Loth BD die Seite AC zerschneidet.

Man setze $AD = x$ und $DC = b - x$. Man erhält alsdann aus den beiden rechtwinkligen Dreiecken ABD und BCD die Gleichungen:

$$\cos z \cos x = \cos c$$

und:

$$\cos z \cos(b-x) = \cos a.$$

Durch Division findet man:

$$\frac{\cos(b-x)}{\cos x} = \frac{\cos a}{\cos c},$$

also:

$$\frac{\cos x + \cos(b-x)}{\cos x - \cos(b-x)} = \frac{\cos c + \cos a}{\cos c - \cos a},$$

oder: $$\cot\tfrac{1}{2}b \cot(x-\tfrac{1}{2}b) = \cot\frac{a+c}{2}\cot\frac{c-a}{2},$$

und: $$\operatorname{tg}(x-\tfrac{1}{2}b) = \operatorname{tg}\frac{a+c}{2}\operatorname{tg}\frac{c-a}{2}\cot\tfrac{1}{2}b.$$

9) Man kennt den Umfang eines sphärischen Dreiecks ABC (Fig. 37) $= s$, die Höhe $BD = h$ und den Winkel $BAC = \alpha$. Man soll die drei Seiten $AB = z$, $BC = x$, $AC = y$ berechnen.

Man erhält zur Bestimmung der unbekannten Größen x, y und z folgende Gleichungen:

$$(1)\quad x+y+z = 2s,$$

$$(2)\quad \sin z = \frac{\sin h}{\sin\alpha}$$

und: $$(3)\quad \cos x = \cos y\cos z + \sin y\sin z\cos\alpha.$$

Aus (2) ist z unmittelbar bekannt. Ferner ergiebt sich aus der letzten Gleichung, wenn man $\sin y\sin z$ auf der rechten Seite addirt und subtrahirt:

$$(4)\quad \cos x = \cos(y+z) + 2\sin y\sin z\cos\tfrac{1}{2}\alpha^2,$$

oder:

$$2\sin\left(\frac{x+y+z}{2}\right)\sin\left(\frac{y+z-x}{2}\right) = 2\sin y\sin z\cos\tfrac{1}{2}\alpha^2.$$

Nun ist aber:

$$x = 2s - z - y,$$

also: $$\frac{y+z-x}{2} = y+z-s.$$

Folglich ist:

$$\frac{\sin(y+z-s)}{\sin y} = \frac{\sin z\cos\tfrac{1}{2}\alpha^2}{\sin s}.$$

Substituirt man, um aus dieser Gleichung die Unbekannte y zu entwickeln:

$$\frac{\sin z\cos\tfrac{1}{2}\alpha^2}{\sin s} = \operatorname{tg}\lambda,$$

so erhält man, wenn man zu beiden Seiten der aufzulösenden Gleichung 1 addirt und subtrahirt und die so erhaltenen Gleichungen durch einander dividirt:

$$\frac{\sin y + \sin(y+z-s)}{\sin y - \sin(y+z-s)} = \frac{1+\operatorname{tg}\lambda}{1-\operatorname{tg}\lambda},$$

oder:

$$\frac{\sin\{y+\frac{1}{2}(z-s)\}\cos\frac{1}{2}(s-z)}{\cos\{y+\frac{1}{2}(z-s)\}\sin\frac{1}{2}(s-z)} = \operatorname{tg}(\tfrac{1}{4}\pi+\lambda),$$

also endlich:

$$\operatorname{tg}\{y+\tfrac{1}{2}(z-s)\} = \operatorname{tg}\tfrac{1}{2}(s-z)\operatorname{tg}(\tfrac{1}{4}\pi+\lambda).$$

Aus dieser Gleichung erhält man den Werth von y und mit Hülfe desselben aus (1) auch unmittelbar die Größe x.

10) Der Legendre'sche Satz.

Es seien die Seiten a, b und c eines sphärischen Dreieckes sehr klein im Verhältniß zum Radius der Kugel, auf welcher das Dreieck liegt. Die Winkel desselben seien α, β und γ.

Construirt man unter dieser Voraussetzung ein ebenes Dreieck $\varDelta'$, dessen Seiten ebenfalls die Länge a, b und c haben, und dessen Winkel gleich α', β' und γ' sein mögen, so finden zwischen den Winkeln der beiden Dreiecke nahezu die folgenden Beziehungen Statt:

$$\alpha = \alpha' + \tfrac{1}{3}\varDelta', \quad \beta = \beta' + \tfrac{1}{3}\varDelta', \quad \gamma = \gamma' + \tfrac{1}{3}\varDelta'.$$

Beweis. Substituirt man $s-a=a'$, $s-b=b'$ und $s-c=c'$, so ergiebt sich aus dem ebenen Dreiecke:

$$\sin\tfrac{1}{2}\alpha' = \sqrt{\frac{b'c'}{bc}} \quad \text{und:} \quad \cos\tfrac{1}{2}\alpha' = \sqrt{\frac{sa'}{bc}}$$

und aus dem sphärischen Dreiecke:

$$\sin\tfrac{1}{2}\alpha = \sqrt{\frac{\sin b'\sin c'}{\sin b \sin c}}.$$

Es ist nun, wenn man wegen der Kleinheit der Bogen a, b und c die fünften Potenzen vernachlässigt:

$$\sin b' = b' - \tfrac{1}{6}b'^3 = b'(1-\tfrac{1}{6}b'^2)$$

und analog:

$$\sin c' = c'(1-\tfrac{1}{6}c'^2) \text{ u. s. w.}$$

Setzt man diese nur angenähert richtigen Werthe in die Gleichung für $\sin\frac{1}{2}\alpha$ ein, so ergiebt sich:

$$\sin\tfrac{1}{2}\alpha = \sqrt{\frac{b'(1-\frac{1}{6}b'^2)c'(1-\frac{1}{6}c'^2)}{b(1-\frac{1}{6}b^2)c(1-\frac{1}{6}c^2)}}.$$

Vernachlässigt man wiederum die Glieder von fünf Dimensionen, so folgt:

$$\sin\tfrac{1}{2}\alpha = \sqrt{\frac{b'c'}{bc}}\sqrt{\frac{1-\dfrac{b'^2+c'^2}{6}}{1-\dfrac{b^2+c^2}{6}}}$$

Oder, wenn man:

$$\frac{1}{1-\dfrac{b^2+c^2}{6}} = 1+\frac{b^2+c^2}{6}+\cdots$$

setzt und die Glieder von vier Dimensionen fortläßt:

$$\sin\tfrac{1}{2}\alpha = \sin\tfrac{1}{2}\alpha'\sqrt{1-\frac{b'^2-b^2+c'^2-c^2}{6}}.$$

Es ist aber:

$$\begin{aligned} b'^2-b^2+c'^2-c^2 &= s(s-2b)+s(s-2c) = 2s(s-b-c)\\ &= -2s(s-a) = -2bc\cos\tfrac{1}{2}\alpha'^2. \end{aligned}$$

Setzt man diesen Werth ein, so folgt:

$$\sin\tfrac{1}{2}\alpha = \sin\tfrac{1}{2}\alpha'\sqrt{1+\frac{2bc}{6}\cos\tfrac{1}{2}\alpha'^2}.$$

Entwickelt man nun die Quadratwurzel nach dem binomischen Lehrsatze und vernachlässigt dabei die Glieder von vier und mehr Dimensionen, so ergiebt sich:

$$\begin{aligned} \sin\tfrac{1}{2}\alpha &= \sin\tfrac{1}{2}\alpha'\left(1+\frac{bc}{6}\cos\tfrac{1}{2}\alpha'^2\right).\\ &= \sin\tfrac{1}{2}\alpha' + \frac{2bc\sin\tfrac{1}{2}\alpha'\cos\tfrac{1}{2}\alpha'}{2}\,\frac{\cos\tfrac{1}{2}\alpha'}{6},\\ &= \sin\tfrac{1}{2}\alpha' + \tfrac{1}{6}\Delta'\cos\tfrac{1}{2}\alpha'. \end{aligned}$$

Da nun $\tfrac{1}{6}\Delta'$ selbst sehr klein ist, so kann man mit Vernachlässigung des Quadrates dieser Größe $\tfrac{1}{6}\Delta' = \sin\tfrac{1}{6}\Delta'$ und $\cos\tfrac{1}{6}\Delta' = 1$ setzen. Man erhält somit:

$$\sin\tfrac{1}{2}\alpha = \sin\tfrac{1}{2}(\alpha'+\tfrac{1}{3}\Delta'),$$

oder: $\alpha = \alpha' + \tfrac{1}{3}\Delta'$

und analog: $\beta = \beta' + \tfrac{1}{3}\Delta'$

$\gamma = \gamma' + \tfrac{1}{3}\Delta'.$

Durch Addition dieser drei Gleichungen ergiebt sich, da $\alpha'+\beta'+\gamma'=\pi$ ist:
$$\Delta' = \alpha+\beta+\gamma-\pi,$$
d. h. also, das ebene Dreieck ist gleich dem sphärischen Dreiecke, und addirt man ein Drittel des sphärischen Excesses zu den Winkeln des ebenen Dreiecks, so ergeben sich hinlänglich genau die Winkel des sphärischen Dreiecks.

Beispiel. Man hat auf der Erde die Seiten eines sphärischen Dreiecks gemessen, dessen Seiten $a=12$, $b=17$ und $c=19$ Meilen sind. Man erhält also $s=24$, $s-a=12$, $s-b=7$ und $s-c=5$.

Betrachtet man nun zunächst ein ebenes Dreieck, dessen Seiten dieselbe Länge haben, so ist, wenn man:
$$\sqrt{\frac{(s-a)(s-b)(s-c)}{s}} = R'$$
substituirt:
$$tg\tfrac{1}{2}\alpha' = \frac{R'}{s-a}, \quad tg\tfrac{1}{2}\beta' = \frac{R'}{s-b},$$
$$tg\tfrac{1}{2}\gamma' = \frac{R'}{s-c} \text{ und } \Delta' = sR'.$$
Man erhält demnach nach einfachen Rechnungen:
$$\log\Delta' = 2{,}0017302$$
und:
$$\Delta = 100{,}3992.$$
Ferner:
$$\log R' = 0{,}6215190$$
und daher:

$\log tg\tfrac{1}{2}\alpha' = 9{,}5423378$, folglich: $\tfrac{1}{2}\alpha' = 19^\circ\ 13'\ 8'',34$,
$\log tg\tfrac{1}{2}\beta' = 9{,}7764210$, „ $\tfrac{1}{2}\beta' = 30^\circ\ 51'\ 47'',32$,
$\log tg\tfrac{1}{2}\gamma' = 9{,}9225492$, „ $\tfrac{1}{2}\gamma' = 39^\circ\ 55'\ 4'',34$,

oder:
$$\alpha' = 38^\circ\ 26'\ 16'',68,$$
$$\beta' = 61^\circ\ 43'\ 34'',64,$$
$$\gamma' = 79^\circ\ 50'\ 8'',68.$$
Es ist nun das soeben betrachtete ebene Dreieck flächengleich dem gegebenen sphärischen, so daß man, vorausgesetzt, daß der Radius der Erde = 860 Meilen sei, setzen darf:
$$\Delta' = 860^2(\alpha+\beta+\gamma-\pi),$$
oder:
$$\frac{\Delta'}{860^2} = \alpha+\beta+\gamma-\pi.$$

Es war aber:

$$\log \Delta' = 2{,}0017302$$

und:

$$2 \log 860 = 5{,}8689970,$$

folglich:

$$\log(\alpha+\beta+\gamma-\pi) = 0{,}1327332 - 4.$$

Also ist der sphärische Exceß:

$$\alpha+\beta+\gamma-\pi = 0{,}000135747,$$
$$= 28'',$$

oder:

$$\tfrac{1}{3}\Delta' = 9'',33.$$

Es ist daher:

$$\alpha = 38^\circ\ 26'\ 26'',01,$$
$$\beta = 61^\circ\ 43'\ 43'',97$$

und:

$$\gamma = 79^\circ\ 50'\ 18'',01.$$

Um sich von dem Grade der Richtigkeit der durchgeführten Rechnung zu überzeugen, berechne man die Winkel des sphärischen Dreiecks nach den genauen Formeln der sphärischen Trigonometrie.

Substituirt man also:

$$\sqrt{\frac{\sin(s-a)\sin(s-b)\sin(s-c)}{\sin s}} = R,$$

so wird:

$$\operatorname{tg}\tfrac{1}{2}\alpha = \frac{R}{\sin(s-a)}, \quad \operatorname{tg}\tfrac{1}{2}\beta = \frac{R}{\sin(s-b)} \quad \text{und} \quad \operatorname{tg}\tfrac{1}{2}\gamma = \frac{R}{\sin(s-c)}.$$

Setzt man aber den Radius der Erde $= 1$, so wird:

$$s = \frac{24}{860} = 0{,}02790698 = 1^\circ\ 35'\ 56'',227,$$

$$s-a = \frac{12}{860} = 0{,}01395349 = 47'\ 58'',113,$$

$$s-b = \frac{7}{860} = 0{,}00813953 = 27'\ 58'',899$$

und:

$$s-c = \frac{5}{860} = 0{,}00581395 = 19'\ 59'',214.$$

Mit Hülfe dieser Werthe findet man:

$$\alpha = 38^\circ\ 26'\ 25'',78,$$
$$\beta = 61^\circ\ 43'\ 43'',84$$

und:

$$\gamma = 79^\circ\ 50'\ 17'',95.$$

Man sieht also, daß die größte Abweichung von den oben gefundenen Werthen $= \tfrac{1}{5}''$ ist, wie es nach der Größenordnung der vernachlässigten Glieder auch der Fall sein mußte.

Viertes Kapitel.

Aufgaben aus der angewandten Geometrie und der Astronomie.

1) **Es soll die Höhe und Entfernung eines Berges AC (Fig. 38) bestimmt werden, ohne die Größe eines Winkels zu messen.**

Es sei CL die Horizontalebene und LO ein Beobachter, der eine Größe $=c$ habe. Es wird alsdann eine Stange $JG=c+h$ so aufgestellt, daß die Spitze derselben G und der Gipfel des Berges A von O aus gesehen in derselben Richtung erscheint. Man mißt alsdann $JL=a$. Begiebt sich ferner der Beobachter in die Position JH, so kann dieselbe Stange von der Länge $c+h$ noch einmal in J_1G_1 so aufgestellt werden, daß H, G_1 und A wieder in ein und derselben geraden Linie liegen. Man mißt darauf $EH=b$.

Setzt man nun die unbekannten Größen $AB=x$ und $BE=y$, so erhält man zur Bestimmung derselben aus der Aehnlichkeit der Dreiecke OHG und OBA, HG_1E und HAB unmittelbar die Gleichungen:

$$xa = h(y+b+a)$$

und:

$$xb = h(y+b).$$

Subtrahirt man die zweite von der ersten, so ergiebt sich:

$$x=\frac{ha}{a-b} \quad \text{und:} \quad y=\frac{b^2}{a-b}.$$

2) **Es soll die Höhe des Berges $DC=b$ (Fig. 39) bestimmt werden, wenn man in der Horizontalebene ABC die Standlinie $AB=a$ und die vier Winkel $CAB=\alpha$, $ABC=\beta$, $DAC=\gamma$ und $DBC=\delta$ gemessen hat.**

Man erhält aus dem Dreiecke ACB die Werthe:

$$AC=\frac{a\sin\beta}{\sin(\alpha+\beta)} \quad \text{und:} \quad BC=\frac{a\sin\alpha}{\sin(\alpha+\beta)}.$$

Mit Hülfe dieser Größen ergeben sich also aus den beiden rechtwinkligen Dreiecken ADC und BDC folgende zwei Werthe für die Höhe des gesuchten Berges:

$$(1)\quad b = AC\,\mathrm{tg}\,\gamma = \frac{a\sin\beta\,\mathrm{tg}\,\gamma}{\sin(\alpha+\beta)}$$

und:
$$b = BC\,\mathrm{tg}\,\delta = \frac{a\sin\alpha\,\mathrm{tg}\,\delta}{\sin(\alpha+\beta)}.$$

Man findet folglich, wenn man die beiden für b erhaltenen Werthe einander gleich setzt, zwischen den vier gemessenen Winkeln die Bedingungsgleichung:

$$(2)\quad \sin\beta\,\mathrm{tg}\,\gamma = \sin\alpha\,\mathrm{tg}\,\delta,$$

so daß man in dieser Gleichung eine Controlle für die Richtigkeit der Messung hat.

Befindet man sich auf der Höhe des Berges in D, so kann man ebenfalls, wenn man die Strecke $AB = a$ kennt, durch Winkelmessungen, die in D ausgeführt werden können, die Höhe $= b$ finden. Man messe, wenn $DB' \mp CB$ und $DA' \mp CA$ ist, mit Hülfe des Theodoliten die Winkel $A'DB' = ACB = \pi - (\alpha + b)$, $B'DB = \delta$ und $A'DA = \gamma$. Aus der Gleichung (2) ergiebt sich dann:

$$\frac{\mathrm{tg}\,\gamma}{\mathrm{tg}\,\delta} = \frac{\sin\alpha}{\sin\beta},$$

oder nach einfachen Umformungen:

$$\frac{\mathrm{tg}\,\gamma - \mathrm{tg}\,\delta}{\mathrm{tg}\,\gamma + \mathrm{tg}\,\delta} = \frac{\sin\alpha - \sin\beta}{\sin\alpha + \sin\beta} = \frac{\sin\frac{\alpha-\beta}{2}\cos\frac{\alpha+\beta}{2}}{\sin\frac{\alpha+\beta}{2}\cos\frac{\alpha-\beta}{2}}$$

$$= \mathrm{tg}\,\frac{\alpha-\beta}{2}\cot\frac{\alpha+\beta}{2}.$$

Erweitert man also die linke Seite mit $\cos\gamma\cos\delta$, so ergiebt sich:

$$\mathrm{tg}\,\frac{\alpha-\beta}{2} = \frac{\sin(\gamma-\delta)}{\sin(\gamma+\delta)}\,\mathrm{tg}\,\frac{\alpha+\beta}{2}.$$

Da nun $\frac{\alpha+\beta}{2}$ bekannt ist, so kann man mit Hülfe dieser Gleichung $\alpha - \beta$ und somit α und β selbst berechnen. Die Gleichung (1) ergiebt dann wieder die gesuchte Höhe des Berges.

3) In der horizontalen Ebene ACB erhebe sich der Berg CC' (Fig. 40), von dessen Gipfel man die Punkte A und B' erblicken kann. Ist also DC'E eine zum Horizonte parallele Ebene, so kann

man die Winkel $DC'A = C'AC = \beta'$, $EC'B' = C'B'F = \alpha'$ und den Winkel $DC'E = ACB = \gamma$ messen. Die Strecke AB' sei nun dadurch bekannt, daß man ihre Projektion auf den Horizont, oder $AB = a$ und die Höhe des Punktes B' über B oder die Strecke $BB' = b$ kennt. Wie groß ist die Höhe des Berges $CC' = x$?

Man erhält nach den eingeführten Bezeichnungen:

$$x = AC \operatorname{tg} \beta'.$$

Aus dem Dreiecke ACB folgt aber:

$$AC = \frac{a \sin \beta}{\sin \gamma} \quad \text{und:} \quad BC = \frac{a \sin \alpha}{\sin \gamma},$$

folglich ist:

$$(1) \quad x = \frac{a \sin \beta \operatorname{tg} \beta'}{\sin \gamma}.$$

Ist nun $B'F$ parallel der Linie BC, also auch $= BC$, so erhält man zweitens:

$$(2) \quad x - b = BC \operatorname{tg} \alpha' = \frac{a \sin \alpha \operatorname{tg} \alpha'}{\sin \gamma}.$$

Zur Bestimmung der unbekannten Winkel α und β setzen wir die beiden für x erhaltenen Werthe einander gleich. Daraus folgt:

$$\frac{b}{a} \sin \gamma = \sin \beta \operatorname{tg} \beta' - \sin \alpha \operatorname{tg} \alpha'.$$

Setzt man aber den Winkel $B'AB = \gamma'$, so ist:

$$\frac{b}{a} = \operatorname{tg} \gamma',$$

also: $$\sin \gamma \operatorname{tg} \gamma' = \sin \beta \operatorname{tg} \beta' - \sin \alpha \operatorname{tg} \alpha'.$$

Es ist nun: $$\beta = \pi - (\alpha + \gamma),$$

folglich:

$$\sin \gamma \operatorname{tg} \gamma' = \sin \alpha (\cos \gamma \operatorname{tg} \beta' - \operatorname{tg} \alpha') + \cos \alpha \sin \gamma \operatorname{tg} \beta'.$$

Substituirt man nun:

$$(3) \quad \cos \gamma \operatorname{tg} \beta' - \operatorname{tg} \alpha' = \sin \gamma \operatorname{tg} \beta' \operatorname{tg} \varphi,$$

so geht die gefundene Gleichung in die folgende über:

$$(4) \quad \cos(\alpha - \varphi) = \operatorname{tg} \gamma' \cot \beta' \cos \varphi.$$

Da also der Winkel φ aus der Gleichung (3) bekannt ist, kann man α und folglich auch β berechnen. Es ist also auch die gesuchte Höhe x aus (1) oder (2) gefunden.

Dieselben Formeln (1) und (2) wendet man offenbar an, wenn

man aus den Winkeln α, β, β' und γ', die in den Punkten A und B′ gemessen sind, die Höhe des Berges berechnen will.

4) Es sei BE (Fig. 41) die Horizontalebene dargestellt durch die spiegelnde Oberfläche eines Sees. Auf dem Thurme oder Berge BA, dessen Höhe $= h$ gegeben ist, befindet sich ein Beobachter, welcher die Wolke D, die ihren Ort nur langsam verändern mag, direkt in der Richtung AD und als Spiegelbild in der Richtung AC erblickt. Es soll die Entfernung und Höhe von D berechnet werden, wenn man die Winkel $DAC = \beta$ und $CAB = \alpha$ gemessen hat.

Man setze die unbekannten Größen $DE = x$, $AD = y$ und $BE = z$. Ist FC eine Normale der Linie BE, so ist nach dem Reflexionsgesetze W. $FCA = FCD = \alpha = CDE$. Es ist nun:

$$AC = \frac{h}{\cos\alpha}.$$

Aus dem Dreiecke ACD folgt aber:

$$DC = \frac{AC \sin\beta}{\sin(\beta + 2\alpha)} = \frac{h \sin\beta}{\cos\alpha \sin(\beta + 2\alpha)}.$$

Ferner ergiebt sich aus dem rechtwinkligen Dreiecke DCE:

$$(1) \quad x = DC \cos\alpha = \frac{h \sin b}{\sin(\beta + 2\alpha)}.$$

Aus ΔACD erhält man ferner:

$$y = \frac{CD \sin 2\alpha}{\sin\beta}.$$

$$= \frac{2h \sin\alpha}{\sin(\beta + 2\alpha)}.$$

Die Strecke $BE = z$ endlich ist die Projektion von y auf die Horizontalebene, also:

$$z = \frac{2h \sin\alpha \sin(\alpha + \beta)}{\sin(\beta + 2\alpha)}.$$

Ist die Entfernung der Punkte E und B so groß, daß man wegen der Kugelgestalt der Erde BE nicht mehr als gerade Linie, sondern als Kreisbogen betrachten muß (Fig. 42), so setze man, wenn M der Mittelpunkt der Erde ist, den Winkel $BME = \varphi$. Außerdem sei der Erdradius $ME = MB = r$. Man erhält alsdann, wenn man den Winkel MAC mit γ bezeichnet, aus dem Dreiecke AMC die Gleichung:

$$\frac{r+h}{r} = \frac{\sin\alpha}{\sin\gamma},$$

oder:
$$\sin\alpha = \frac{(r+h)\sin\gamma}{r}.$$

Da ferner der Winkel $AMC = \alpha - \gamma$ ist, so folgt:
$$AC = \frac{r\sin(\alpha-\gamma)}{\sin\gamma}.$$

Aus dem Dreiecke ACD ergiebt sich weiter:
$$CD = \frac{AC\sin\beta}{\sin(\beta+2\alpha)} = \frac{r\sin(\alpha-\gamma)\sin\beta}{\sin\gamma\sin(\beta+2\alpha)}.$$

Folglich kann man aus dem Dreiecke MCD die Seite $MD = r + x$ finden, da die andern Seiten mit dem eingeschlossenen Winkel bekannt sind. Ebenso läßt sich y und φ ohne Schwierigkeit bestimmen.

5) Ein Schiff, dessen Mast DC ist (Fig. 43), segelt mit einer bekannten gleichförmigen Geschwindigkeit von D nach D'. Von einem Punkte A aus, der sich in einer Höhe $AE = h$ über dem Horizonte befindet, erblickt man im Wasser in der Richtung AB das Spiegelbild der Mastspitze C und mißt den Winkel $BAE = \alpha$. Ist nach Verlauf einer bestimmten Zeit das Schiff in D' angelangt, so erblickt man das Spiegelbild der Spitze C' in der Richtung AB' und mißt wieder den Winkel $B'AE = \alpha'$. Wie hoch ist der Mast des Schiffes $CD = x$ und wie weit ist es vom Punkte E entfernt?

Sind F und F' die Spiegelbilder der Mastspitzen, so ist $BC = BF$ und Winkel $BCF = BFC = \alpha$. Ebenso ist Winkel $B'C'F' = C'F'B' = \alpha$. Man erhält also, wenn man die bekannte Strecke $DD' = b$ setzt, aus dem Dreiecke AFF' die Gleichung:
$$AF = \frac{b\cos\alpha'}{\sin(\alpha'-\alpha)},$$

folglich:
$$x + h = AF\cos\alpha = \frac{b\cos\alpha'\cos\alpha}{\sin(\alpha'-\alpha)}$$

und:
$$x = \frac{b\cos\alpha'\cos\alpha}{\sin(\alpha'-\alpha)} - h.$$

Das Problem bleibt ganz dasselbe, wenn man von der Spitze eines von D nach D' segelnden Schiffes in den Punkten C und C' die Spiegelbilder B und B′ einer Thurmspitze A beobachtet und die Winkel α und α' mißt. Man kann auf diese Weise, wenn die Höhe des Schiffsmastes bekannt ist, die Höhe des Thurmes, und umgekehrt, berechnen. Die Aufgabe ändert sich ferner nicht, wenn man dieselben Bestimmungen auf dem stillstehenden Schiffe CD machen sollte. Man würde in diesem Falle die Strecke CG herabsteigen, $CG = b'$ bestimmen und alsdann in G den Winkel α' messen. Es ist alsdann $b' = b \operatorname{tg} \alpha'$. Die Auflösung bleibt mithin dieselbe wie die des obigen Problems.

6) Die Pothenot'sche Aufgabe. Es sind in dem Dreiecke ABC (Fig. 44) die Seiten a, b und c und die Winkel α, β und γ gegeben. Man kennt außerdem die Winkel δ, ε und ζ, welche die von dem Punkte D aus nach den Ecken des Dreiecks gezogenen Linien DA, DB und DC mit einander bilden. Es soll aus denselben die Lage des Punktes D berechnet werden.

Erste Auflösung. Man setze den Winkel $CAD = \varphi$, $CBD = \psi$ und die Strecke $CD = x$.

Aus den Dreiecken ACD und BCD erhält man alsdann die Gleichungen:

$$(1) \quad \frac{\varphi + \psi}{2} = \pi - \frac{\gamma + \delta + \varepsilon}{2} = \pi - \mu,$$

wenn man zur Abkürzung $\frac{\gamma + \delta + \varepsilon}{2} = \mu$ setzt.

$$(2) \quad \frac{x}{\sin \varphi} = \frac{b}{\sin \delta}$$

und:

$$(3) \quad \frac{x}{\sin \psi} = \frac{a}{\sin \varepsilon}.$$

Dividirt man (3) durch (2), so erhält man:

$$\frac{\sin \varphi}{\sin \psi} = \frac{a \sin \delta}{b \sin \varepsilon}.$$

Nach einfachen Umformungen ergiebt sich daraus, wenn man $\frac{a \sin \delta}{b \sin \varepsilon} = \operatorname{tg} \lambda$ substituirt:

$$\frac{\sin \psi + \sin \varphi}{\sin \psi - \sin \varphi} = \frac{1 + \operatorname{tg} \lambda}{1 - \operatorname{tg} \lambda},$$

oder: $$\operatorname{tg}\frac{\varphi-\psi}{2}=\operatorname{tg}\mu\operatorname{tg}(\tfrac{1}{4}\pi-\lambda).$$

Nachdem man auf diese Weise $\frac{\varphi-\psi}{2}$ entwickelt hat, berechnet man mit Hülfe von (1) die Winkel φ und ψ und bestimmt dann aus (2) und (3) den Werth der gesuchten Größe x.

Zweite Auflösung. Es seien E und F die Mittelpunkte der durch resp. CBD und CAD gelegten Kreise. Ihre Radien seien $EC=r$ und $FC=r_1$. Außerdem seien Winkel $CFE=y$ und $CEF=y_1$. Man hat alsdann nach einer bekannten Formel:

$$2r=\frac{a}{\sin\varepsilon}\quad\text{und:}\quad 2r_1=\frac{b}{\sin\delta}.$$

Ferner ist der Winkel CEH als halber Centriwinkel $=\pi-\varepsilon$ und somit $ECH=\varepsilon-\frac{1}{2}\pi$. Ebenso ergiebt sich $FCA=\delta-\frac{1}{2}\pi$. Man hat also:

$$(1)\quad \text{W. } y+y_1=2\pi-(\gamma+\delta+\varepsilon)$$

und: $$(2)\quad \frac{r+r_1}{r-r_1}=\frac{\operatorname{tg}\frac{y+y_1}{2}}{\operatorname{tg}\frac{y-y_1}{2}}$$

Es sei nun $r>r_1$, so daß man $\frac{r_1}{r}=\cos\varphi$ setzen kann. Führt man diesen Hülfswinkel φ in (2) ein, so erhält man:

$$\cot\tfrac{1}{2}\varphi^2=\frac{\operatorname{tg}\frac{y+y_1}{2}}{\operatorname{tg}\frac{y-y_1}{2}}$$

oder: $$(3)\quad \operatorname{tg}\frac{y-y_1}{2}=\operatorname{tg}\frac{y+y_1}{2}\operatorname{tg}\tfrac{1}{2}\varphi^2.$$

Aus (1) und (3) lassen sich nun die Winkel y und y_1 berechnen. Ferner steht die Centrale EF zur gemeinschaftlichen Sehne CD senkrecht und halbirt dieselbe. Es ist also:

$$\text{W. } DCE=\tfrac{1}{2}\pi-y_1$$

und: $$DCB=\tfrac{1}{2}\pi-y_1-(\varepsilon-\tfrac{1}{2}\pi)=\pi-(y_1+\varepsilon).$$

Es ist damit die Richtung der Geraden CD bestimmt, auf welcher der Punkt D liegen muß. Seine Entfernung von C ergiebt sich schließlich leicht durch die Gleichung:

$$CD = 2r \sin y_1 = \frac{a \sin y_1}{\sin \varepsilon}.$$

Die rein geometrische Auflösung des Problems durch synthetische Construktion bietet durchaus keine Schwierigkeiten.

7) Die vier Punkte A, B, C und D (Fig. 45) liegen in einer geraden Linie, und zwar soll $AC = BD$ sein. Von irgend einem Punkte P aus hat man die Winkel $APC = \alpha$, $CPD = \gamma$ und $DPB = \beta$ gemessen. Außerdem kennt man die Strecke $CD = c$. Wie groß ist alsdann $DB = AC = x$, Winkel $PAC = y$ und W. $PBD = z$?

Setzt man die Entfernungen $PD = v$ und $PC = u$, so erhält man aus den Dreiecken APC, CPB, BPD und CPB die Gleichungen:

$$(1) \quad \frac{x}{\sin \alpha} = \frac{u}{\sin y},$$

$$(2) \quad \frac{x+c}{\sin(\beta+\gamma)} = \frac{u}{\sin z},$$

$$(3) \quad \frac{x}{\sin \beta} = \frac{v}{\sin z}$$

und:

$$(4) \quad \frac{x+c}{\sin(\alpha+\gamma)} = \frac{v}{\sin y}.$$

Eliminirt man durch Division aus (1) und (2) u, aus (3) und (4) v, so ergiebt sich:

$$(5) \quad \frac{x+c}{x} = \frac{\sin(\beta+\gamma) \sin y}{\sin \alpha \sin z}$$

und:

$$(6) \quad \frac{x+c}{x} = \frac{\sin(\alpha+\gamma) \sin z}{\sin \beta \sin y}.$$

Durch Multiplikation dieser beiden Gleichungen erhält man schließlich:

$$\frac{(x+c)^2}{x^2} = \frac{\sin(\alpha+\gamma) \sin(\beta+\gamma)}{\sin \alpha \sin \beta},$$

oder, wenn man $\frac{\sin(\alpha+\gamma)\sin(\beta+\gamma)}{\sin\alpha \sin\beta} = f^2$ setzt:

$$x = \frac{c}{f-1}.$$

Es ist somit x gefunden. Berücksichtigt man, daß:

$$y + z = \pi - (\alpha + \beta + \gamma)$$

ist, so kann man aus (5) oder (6) leicht diese unbekannten Winkel und dann aus (1) und (3) auch u und v berechnen.

8) Die vier Punkte A, B, C und D (Fig. 45) liegen auf einer geraden Linie. Man kennt die Strecken AC = a, DB = b und hat außerdem von einem beliebigen Punkte P aus die Winkel APC = α, CPD = γ und DPB = β gemessen. Wie groß ist die Strecke CD?

Man setze CD = x, PC = u, DP = v, den Winkel PAC = y und PBD = z. Man hat nach diesen Bezeichnungen aus den Dreiecken CAP, BCP, BDP und PAD die vier Gleichungen:

$$(1)\quad \frac{a}{\sin\alpha} = \frac{u}{\sin y},$$

$$(2)\quad \frac{b+x}{\sin(\beta+\gamma)} = \frac{u}{\sin z},$$

$$(3)\quad \frac{b}{\sin\beta} = \frac{v}{\sin z}$$

und:

$$(4)\quad \frac{a+x}{\sin(\alpha+\gamma)} = \frac{v}{\sin y}.$$

Multiplicirt man (1) mit (3) und (2) mit (4) und setzt die linken Seiten der resultirenden Gleichungen einander gleich, da die rechten Seiten derselben übereinstimmen, so ergiebt sich:

$$(a+x)(b+x) = \frac{ab\sin(\alpha+\gamma)\sin(\beta+\gamma)}{\sin\alpha\sin\beta},$$

oder:

$$x^2 + (a+b)x + ab\left(1 - \frac{\sin(\alpha+\gamma)\sin(\beta+\gamma)}{\sin\alpha\sin\beta}\right) = 0.$$

Nun ist aber:

$$\sin(\alpha+\gamma)\sin(\beta+\gamma) = \sin\alpha\sin\beta + \sin\gamma\sin(\alpha+\beta+\gamma).$$

Die obige Gleichung nimmt somit die Form an:

$$x^2 + (a+b)x - \frac{ab\sin\gamma\sin(\alpha+\beta+\gamma)}{\sin\alpha\sin\beta} = 0,$$

oder:

$$x = -\frac{a+b}{2} + \sqrt{\frac{(a+b)^2}{4} + ab\frac{\sin\gamma\sin(\alpha+\beta+\gamma)}{\sin\alpha\sin\beta}}.$$

Substituirt man schließlich:

$$\operatorname{tg}\varphi = \frac{2}{a+b}\sqrt{\frac{ab\sin\gamma\sin(\alpha+\beta+\gamma)}{\sin\alpha\sin\beta}},$$

so erhält man: $$x = \frac{(a+b)\sin\frac{1}{2}\varphi^2}{\cos\varphi}.$$

9) Auf der geraden Linie A'D (Fig. 46) bewegt sich mit der konstanten Geschwindigkeit g' ein Dampfwagen nach D, und ein zweiter auf der Geraden AD mit der konstanten Geschwindigkeit g nach demselben Punkte hin. Als sich die beiden Wagen in A und A' befanden, maß man den Winkel $AA'D = \alpha$. Nach t Sekunden befanden sie sich in B und B' und der Winkel BB'D war $= \beta$. Eine dritte Beobachtung wurde gemacht, als sich die Wagen nach τ Sekunden in C und C' befanden. Der Winkel CC'D ergab sich $= \gamma$. **Wie groß ist die Entfernung der Punkte C und C' vom Durchschnittspunkte D der beiden Bahnen und wie groß ist der Winkel, unter welchem sie sich schneiden.**

Es sei $CD = x$, $DC' = z$ und der Winkel $CDC' = y$.
Man hat alsdann:
$$BB' = EB' - EB = FB' - FB.$$
Es ergiebt sich aber:
$$EB' = \frac{g't\sin\alpha}{\sin(\beta-\alpha)}, \qquad EB = \frac{gt\sin(\alpha+y)}{\sin(\beta-\alpha)},$$
$$FB' = \frac{g'\tau\sin\gamma}{\sin(\gamma-\beta)} \quad \text{und:} \quad FB = \frac{g\tau\sin(\gamma+y)}{\sin(\gamma-\beta)}.$$
Setzt man diese Werthe oben ein, so erhält man für y die Gleichung:
$$\frac{t\sin(\alpha+y)}{\sin(\beta-\alpha)} - \frac{\tau\sin(\gamma+y)}{\sin(\gamma-\beta)} = \frac{g't\sin\alpha}{g\sin(\beta-\alpha)} - \frac{g'\tau\sin\gamma}{g\sin(\gamma-\beta)}.$$
Setzt man die bekannten Ausdrücke:
$$\frac{t\cos\alpha}{\sin(\beta-\alpha)} - \frac{\tau\cos\gamma}{\sin(\gamma-\beta)} = r\sin\varphi$$
und:
$$\frac{t\sin\alpha}{\sin(\beta-\alpha)} - \frac{\tau\sin\gamma}{\sin(\gamma-\beta)} = r\cos\varphi,$$
so ergiebt sich aus der gefundenen Gleichung nach einfachen Umformungen:
$$\cos(\varphi-y) = \frac{g'}{g}\cos\varphi.$$
Da also φ bekannt ist, so kann man den Werth von y berechnen.

Es ist ferner:

$$CC' = FC' - FC = \frac{g'\tau \sin\beta - g\tau \sin(\beta + y)}{\sin(\gamma - \beta)}.$$

Man erhält also aus dem Dreiecke DCC' die beiden Gleichungen:

$$x = \frac{\tau \sin\gamma (g' \sin\beta - g \sin(\beta + y))}{\sin y \sin(\gamma - \beta)},$$

$$z = \frac{x \sin(\gamma + y)}{\sin\gamma} = \frac{\tau \sin(\gamma + y)(g' \sin\beta - g \sin(\beta + y))}{\sin y \sin(\gamma - \beta)}.$$

Bewegt sich nur der Punkt A, während der Beobachtungspunkt A' in Ruhe bleibt, so kann man ebenfalls durch Messung der drei Winkel α, β und γ die Lage und Richtung der Bahn AD bestimmen. Setzt man in den oben gefundenen Resultaten $\gamma' = o$, so erhält man unmittelbar:

$$y = \varphi - \tfrac{1}{2}\pi,$$

$$x = \frac{\tau g \sin\gamma \cos(\beta + \varphi)}{\cos\varphi \sin(\beta - \gamma)}$$

und:

$$z = \frac{\tau g \cos(\varphi + \gamma) \cos(\beta + \varphi)}{\cos\varphi \sin(\gamma - \beta)}.$$

10) Die Hansen'sche Aufgabe. Die Länge der Strecke CD (Fig. 47) sei bekannt $= a$. Ferner hat man von den Punkten A und C aus die Winkel $DAC = \alpha$, $CAB = \beta$, $ABD = \gamma$ und $DBC = \delta$ gemessen. Wie groß ist die Strecke $AB = x$?

Man setze $AD = y$, $BC = z$ und die Winkel $ACD = \varphi$, $BDC = \psi$. Nach diesen Bezeichnungen erhält man aus den Dreiecken ACD und ABD die Gleichungen:

$$\frac{y}{\sin\varphi} = \frac{a}{\sin\alpha}$$

und:

$$\frac{y}{\sin\gamma} = \frac{x}{\sin(\alpha + \beta + \gamma)},$$

oder durch Division:

$$(1) \quad \sin\varphi = \frac{x \sin\alpha \sin\gamma}{a \sin(\alpha + \beta + \gamma)}.$$

Ganz analog erhält man aus den Dreiecken BDC und CAB:

$$(2) \quad \sin\psi = \frac{x \sin\beta \sin\delta}{a \sin(\beta + \gamma + \delta)}.$$

Dividirt man ferner (1) durch (2), so ergiebt sich:

$$(3)\quad \frac{\sin\varphi}{\sin\psi} = \frac{\sin\alpha\sin\gamma\sin(\beta+\gamma+\delta)}{\sin\beta\sin\delta\sin(\alpha+\beta+\gamma)}.$$

Außerdem hat man für die unbekannten Winkel φ und ψ noch die Relation:

$$(4)\quad \varphi+\psi=\beta+\gamma.$$

Setzt man nun die rechte Seite der Gleichung (3) $= \operatorname{tg}\lambda$, so ergiebt sich leicht, wenn man 1 addirt und subtrahirt und die erhaltenen Gleichungen durch einander dividirt:

$$\frac{\sin\psi-\sin\varphi}{\sin\psi+\sin\varphi} = \operatorname{tg}(\tfrac{1}{4}\pi-\lambda),$$

oder mit Berücksichtigung der Gleichung (4):

$$\operatorname{tg}\frac{\psi-\varphi}{2} = \operatorname{tg}\frac{\beta+\gamma}{2}\operatorname{tg}(\tfrac{1}{4}\pi-\lambda).$$

Da man jetzt die Summe und Differenz der Winkel φ und ψ kennt, so sind sie unmittelbar selbst und mit ihnen die gesuchte Größe x zu berechnen.

Man kann das Problem auch noch auf folgendem rein geometrischen Wege lösen.

Ist CD die gegebene Strecke $= a$, Winkel $EDC = \delta$ und $GCD = \alpha$, so liegt der gesuchte Punkt B auf einem Kreise, der durch C und D geht und die Linie EF tangirt. Auf einem anderen Kreise, der ebenfalls durch C und D geht, aber von GH berührt wird, liegt der Punkt A. Ist ferner $FDA' = A'BD = \gamma$, so muß A auf der Verbindungslinie von BA' liegen, damit Winkel $DBA = \gamma$ sei. Macht man endlich $HCB' = \beta$, so muß auch B immer auf AB' liegen, damit $CAB = \beta$ sei. Beide Punkte liegen also auf A'B', oder AB ist die gesuchte Strecke.

11) In einer Ebene liegen die fünf Punkte A, B, C, D und E (Fig. 48). Man kennt die Strecken $AB = a$ und $BC = b$. Ferner hat man die Winkel $AEB = \alpha$, $BEC = \beta$, $ADB = \alpha'$, $BDC = \beta'$ und $EBD = \gamma$ gemessen. Wie groß ist die Strecke $ED = z$?

Setzt man $BE = x$, $BD = y$, W. $BAE = \varphi$ und $BCD = \psi$, so erhält man zur Bestimmung dieser vier unbekannten Größen die folgenden Gleichungen:

$$\frac{x}{a} = \frac{\sin\varphi}{\sin\alpha},$$

$$\frac{b}{x} = \frac{\sin\beta}{\sin(\psi + \beta' - \beta - \gamma)},$$

$$\frac{y}{b} = \frac{\sin\psi}{\sin\beta'},$$

und:

$$\frac{a}{y} = \frac{\sin\alpha'}{\sin(\varphi + \alpha - \alpha' - \gamma)}.$$

Setzt man zur Abkürzung $\beta' - \beta - \gamma = \delta$ und $\alpha - \alpha' - \gamma = \varepsilon$, so findet man, wenn man durch Multiplikation x und y eliminirt:

$$\frac{b}{a} = \frac{\sin\varphi \sin\beta}{\sin\alpha \sin(\psi + \delta)}$$

und:

$$\frac{a}{b} = \frac{\sin\psi \sin\alpha'}{\sin\beta' \sin(\varphi + \varepsilon)}.$$

Substituirt man ferner:

$$\frac{a\sin\beta}{b\sin\alpha} = p, \quad \frac{a\sin\beta'}{b\sin\alpha'} = q,$$

$$\psi + \tfrac{1}{2}\delta = u \quad \text{und:} \quad \varphi + \tfrac{1}{2}\varepsilon = v,$$

so gehen die beiden gefundenen Gleichungen in die folgenden über:

$$(1) \quad \sin(u + \tfrac{1}{2}\delta) = p \sin(v - \tfrac{1}{2}\varepsilon)$$

und:

$$(2) \quad \sin(u - \tfrac{1}{2}\delta) = q \sin(v + \tfrac{1}{2}\varepsilon).$$

Die Summe und Differenz dieser beiden Gleichungen ergiebt:

$$2\sin u \cos\tfrac{1}{2}\delta = p\sin(v - \tfrac{1}{2}\varepsilon) + q\sin(v + \tfrac{1}{2}\varepsilon)$$

und:

$$2\cos u \sin\tfrac{1}{2}\delta = p\sin(v - \tfrac{1}{2}\varepsilon) - q\sin(v + \tfrac{1}{2}\varepsilon).$$

Multiplicirt man ferner die beiden Gleichungen durch resp. $\sin\frac{1}{2}\delta$ und $\cos\frac{1}{2}\delta$, so folgt, wenn man quadrirt und addirt:

$$\sin\delta^2 = p^2 \sin(v - \tfrac{1}{2}\varepsilon)^2 + q^2 \sin(v + \tfrac{1}{2}\varepsilon)^2$$
$$- 2pq \sin(v + \tfrac{1}{2}\varepsilon)\sin(v - \tfrac{1}{2}\varepsilon)\cos\delta.$$

daher:

$$2\sin\delta^2 = p^2 + q^2 - 2pq\cos\delta\cos\varepsilon + 2pq\cos\delta\cos 2v$$
$$- p^2\cos(2v - \varepsilon) - q^2\cos(2v + \varepsilon).$$

Löst man in dieser Gleichung die Klammern auf und ordnet nach $\cos v$ und $\sin v$, so ergiebt sich, wenn man:

$$\frac{(p^2 - q^2)\sin\varepsilon}{(p^2 + q^2)\cos\varepsilon - 2pq\cos\delta} = \operatorname{tg}\lambda$$

substituirt:

$$\cos(2v-\lambda)=\frac{p^2+q^2-2pq\cos\delta\cos\varepsilon-2\sin\delta^2}{(p^2-q^2)\sin\varepsilon}\sin\lambda.$$

Da sämmtliche Größen der rechten Seite bekannt sind, so kann man aus dieser Gleichung den Winkel v und mit Hülfe von (1) oder (2) auch u berechnen. Somit sind zunächst φ und ψ und daraus die übrigen Unbekannten gefunden. Die gesuchte Strecke z ergiebt sich schließlich aus der Gleichung:

$$z^2=x^2+y^2-2xy\cos\gamma.$$

12) Vor der Sonnenscheibe, deren Mittelpunkt S (Fig. 49) ist, gehe der Mond M vorüber. Es seien A, B und C drei Berührungspunkte, in welchen die Mondscheibe nach ihrem Eintritte und vor und nach ihrem Austritte den Sonnenrand tangirt. **Wie groß ist der Radius des Mondes, wenn man die Bogen $AB=\alpha$ und $BC=\beta$ kennt und voraussetzt, daß sich der Mittelpunkt M in einer geraden Linie bewegt habe?**

Der gesuchte Mondradius sei $=x$, der gegebene Sonnenradius $=r$. Man erhält alsdann aus dem Dreiecke SMM' die Gleichung:

$$\frac{r+x}{\cos\frac{1}{2}\alpha}=\frac{r-x}{\cos(\frac{1}{2}\alpha+\beta)},$$

oder: $$x(\cos(\tfrac{1}{2}\alpha+\beta)+\cos\tfrac{1}{2}\alpha)=r(\cos\tfrac{1}{2}\alpha-\cos(\tfrac{1}{2}\alpha+\beta))$$

und: $$x\cos\frac{\alpha+\beta}{2}\cos\tfrac{1}{2}\beta=r\sin\tfrac{1}{2}\beta\sin\frac{\alpha+\beta}{2}$$

folglich: $$x=r\,\mathrm{tg}\tfrac{1}{2}\beta\,\mathrm{tg}\frac{\alpha+\beta}{2}.$$

Ist $\beta=0$, so geht der Mond durch den Mittelpunkt der Sonne und α ist $=\pi$. In diesem Falle nimmt x den unbestimmten Werth $r\cdot 0\cdot\infty$ an.

Um die Bahn DD' des Punktes M zu bestimmen, setze man den Winkel $SDF=\varphi$. Aus dem Dreiecke SMD folgt alsdann:

$$\sin\varphi=\frac{r-x}{r}\cos\tfrac{1}{2}\alpha,$$

oder nach dem obigen Resultate:

$$\sin\varphi=\left(1-\mathrm{tg}\beta\,\mathrm{tg}\frac{\alpha+\beta}{2}\right)\cos\tfrac{1}{2}\alpha,$$

$$= \frac{\cos(\frac{1}{2}\alpha+\beta)\cos\frac{1}{2}\alpha}{\cos\frac{1}{2}\beta\cos\left(\frac{\alpha+\beta}{2}\right)}.$$

Ist also SFM ein rechter Winkel, so geht der Mondmittelpunkt in einem Abstande:

$$SF = \frac{r\cos(\frac{1}{2}\alpha+\beta)\cos\frac{1}{2}\alpha}{\cos\frac{1}{2}\beta\cos\left(\frac{\alpha+\beta}{2}\right)}$$

am Sonnenmittelpunkte vorüber.

13) Es ist eine bekannte Erscheinung, daß dem Beobachter das Himmelsgewölbe im Zenith näher zu sein scheint, als am Horizonte. Den Grund derselben hat man wahrscheinlich in der intensiveren Färbung des Zenithes zu suchen, indem man unter übrigens gleichen Umständen stets geneigt ist, dem matter gefärbten Körper eine größere Entfernung zuzuschreiben als dem lebhafter gefärbten. Wir wollen nun der Einfachheit halber annehmen, daß das scheinbare Himmelsgewölbe ABC (Fig. 50) ein Kugelsegment darstelle, dessen Mittelpunkt M unter den Füßen des Beobachters E liegt.

Es kann nun der Winkel AMC oder die Anzahl der Grade berechnet werden, welche der Bogen AC unter dieser Voraussetzung faßt. Mißt man nämlich die Höhe α, welche ein Punkt D über dem Horizonte AC haben muß, damit er scheinbar in der Mitte zwischen A und B stehe, so ergiebt sich nahezu:

$$\alpha = 23^0.$$

Der Radius MA sei ferner $= 1$ und Winkel $AMD = DMB = x$. Alsdann folgt, wenn DF senkrecht zu BM steht:

$$DF = \sin x, \quad FM = \cos x \quad \text{und:} \quad EM = \cos 2x.$$

Mithin:

$$FE = \cos x - \cos 2x.$$

Außerdem hat man $\operatorname{tg}\alpha = \frac{FE}{DF}$, so daß man zur Bestimmung des Winkels x die Gleichung findet:

$$\operatorname{tg}\alpha = \frac{\cos x - \cos 2x}{\sin x} = \frac{2\sin\frac{3x}{2}\sin\frac{1}{2}x}{2\sin\frac{1}{2}x\cos\frac{1}{2}x},$$

$$= \frac{\sin\frac{3x}{2}}{\cos\frac{1}{2}x}.$$

Substituirt man noch $\frac{1}{2}x = y$, so ergiebt sich, da

$$\log tg\, 23^0 = 9{,}6278519 \text{ ist:}$$

$$F = 9{,}6278519 + \log\cos y - \log\sin 3y = 0.$$

Durch einfaches Nachschlagen der Logarithmentafeln findet man sofort, daß y zwischen 8° 16′ und 8° 17′ liegen muß. Man hat nun:

für:	$y = 8^0\ 16'$	und für:	$y = 8^0\ 17'$
	$3y = 24^0\ 48'$		$3y = 24^0\ 51'$
	9,6278519		9,6278519
	$\log\cos y = 9{,}9954639$		$\log\cos y = 9{,}9954455$
	9,6233158		9,6232974
	$\log\sin 3y = 9{,}6226824$		$\log\sin 3y = 9{,}6235016$
	$F = +0{,}0006334$		$F = -0{,}0002042.$

Die Correktion, welche man zu 8° 17′ hinzufügen muß, ist also nach dem im Früheren ausführlich besprochenen Interpolationsverfahren:

$$= -\frac{2042}{8376}\cdot 60'',$$

$$= -14'',6.$$

Es ist daher: $y = 8^0\ 16'\ 45'',4,$

oder: $AMC = 8y = 66^0\ 14'\ \ 3'',2.$

14) Es soll aus der Schiefe der Ekliptik die Größe der Erdzonen berechnet werden.

Man lege durch die Erdpole N und S eine Ebene, welche den als kugelförmig vorausgesetzten Erdkörper in dem Kreise NBSA (Fig. 51) schneidet. DE und GK seien die Linien, in welchen die Ebenen der Polarkreise, und FF′ und HH′ die Linien, in welchen die Ebenen der Wendekreise von jener Schnittebene getroffen werden. Ist alsdann AMB der Aequator, so ist bekanntlich Winkel $AMH' = NMD = \alpha$ die Schiefe der Ekliptik. Der Erdradius sei $= r$.

Die Oberfläche der Kugelzone FF′HH′ ist nach diesen Bezeichnungen:

$$= 2\pi r\, 2FC = 4\pi r^2 \sin\alpha,$$

$$= K \sin\alpha,$$

wenn man unter K die gesammte Oberfläche der Kugel versteht.

Jede der kalten Zonen hingegen ist:

$$= 2\pi r NJ,$$

$$= 2\pi r^2(1-\cos\alpha) = 4\pi r^2 \sin\tfrac{1}{2}\alpha^2,$$

$$= K \sin\tfrac{1}{2}\alpha^2.$$

Jede der gemäßigten Zonen ist ferner:

$$= 2\pi r\,JL = 2\pi r(MJ - ML),$$
$$= 2\pi r^2(\cos\alpha - \sin\alpha),$$
$$= 4\pi r^2 \sin\tfrac{1}{4}\pi \sin(\tfrac{1}{4}\pi - \alpha),$$
$$= K\frac{\sin(\frac{1}{4}\pi - \alpha)}{\sqrt{2}}.$$

15) Man kennt den Längenunterschied zweier Städte B und C (Fig. 52) oder den Winkel BNC $= \alpha$, die Summe ihrer geographischen Breiten NB + NC $=$ s und ihre Entfernung von einander oder BC $=$ a. Unter welcher Breite liegen die beiden Städte?

Es sei NC $=$ x und NB $=$ y.

Es ergiebt sich dann die Gleichung:

$$\cos a = \cos x \cos y + \sin x \sin y \cos\alpha,$$
$$= \cos(x+y) + 2\sin x \sin y \cos\tfrac{1}{2}\alpha^2,$$

oder, da $x + y = s$ ist:

$$2\sin x \sin(s-x) = \frac{\cos a - \cos s}{\cos\frac{1}{2}\alpha^2}$$

und:

$$\cos(s-2x) - \cos s = \frac{\cos a - \cos s}{\cos\frac{1}{2}\alpha^2},$$

folglich nach einfachen Umformungen:

$$\cos(s-2x) = \frac{\cos a - \cos s \sin\frac{1}{2}\alpha^2}{\cos\frac{1}{2}\alpha^2},$$

oder, wenn man $\cos s \sin\frac{1}{2}\alpha^2 = \sin a \cot\varphi$ substituirt:

$$\cos(s-2x) = \frac{\sin(\varphi - a)}{\sin\varphi \cos\frac{1}{2}\alpha^2}.$$

Mit Hülfe der beiden letzten Gleichungen läßt sich nun φ und x, folglich auch y zu bestimmen.

16) Von den beiden Städten B und C aus (Fig. 52) sei eine Bergspitze oder irgend ein Meteor S sichtbar. Man kennt die geographischen Breiten NB $=$ b und NC $=$ c der beiden Städte und außerdem den Unterschied ihrer geographischen Längen W. BNC. Man mißt ferner in jedem der beiden Punkte B und C das Azimuth und die Höhe, unter welchem S erscheint. Es sei in B das Azimuth EBN' $= \alpha$ und die Höhe oder der Winkel SBE $= \beta$. Ebenso sei im Punkte C das Azimuth ECN' $= \gamma$ und die Höhe

SCE = δ. Es soll die Lage des Punktes S bestimmt werden.

Man denke sich zu diesem Zwecke das beobachtete Meteor mit dem Erdmittelpunkte M durch eine gerade Linie verbunden, welche die Erdoberfläche in E treffen mag, so daß E der Punkt ist, in dessen Zenith S erscheint. Es wird nun die gestellte Aufgabe völlig gelöst sein, wenn es gelingt, die geographische Länge und Breite dieses Punktes E und außerdem die Höhe ES = z zu bestimmen, in welcher sich S über der Erde befindet.

Man berechne zunächst aus dem Dreiecke NBC mit Hülfe der gaußischen Formeln NBC = ε, NCB = η und Seite BC = a.

Man kennt alsdann in dem sphärischen Dreiecke BEC eine Seite und die beiden anliegenden Winkel, so daß sich durch eine ganz analoge Anwendung der gaußischen Formeln auch die Seiten BE und EC berechnen lassen. Denkt man sich also noch den Meridian NE gezogen, so kann aus dem sphärischen Dreiecke NEC die geographische Breite NE und der Längenunterschied ENC bestimmt werden. Es ist somit die Lage des Punktes E völlig bestimmt.

Die Strecke SE = z endlich findet sich leicht aus dem ebenen Dreiecke SBM. Bezeichnet man nämlich den Erdradius EM = BM mit r, so erhält man, wenn man EB = ζ setzt:

$$SM = \frac{r\cos\beta}{\cos(\beta+\zeta)}.$$

Ganz ebenso kann man SM aus dem ebenen Dreiecke SMC berechnen. Setzt man EC = ζ', so erhält man also die Bedingungsgleichung:

$$(1)\quad \frac{\cos(\beta+\zeta)}{\cos\beta} = \frac{\cos(\delta+\zeta')}{\cos\delta}.$$

Mit Hülfe dieser Relation ließe sich auch, wenn man nur die geographischen Breiten der Städte B und C kennt, ihr Längenunterschied bestimmen. Es ergiebt sich nämlich aus den Dreiecken NBE und NCE noch folgende Relation zwischen ζ und ζ':

$$\cos b \cos\zeta - \sin b \sin\zeta \cos\alpha = \cos c \cos\zeta' - \sin c \sin\zeta' \cos\gamma.$$

Man substituire um diese Gleichungen aufzulösen:

$$\cos b = r\cos\lambda$$

und:

$$\sin b \cos\alpha = r\sin\lambda.$$

Ebenso setze man:

$$\cos c = r' \cos \lambda'$$

und: $$\sin c \cos \gamma = r' \sin \lambda'.$$

Die zweite Gleichung nimmt alsdann die Form an:

$$(2) \quad r \cos(\zeta + \lambda) = r' \cos(\zeta' + \lambda').$$

Setzt man ferner in den beiden so erhaltenen Gleichungen (1) und (2):

$$\eta = \lambda - \beta \qquad \vartheta = \lambda' - \delta,$$
$$u = \zeta + \beta \quad \text{und:} \quad v = \zeta' + \delta,$$

so nehmen sie die folgende Form an:

$$\cos u = \frac{\cos \beta}{\cos \delta} \cos v,$$

$$\cos(u + \eta) = \frac{r'}{r} \cos(v + \vartheta).$$

Nachdem man aus diesen beiden Gleichungen u eliminirt hat, ergiebt sich eine quadratische Gleichung, mit deren Hülfe man v, also auch ζ und ζ' berechnen kann. Aus den beiden Dreiecken NBE und NCE kann man somit auch den Winkel BNC oder die Längendifferenz der Punkte B und C bestimmen. Das Interesse dieser Methode, die Länge zu bestimmen, besteht vorzüglich darin, daß sie ohne irgend eine Zeitbestimmung durchgeführt werden kann. Sind B und C zwei Berge, deren Höhe man kennt, und von denen aus der tiefer liegende Punkt S wahrgenommen werden kann, so läßt sich S auf ganz ähnliche Weise bestimmen.

17) Der Kreis ZNZ' (Fig. 53) sei der Meridian irgend eines Ortes M, HO sei die Schnittlinie des Meridians mit dem Horizonte, Z das Zenith, Z' der Nadir, AQ der Aequator, N der Nordpol und S der Südpol des Himmels. Man soll aus der Declination AE eines Sternes $E = \delta$, den Höhen desselben $FG = h$ und $F'G' = h'$ und der Zeitdifferenz 2λ, welche zwischen den Beobachtungen des Sternes in F und F' verflossen ist, die geographische Breite $ON = \varphi$ und die Lage des Südpunktes H finden.

Es sei der Stundenwinkel $ANF = \tau$ und $ANF' = \tau'$. Man erhält alsdann:

$$(1) \quad \frac{\tau - \tau'}{2} = \lambda.$$

Ferner ergiebt sich aus dem sphärischen Dreiecke ZNF, da $NF = \frac{1}{2}\pi - \delta$ ist:

$$(2) \quad \sin h = \sin\varphi \sin\delta + \cos\varphi \cos\delta \cos\tau$$

und ebenso aus dem Dreiecke ZNF′:

$$(3) \quad \sin h' = \sin\varphi \sin\delta + \cos\varphi \cos\delta \cos\tau'.$$

Man hat also aus den Gleichungen (1), (2) und (3) die Größen φ, τ und τ' zu bestimmen.

Es folgt zunächst durch Subtraktion der Gleichungen (2) und (3), wenn man noch (1) berücksichtigt:

$$\sin\frac{h'-h}{2}\cos\frac{h'+h}{2} = \cos\varphi\cos\delta\sin\lambda\sin\frac{\tau'+\tau}{2}$$

und durch Addition derselben Gleichungen:

$$\cos\frac{h'-h}{2}\sin\frac{h'+h}{2} = \sin\varphi\sin\delta + \cos\varphi\cos\delta\cos\frac{\tau'+\tau}{2}\cos\lambda.$$

Substituirt man nun:

$$\sin\varphi = \cos\mu\cos\nu,$$

$$\cos\varphi\cos\frac{\tau+\tau'}{2} = \cos\mu\sin\nu$$

und:

$$\cos\varphi\sin\frac{\tau+\tau'}{2} = \sin\mu,$$

eine Substitution, die immer erlaubt ist, da jede der drei Gleichungen eine unmittelbare Folge der beiden andern ist, und setzt man analog:

$$\sin\delta = \cos m \cos n,$$

$$\cos\delta\cos\lambda = \cos m \sin n,$$

$$\cos\delta\sin\lambda = \sin m,$$

so gehen die beiden obigen Gleichungen in die folgenden über:

$$\sin\frac{h'-h}{2}\cos\frac{h'+h}{2} = \sin m \sin\mu$$

und:

$$\cos\frac{h'-b}{2}\sin\frac{h'+h}{2} = \cos m\cos\mu\cos(\nu-n),$$

so daß sich aus der ersten Gleichung μ und aus der zweiten ν ergiebt. Hat man aber μ und ν gefunden, so ergeben sich aus den obigen Substitutionen unmittelbar die Werthe von φ und $\frac{\tau+\tau'}{2}$.

Da aber auch $\frac{\tau-\tau'}{2}$ bekannt ist, so kann man τ und damit die Lage des Meridianes bestimmen. Damit die Beobachtungsfehler einen möglichst geringen Einfluß haben, macht man $\cos\delta$ möglichst groß. Man wird daher am zweckmäßigsten einen Stern in der Nähe des Aequator beobachten. Ferner muß auch $\sin m$ möglichst groß werden, also λ ungefähr 90^{0} sein. Die Zeit zwischen den beiden Beobachtungen wird also nahezu sechs Stunden betragen müssen.

18) Sonnenflecken, Rotationsaxe und Rotationszeit der Sonne.

Die Sonnenscheibe leuchtet in der Regel nicht in einem gleichmäßigen Lichte, sondern zeigt meistens mehr oder minder zahlreiche, scharf begrenzte Flecke, die sich mit einer unverkennbaren Regelmäßigkeit auf ihrer Oberfläche hinbewegen. Ist Ee (Fig. 54a) die Schnittlinie der Sonnenscheibe mit der Ebene der Ekliptik, so beschreiben am Anfang December sämmtliche Flecken ein System paralleler Linien FG von der Südseite der Ekliptik nach der Nordseite hin, während im Anfang des Juni die Flecken sich in parallelen Geraden F'G' bewegen, welche von Norden nach Süden herabsteigen. In den Zwischenzeiten sind die Bahnen der Flecken elliptisch gekrümmt und zwar nach dem Nordpole der Ekliptik hin am stärksten im Anfange des März und nach dem Südpole am stärksten am Anfange des September.

Diese Erscheinung erklärt sich am natürlichsten durch die Annahme, daß die Sonne um eine Axe rotirt, welche zur Ebene der Ekliptik eine gewisse Neigung hat. Die Flecken selbst betrachtet man als Oeffnungen, die in der Lichtatmosphäre der Sonne entstehen und welche an jener Rotation ebenso Theil nehmen, wie die Wolken der Erdatmosphäre an der Rotation des Erdkörpers.

Man kann nun aus der Bewegung der einzelnen Flecken die Richtung der Rotationsaxe der Sonne und außerdem ihre Rotationszeit bestimmen.

Um zunächst die Lage eines Sonnenfleckens fixiren zu können, nehmen wir als Fundamentalebene der Coordinaten die Ebene der Ekliptik an, dieselbe schneidet die scheinbare Sonnenscheibe, wie sie auf dem Himmelsgewölbe projicirt erscheint, im Durchmesser AOB

(Fig. 54b), derselbe sei die Axe der x. Eine durch den Mittelpunkt O normal zur Ekliptik gelegte Ebene schneidet die Sonnenscheibe in OY, der Axe der y. Ist alsdann F ein Flecken, dessen Position bestimmt werden soll, so kann man mit Hülfe eines parallaktischen Instrumentes die beiden Coordinaten $OG = x$ und $GF = y$ bestimmen. Aus dem rechtwinkligen sphärischen Dreiecke OGF ergiebt sich alsdann auch Bogen $OF = v$ und Winkel $FOY = \varphi$. Aus diesen Coordinaten wollen wir jetzt die Länge und Breite des Fleckens auf der Sonnenkugel bestimmen und somit die Bewegung des Fleckens auf den Mittelpunkt der Sonne beziehen. Ist dieser Mittelpunkt S (Fig. 54) und ist T der Beobachtungsort auf der Erde, so kann man den Winkel u finden, welcher zum Bogen OF als Centriwinkel gehört. Ist nämlich der Sonnenhalbmesser $SF = r$, die Entfernung des Sonnenmittelpunktes von der Erde $= \delta$ und der Winkel $OTF = v$, so ergiebt sich aus dem ebenen Dreiecke SFT die Gleichung:

$$r \sin(u + v) = \delta \sin v.$$

Aus dieser Gleichung folgt u oder der Bogen OF. Der bekannte Winkel FOY ist dann die zweite Coordinate des Fleckens. Aus dem rechtwinkligen sphärischen Dreiecke FGO ergeben sich dann schließlich die Bogen OG und GF, d. h. die wahre geographische Breite und Länge des Fleckens auf der Sonnenkugel. Man hat nämlich:

$$\operatorname{tg} GO = \operatorname{tg} u \sin \varphi$$

und:

$$\operatorname{tg} GF = \operatorname{tg} u \cot \varphi,$$

so daß die Länge und Breite eines Sonnenfleckens, in Beziehung auf die Ekliptik als Grundebene, vom Sonnenmittelpunkte aus völlig bestimmt ist.

Wiederholt man nun in nicht zu kleinen Intervallen diese Bestimmungen noch zweimal, so kennt man auf dem kugelförmig angenommenen Sonnenkörper drei Stellungen, welche der Flecken nach einander eingenommen hat. Man hat allerdings dabei den Winkel GSO insofern zu korrigiren, als sich die Erde in der Ekliptik fortbewegt hat, so daß der Mittelpunkt der Sonnenscheibe O ein anderer geworden ist. Diese Correktion ergiebt sich aber unmittelbar aus der Zeit, welche zwischen den einzelnen Beobachtungen verflossen ist.

Durch die drei Stellungen des Fleckens läßt sich nun immer ein Kreis legen, dessen sphärischer Mittelpunkt der Pol der Sonne ist.

Ganz dieselben Betrachtungen würden gelten, wenn man auf der Erde mit einem Theodoliten das Azimuth und die Höhe eines Sterns in drei verschiedenen Lagen beobachtet hätte und ohne Hülfe der Uhr die Lage des Weltpols, also die geographische Breite des Ortes, die Weltgegenden u. s. w. bestimmen wollte. Um diese, wie die oben gegebene Aufgabe zu lösen, hat man nur durch drei bekannte Punkte einer Kugel einen Kreis zu legen und dessen Pol P aufzufinden.

Es seien (Fig. 54c) F, F' und F'' drei Punkte, welche der Flecken auf der Sonne nach einander einnimmt. Ihre bekannten Abscissen seien resp. a, a', a'', ihre Ordinaten h, h' und h''. Die Coordinaten des gesuchten Poles P seien A und H. Ist endlich Y der Pol der Ekliptik, so hat man nach diesen Bezeichnungen:

$$PY = 90^\circ - H,$$
$$FY = 90^\circ - h, \quad F'Y = 90^\circ - h' \quad \text{und:} \quad F''Y = 90^\circ - h''.$$

Den Radius des Kreises um P, also die Bogen PF, PF' und PF'' wollen wir $= r$ setzen.

Es ergiebt sich dann aus den sphärischen Dreiecken PYF, PYF' und PYF'' das folgende Gleichungssystem mit den Unbekannten r, A und H:

$$(1) \quad \cos r = \sin h \sin H + \cos h \cos H \cos(A - a),$$
$$(2) \quad \cos r = \sin h' \sin H + \cos h' \cos H \cos(A - a'),$$
$$(3) \quad \cos r = \sin h'' \sin H + \cos h'' \cos H \cos(A - a'').$$

Subtrahirt man, um diese Gleichungen aufzulösen, (2) von (1), so ergiebt sich, wenn man die vorkommenden Differenzen in Produkte verwandelt:

$$0 = 2 \sin H \sin \frac{h - h'}{2} \cos \frac{h + h'}{2}$$
$$+ \cos H \{\cos h \cos(A - a) - \cos h' \cos(A - a')\}.$$

Setzt man in dem letzten Gliede dieser Gleichung, um überall dieselben Combinationen von h und h' zu haben, identisch:

$$h = \frac{h+h'}{2} + \frac{h-h'}{2}$$

und:
$$h' = \frac{h+h'}{2} - \frac{h-h'}{2},$$

so findet man, wenn man noch die erhaltenen Werthe von $\cos h$ und $\cos h'$ auflöst:

$$0 = 2\sin H \sin\frac{h-h'}{2}\cos\frac{h+h'}{2}$$
$$+\cos H\cos(A-a)\{\cos\tfrac{1}{2}(h+h')\cos\tfrac{1}{2}(h-h')-\sin\tfrac{1}{2}(h+h')\sin\tfrac{1}{2}(h-h')\}$$
$$-\cos H\cos(A-a')\{\cos\tfrac{1}{2}(h+h')\cos\tfrac{1}{2}(h-h')+\sin\tfrac{1}{2}(h-h')\sin\tfrac{1}{2}(h+h')\}$$

Die beiden letzten Glieder dieser Gleichung vereinigen sich zu folgenden:

$$\cos H\cos\tfrac{1}{2}(h+h')\cos\tfrac{1}{2}(h-h')\{\cos(A-a)-\cos(A-a')\}$$
$$-\cos H\sin\tfrac{1}{2}(h+h')\sin\tfrac{1}{2}(h-h')\{\cos(A-a)+\cos(A-a')\},$$

oder:

$$2\cos H\cos\tfrac{1}{2}(h+h')\cos\tfrac{1}{2}(h-h')\sin\left(A-\frac{a+a'}{2}\right)\sin\tfrac{1}{2}(a-a')$$
$$-2\cos H\sin\tfrac{1}{2}(h+h')\sin\tfrac{1}{2}(h-h')\cos\left(A-\frac{a+a'}{2}\right)\cos\tfrac{1}{2}(a-a').$$

Setzt man diesen Werth in die obige Gleichung ein und dividirt zugleich mit $2\cos H\sin\frac{1}{2}(h-h')\cos\frac{1}{2}(h+h')$, so folgt:

$$0 = \operatorname{tg} H + \cot\tfrac{1}{2}(h-h')\sin\tfrac{1}{2}(a-a')\sin(A-\tfrac{1}{2}(a+a'))$$
$$-\operatorname{tg}\tfrac{1}{2}(h+h')\cos\tfrac{1}{2}(a-a')\cos(A-\tfrac{1}{2}(a+a')).$$

Setzt man in diesen Gleichungen noch die bekannten Größen:

$$\sin\tfrac{1}{2}(a-a')\cot\tfrac{1}{2}(h-h') = d\sin\lambda$$

und:
$$\cos\tfrac{1}{2}(a-a')\operatorname{tg}\tfrac{1}{2}(h+h') = d\cos\lambda,$$

so erhält man:

$$\operatorname{tg} H = d\cos\left(A-\frac{a+a'}{2}+\lambda\right),$$

oder, wenn man $\frac{1}{2}(a+a')-\lambda = \nu$ substituirt:

$$(1')\quad \operatorname{tg} H = d\cos(A-\nu).$$

Aus der Verbindung der Gleichungen (1) und (3), und (2) und (3) findet man ganz analog:

$$(2')\quad \mathrm{tg}\,H = d' \cos(A-\nu')$$

und:
$$(3')\quad \mathrm{tg}\,H = d'' \cos(A-\nu'').$$

Aus (1′) und (2′) erhält man nun unmittelbar durch Elimination von $\mathrm{tg}\,H$:

$$d\cos(A-\nu) - d'\cos(A-\nu') = 0.$$

Um diese Gleichung möglich elegant aufzulösen, substituire man wieder identisch:

$$\nu = \frac{\nu+\nu'}{2} + \frac{\nu-\nu'}{2}$$

und:
$$\nu' = \frac{\nu+\nu'}{2} - \frac{\nu-\nu'}{2}.$$

Alsdann ergiebt sich, wenn man die cosinus auflöst:

$$(d-d')\cos\{A-\tfrac{1}{2}(\nu+\nu')\}\cos\frac{\nu-\nu'}{2}$$
$$+(d+d')\sin\left(A-\frac{\nu+\nu'}{2}\right)\sin\frac{\nu-\nu'}{2} = 0,$$

oder:
$$\mathrm{tg}\{A-\tfrac{1}{2}(\nu+\nu')\} = \frac{d-d'}{d+d'}\cot\frac{\nu'-\nu}{2}.$$

Substituirt man noch $\frac{d'}{d} = \mathrm{tg}\,\zeta$, so ist:

$$\frac{d-d'}{d+d'} = \mathrm{tg}(\tfrac{1}{4}\pi-\zeta),$$

so daß man schließlich erhält:

$$\mathrm{tg}\{A-\tfrac{1}{2}(\nu+\nu')\} = \mathrm{tg}(\tfrac{1}{4}\pi-\zeta)\cot\tfrac{1}{2}(\nu'-\nu).$$

Aus dieser Gleichung folgt unmittelbar A, das Azimuth des Poles P. Aus einer der Gleichungen (1′), (2′) oder (3′) findet man alsdann auch H, so daß der gesuchte Pol völlig bestimmt ist.

Die soeben ausgeführte Auflösung der Gleichungen (1), (2) und (3) verdanken wir Gauß.

Nachdem nun auch r gefunden ist, kann man leicht bestimmen, wie viel Grade der Bogen FF′ faßt. Hat man aber mit Hülfe einer genau gehenden Uhr die Zeit bestimmt, welche der Flecken gebraucht, um von F nach F′ zu kommen, so kann man offenbar ohne Mühe die ganze Rotationszeit bestimmen. Bei den Sonnenflecken, die meistens außer der rotirenden Bewegung noch eine andere haben, ist diese Bestimmung aus einer Beobachtung nicht mit aller Sicherheit zu machen und erst durch Zusammenstellung mehrerer Beobachtungen wird man im Stande sein, einen hinlänglich sichern Mittelwerth aufzufinden. Man hat auf diese Weise als die wahre Rotationszeit der Sonne einen Zeitraum von ungefähr 27 Tagen gefunden.

19) Die drei Punkte der Erde D, C und E (Fig. 55) liegen auf einem größten Kreise. Man muß in der Verlängerung von ME um die Strecke EA = a emporsteigen, wenn man den Punkt C erblicken will. Um aber D sehen zu können, muß man noch um die Strecke AB höher hinaufsteigen. Es sei EB = b. Wie groß ist der Radius der Kugel MC = r und der Winkel CME = x, wenn der Winkel DMC = α gegeben ist?

Man erhält nach den eingeführten Bezeichnungen aus den beiden rechtwinkligen Dreiecken ACM und BDM sofort die Gleichungen:

$$(1) \quad \cos x = \frac{r}{r+a}$$

$$(2) \quad \cos(\alpha + x) = \frac{r}{r+b},$$

aus denen x und r zu finden sind. Setzt man nun $\frac{1}{r} = z$, so ergiebt sich:

$$\cos x = \frac{1}{1+az}$$

und:

$$\cos\alpha \cos x - \sin\alpha \sin x = \frac{1}{1+bz},$$

oder, wenn man cos x eliminirt:

$$\frac{\cos\alpha}{1+az} - \frac{\sin\alpha\sqrt{2az+a^2z^2}}{1+az} = \frac{1}{1+bz},$$

also:

$$\sin\alpha^2(1+az)^2(1+bz)^2 = (1+az)^2 - 2\cos\alpha(1+az)(1+bz) + (1+bz)^2.$$

Man findet also z als Wurzel einer Gleichung vierten Grades. Um indessen r und x bequemer numerisch berechnen zu können, löst man die Gleichungen nach der folgenden Methode auf.

Aus (1) erhält man:

$$a = \frac{r(1-\cos x)}{\cos x}$$

und aus (2):
$$b = \frac{r(1-\cos(\alpha+x))}{\cos(\alpha+x)},$$

Dividirt man die beiden Gleichungen durch einander, so folgt:

$$\frac{a}{b} = \frac{\sin\frac{1}{2}x^2\cos(\alpha+x)}{\sin\left(\frac{\alpha+x}{2}\right)^2\cos x}.$$

Aus dieser Gleichung ist dann x annähernd zu berechnen.

Beispiel. Es sei $a=\frac{1}{2}$, $b=1$ und $\alpha = 48'\ 31''$.

Die aufzulösende Gleichung nimmt dann die folgende Form an:

$$\sin\left(\frac{\alpha+x}{2}\right)^2\cos x = 2\sin\tfrac{1}{2}x^2\cos(\alpha+x),$$

oder:
$$\sin\left(\frac{\alpha+x}{2}\right)^2(\cos\tfrac{1}{2}x^2-\sin\tfrac{1}{2}x^2)$$
$$= 2\sin\tfrac{1}{2}x^2\left(\cos\left(\frac{\alpha+x}{2}\right)^2-\sin\left(\frac{\alpha+x}{2}\right)^2\right),$$

folglich, wenn man $\frac{1}{2}x = y$ substituirt:

$$\sin(\tfrac{1}{2}\alpha+y)^2(\cos y^2-\sin y^2+2\sin y^2) = 2\sin y^2\cos(\tfrac{1}{2}\alpha+y)^2,$$

oder:
$$\operatorname{tg}(\tfrac{1}{2}\alpha+y) = \sqrt{2}\sin y.$$

Also: $F = 0{,}1505150 + \log\sin y - \log\operatorname{tg}(\tfrac{1}{2}\alpha+y) = 0.$

Ein bloßes Nachschlagen der Logarithmentafeln ergiebt, daß y zwischen 58′ 30″ und 58′ 40″ liegt. Man findet:

	für: $y = 58'\ 30''$	und für: $y = 58'\ 40''$
$y+\frac{1}{2}\alpha =$	$1^\circ\ 22'\ 45'',5,$	$1^\circ\ 22'\ 55'',5,$
	0,1505150	0,1505150
$\log\sin y =$	8,2308610	8,2320965
	8,3813760	8,3826115
$\log\operatorname{tg}(\frac{1}{2}\alpha+y) =$	8,3816216	8,3824956
$F =$	−0,0002456	0,0001159.

Aus diesen beiden Werthen ergiebt sich nach dem bekannten Interpolationsverfahren als Correktion, die zu 58′ 30″ hinzuzufügen ist:

$$\frac{24560''}{3615} = 6'',79,$$

oder:
$$y = 58'\ 36'',79.$$

Außerdem ergiebt sich:

$$4r + 2 = \frac{1}{\sin y^2},$$

folglich, wenn man den für y gefundenen Werth substituirt:

$$r = 859{,}578.$$

Die Aufgabe wird schwieriger, sobald die Punkte E, C und D nicht mehr auf einem größten Kreise liegen (Fig. 56). Es sei in diesem Falle der Bogen $CD = c$ und das Azimuth $CED = \alpha$. Ist wieder $AE = a$ und $AB = b$, bezeichnet man ferner den Bogen EC mit x und ED mit y, so folgt aus dem sphärischen Dreiecke CED:

$$(3) \quad \cos c = \cos x \cos y + \sin x \sin y \cos \alpha.$$

Ferner folgt aus den rechtwinkligen Dreiecken ACM und BDM:

$$(4) \quad \cos x = \frac{r}{r+a}$$

und:

$$(5) \quad \cos y = \frac{r}{r+b}.$$

Eliminirt man mit Hülfe von (4) und (5) aus (3) die Winkel x und y, so ergiebt sich für r die Gleichung vierten Grades:

$$6) \quad \cos c = \frac{r^2}{(r+a)(r+b)} + \frac{\cos \alpha}{(r+a)(r+b)} \sqrt{(2ar + a^2)(2br + b^2)}.$$

oder:

$$(r+a)^2(r+b)^2 \cos c^2 - 2r^2(r+a)(r+b)\cos c + r^4 = (2ar + a^2)(2br + b^2)\cos \alpha^2.$$

Beispiel. Es sei wieder $a = \frac{1}{2}$, $b = 1$, ferner $\alpha = 43^\circ\ 17'$ und $c = 1^\circ\ 53'\ 40''$.

Wir setzen die gegebenen Werthe in die Gleichung (6) ein, und schreiben, da c sehr klein ist, mithin die Rechnung mit cos c sehr ungenau werden würde, $\cos c = 1 - 2\sin\frac{1}{2}c^2$. Man erhält demnach:

$$1 - 2\sin\tfrac{1}{2}c^2 = \frac{2r^2 + \cos\alpha\sqrt{(4r+1)(2r+1)}}{(2r+1)(r+1)},$$

oder:

$$(7) \quad \sin\tfrac{1}{2}c^2 = \frac{3r + 1 - \sqrt{(4r+1)(2r+1)}\cos\alpha}{(2r+1)(2r+2)}.$$

Da es nun schwer ist, aus dieser Gleichung zu sehen, zwischen welchen Grenzen r liegt, so wenden wir, um zunächst einen angenäherten Werth dieser Größe zu erhalten, die folgende Methode an.

Da α im Verhältniß zu c ziemlich groß ist, so müssen die Punkte C und D nahe bei E liegen und somit x und y ziemlich klein, hingegen r sehr groß sein. Substituirt man nun $\frac{1}{r} = z$, so ergiebt sich aus (6):

$$2\sin\tfrac{1}{2}c^2 = \frac{z\left(a+b+abz-2\sqrt{ab}\cos\alpha\left(1+\frac{az}{2}\right)^{\frac{1}{2}}\left(1+\frac{bz}{2}\right)^{\frac{1}{2}}\right)}{(1+az)(1+bz)}.$$

Da aber z ein sehr kleiner Bruch ist, so kann man alle Potenzen von der zweiten an vernachlässigen. Es ergiebt sich also nur:

$$2\sin\tfrac{1}{2}c^2 = z(a+b-2\sqrt{ab}\cos\alpha),$$

oder:

$$r = \frac{a+b-2\sqrt{ab}\cos\alpha}{2\sin\frac{1}{2}c^2}.$$

In unserem Falle erhält man also:

$$r = \frac{1{,}5-2\sqrt{0{,}5}\cos\alpha}{2\sin\frac{1}{2}c^2}.$$

Setzt man endlich die gegebenen Werthe ein, so ergiebt sich:

$$r = 860{,}8.$$

Nachdem wir nun einen angenäherten Werth für r erhalten haben, berechnen wir diese Größe nach (7) genau. Zu diesem Zwecke setzen wir:

$$\frac{3r+1-\sqrt{(4r+1)(2r+1)}\cos\alpha}{(2r+1)(2r+2)} = \frac{Z}{N} = Q.$$

und:

$$\log Q - \log\sin\tfrac{1}{2}c^2 = F.$$

1) $r = 860{,}8$

$2r = 1721{,}6$

$3r = 2582{,}4$

$4r = 3443{,}2$

$\log 3444{,}2 = 3{,}5370884$

$\log 1722{,}6 = 3{,}2361844$

$6{,}7732728 : 2$

$3{,}3866364$

$\log\cos\alpha = 9{,}8621148$

$3{,}2487512$

$$
\begin{array}{rl}
\text{num.} & 1773{,}173 \\
3r+1 = & 2583{,}4 \\
\hline
Z = & 810{,}227
\end{array}
$$

$$
\begin{array}{rl}
\log 1722{,}6 = & 3{,}2361844 \\
\log 1723{,}6 = & 3{,}2364365 \\
\hline
\log N = & 6{,}4726209 \\
\log Z = & 2{,}9086067 \\
\hline
\log Q = & 6{,}4359858-10 \\
\log \sin \tfrac{1}{2} c^2 = & 6{,}4366190-10 \\
\hline
F = & -0{,}0006232.
\end{array}
$$

Es ist also Q zu klein. Da nun N in Beziehung auf r von einem höheren Grade als Z ist, so wird Q durch die Annahme eines kleineren r größer werden. Daher setzen wir versuchsweise:

$$
\begin{array}{rl}
r = & 858{,}8 \\
2r = & 1717{,}6 \\
3r = & 2576{,}4 \\
4r = & 3435{,}2
\end{array}
$$

$$
\begin{array}{rl}
\log 3436{,}2 = & 3{,}5360784 \\
\log 1718{,}6 = & 3{,}2351748 \\
\hline
& 6{,}7712532:2 \\
\hline
& 3{,}3856266 \\
\log \cos \alpha = & 9{,}8621148 \\
\hline
& 3{,}2477414
\end{array}
$$

$$
\begin{array}{rl}
\text{num.} & 1769{,}055 \\
3r+1 = & 2577{,}4 \\
\hline
Z = & 808{,}345
\end{array}
$$

$$
\begin{array}{rl}
\log 1718{,}6 = & 3{,}2351748 \\
\log 1719{,}6 = & 3{,}2354274 \\
\hline
\log N = & 6{,}4706022 \\
\log Z = & 2{,}9075968 \\
\hline
\log Q = & 6{,}4369946-10 \\
\log \sin \tfrac{1}{2} c^2 = & 6{,}4366190-10 \\
\hline
F = & 0{,}0003757.
\end{array}
$$

Interpolirt man aus diesen beiden Werthen nach der bekannten Methode einen neuen Werth für r, so ist (Fig. 21):

$$OA = 858{,}8,\quad AB = 2,\quad AC = 3756,\quad BD = -6232$$

und:
$$AL = \frac{2 \cdot 3756}{9988} = 0{,}752,$$

also:
$$r = 859{,}552.$$

Mit Hülfe dieses neuen r berechne man nun wieder die Größe F:

$$\begin{aligned}
2)\quad r &= 859{,}552\\
2r &= 1719{,}104\\
3r &= 2578{,}656\\
4r &= 3438{,}208\\
\log 3439{,}208 &= 3{,}5364584\\
\log 1720{,}104 &= 3{,}2355547\\
& 6{,}7720131 : 2\\
& 3{,}3860065\\
\log\cos\alpha &= 9{,}8621148\\
& 3{,}2481213\\
\text{num.}\ & 1770{,}603\\
3r + 1 &= 2579{,}656\\
Z &= 809{,}053\\
\log 1720{,}104 &= 3{,}2355547\\
\log 1721{,}104 &= 3{,}2358071\\
\log N &= 6{,}4713618\\
\log Z &= 2{,}9079770\\
\log Q &= 6{,}4366152 - 10\\
\log\sin\tfrac{1}{2}c^2 &= 6{,}4366190 - 10\\
F &= -0{,}0000038.
\end{aligned}$$

Man interpolirt schließlich zwischen diesem Werth von r und r = 858,8. Es ist demnach:

$$OB = 859{,}552,\quad AB = 0{,}752,\quad AC = 3756,\quad BD = 38$$

und:
$$BL = \frac{0{,}752 \cdot 38}{3794} = 0{,}007,$$

folglich:
$$r = 859{,}544.$$

Fünftes Kapitel.

Aufgaben aus der Mechanik und Physik.

1) Die bekannten Strecken AD = b (Fig. 57) und AB = a stehen senkrecht zu einander. Von B aus bewegt sich mit der konstanten Geschwindigkeit g ein Punkt in der Richtung AB. Zu derselben Zeit geht von D mit der bekannten Geschwindigkeit γ ein anderer Körper aus, dessen Bahn ebenfalls eine gerade Linie ist. Welche Richtung muß der Punkt D einschlagen, damit er mit dem Punkte, der sich auf AC bewegt, zusammentrifft?

Gesetzt, die bewegten Punkte treffen sich in C. Bezeichnet man alsdann die Anzahl der Sekunden, welche bis zum Zusammenstoße erfolgen mit x, so ist BC = gx, DC = γx und es ergiebt sich aus dem Dreiecke ADC zur Bestimmung von x die Gleichung:

$$x^2\gamma^2 - (a + xg)^2 = b^2,$$

oder, wenn man die quadratische Gleichung auflöst:

$$x = \frac{ag \pm \sqrt{a^2g^2 + (a^2 + b^2)(\gamma^2 - g^2)}}{\gamma^2 - g^2}.$$

Für das Zusammentreffen in C gilt der Werth von x, welcher dem positiven Wurzelzeichen entspricht. Der zweite negative Werth entspricht einem Zusammenstoße, der hätte Statt finden können, ehe die beiden Punkte in B und D anlangten.

2) Es sei FAC (Fig. 57) ein rechter Winkel, AB = a, AD = b und DG, der Radius eines Kreises um D, = c. Von B aus geht wiederum ein Punkt mit der bekannten Geschwindigkeit g in der Richtung BC aus, während in derselben Zeit sich ein anderer Punkt mit der bekannten Geschwindigkeit γ von F aus zunächst an der Peripherie des Kreises hin und dann in tangentialer Richtung GC fortbewegt. Wie muß sich dieser zweite Punkt bewegen, damit er mit dem ersten zusammentreffe?

Die beiden Punkte mögen in C nach Verlauf von x Sekunden zusammenstoßen, so daß BC = gx ist. Ist ferner die Zeit, welche der Punkt F gebraucht, um von G nach C zu gelangen = y, so ist die Länge des Bogens $FG = \gamma(x-y)$. Man hat also, wenn $FDG = \varphi$ gesetzt wird:

$$(1)\quad c\varphi = \gamma(x-y).$$

Zweitens ergiebt sich aus den rechtwinkligen Dreiecken DGC und DAC:

$$(2)\quad c^2 + \gamma^2 y^2 = b^2 + (a+gx)^2.$$

Ferner hat man:

$$\operatorname{tg} ADC = \frac{a+gx}{b} \quad \text{und:} \quad \operatorname{tg} GDC = \frac{\gamma y}{c}.$$

Es ist aber:

$$\operatorname{tg}(ADC + CDG) = \frac{\frac{a+gx}{b} + \frac{\gamma y}{c}}{1 - \frac{(a+gx)\gamma y}{bc}} = -\operatorname{tg}\varphi.$$

folglich:

$$(3)\quad \operatorname{tg}\varphi = \frac{b\gamma y + ac + cgx}{\gamma(a+gx)y - bc}.$$

Aus (1), (2) und (3) lassen sich nun die Größen x und y eliminiren, so daß man eine Gleichung findet, welche nur noch die unbekannte Größe φ enthält. Da dieselbe aber sehr komplicirt wird, wollen wir nur einen besondern Fall betrachten, in welchem $c = 1$, $a = 0$ und $b = 0$ wird. Die Punkte A und B fallen also in dem Mittelpunkt des Kreises D zusammen. Setzt man noch $y\gamma = z$, so gehen die drei obigen Gleichungen in die folgenden über:

$$(1')\quad \varphi = \gamma x - z,$$

$$(2')\quad g^2x^2 = 1 + z^2$$

und:

$$(3')\quad \cot\varphi = z.$$

Setzt man den Werth von z aus (3′) in (1′) und (2′) ein und eliminirt zwischen den beiden so entstehendeu Gleichungen x, so folgt:

$$\varphi = \frac{\gamma}{g\sin\varphi} - \cot\varphi,$$

oder:

$$(4')\quad \varphi\sin\varphi + \cos\varphi = \frac{\gamma}{g},$$

eine transscendente Gleichung, die nur durch Näherung aufgelöst werden kann.

Es sei z. B. $\gamma = 15'$ und $g = 10'$. Man hat also die Gleichung:

$$(5)\quad \varphi\sin\varphi + \cos\varphi = 1{,}5$$

aufzulösen. Es geht zunächst aus der Aufgabe unmittelbar hervor, der von F ausgehende Punkt den Kreis verlassen muß, bevor der A ausgehende den Radius 1 durchlaufen hat. Es muß also $\operatorname{arc}\varphi < 1,5$ oder $\varphi < 86^0$ sein. Setzt man z. B. $\varphi = 70^0$, so ist $\operatorname{arc}\varphi = 1,2217$. Substituirt man diese Werthe in die Gleichung (5), so ist:

$$\cos\varphi + \varphi\sin\varphi = 1,490.$$

Der Werth $\varphi = 70^0$ ist also nahezu richtig. Setzt man also:

$$\lambda = 70^0 \quad \text{und:} \quad \varphi = \lambda + \delta_1,$$

so kann die Correktion δ_1 nur ein sehr kleiner Winkel sein, so daß man nahezu:

$$\sin\delta_1 = \delta_1 \quad \text{und:} \quad \cos\delta_1 = 1$$

annehmen kann. Man hat aber die Gleichung:

$$\cos(\lambda + \delta_1) + (\lambda + \delta_1)\sin(\lambda + \delta_1) = 1,5,$$

oder:

$$\cos\lambda + \lambda\sin\lambda + \delta_1\lambda\cos\lambda = 1,5,$$

wenn man das Glied mit δ_1^2 vernachlässigt. Daraus folgt:

$$\delta_1 = \frac{1,5 - (\cos\lambda + \lambda\sin\lambda)}{\lambda\cos\lambda}.$$

Substituirt man also $\lambda = 70^0$, so erhält man $\delta_1 = 1^0\ 22'$.

Es ist also $71^0\ 22'$ ein angenäherter Werth von φ. Substituiren wir diese Größe als neuen Werth von λ in die obige Gleichung, so ergiebt sich eine neue Correktion:

$$\delta_2 = 1'\ 43'',$$

so daß man ein neues:

$$\lambda = 71^0\ 23'\ 43''$$

erhält. Setzt man diese Größe noch einmal ein, so folgt als dritte Correktion:

$$\delta_3 = -2'',93.$$

Es ergiebt sich also schließlich:

$$\varphi = 71^0\ 23'\ 40'',07.$$

3) Man kennt die Radien $AE = r$ (Fig. 58) und $BF = \varrho$ der beiden Kreise um A und B, außerdem ihre Centrale $AB = r$. Von den Punkten C und D aus, die so liegen, daß die Winkel CAB und DBA rechte sind, bewegen sich in entgegengesetztem Sinne auf den beiden Kreisen zwei Punkte

mit den Winkelgeschwindigkeiten α und β. Wann ist ihre gegenseitige Entfernung ein Minimum?

Es mögen nach t Sekunden die beiden Punkte in G und K angelangt sein. Dann ist W. $GAE = \frac{1}{2}\pi - \alpha t$ und $KBF = \frac{1}{2}\pi - \beta t$. Sind also GG′ und KK′ Lothe zu AB, so erhält man:

$$AG' = r\sin(\alpha t), \qquad GG' = r\cos(\alpha t),$$
$$BK' = \varrho\sin(\beta t) \quad \text{und:} \quad KK' = \varrho\cos(\beta t).$$

Es ist somit:

$$KL = a - r\sin(\alpha t) - \varrho\sin(\beta t)$$

und:

$$LG = r\cos(\alpha t) - \varrho\cos(\beta t),$$

oder nach dem Pythagoräischen Lehrsatze:

$$GK^2 = r^2 + \varrho^2 + a^2 - 2r\varrho\cos(\alpha+\beta)t - 2ar\sin(\alpha t) - 2a\varrho\sin(\beta t).$$

Dieser Ausdruck soll nun ein Minimum werden. Betrachtet also nur den von t abhängigen Theil desselben, so ergiebt sich leicht, daß zu diesem Zwecke nur:

$$\frac{1}{a}\cos(\alpha+\beta)t + \frac{1}{\varrho}\sin\alpha t + \frac{1}{r}\sin\beta t$$

seine ausgezeichneten Werthe anzunehmen braucht. Bezeichnet man noch $\frac{1}{a}$ mit a', $\frac{1}{\varrho}$ mit ϱ' und $\frac{1}{r}$ mit r', so setzt man folglich nach der bekannten Methode:

$$a'\cos(\alpha+\beta)t + \varrho'\sin\alpha t + r'\sin\beta t$$

gleich dem entsprechenden Ausdrucke mit t_1. Dividirt man die so erhaltene Gleichung mit $t - t_1$ und setzt alsdann $t = t_1$, so erhält man:

$$(1) \quad \varrho'\alpha\cos\alpha t + r'\beta\cos\beta t = a'(\alpha+\beta)\sin(\alpha+\beta)t,$$

eine Gleichung, die nur in speciellen Fällen allgemein aufgelöst werden kann.

Bewegen sich die beiden Punkte in demselben Sinne, so wird man auf dieselben Gleichungen geführt, wenn man nur der Constanten β einen negativen Werth beilegt.

Nehmen wir in einem besonderen Falle an, daß $\alpha = \beta$ ist, oder daß die beiden Punkte eine gleiche Winkelgeschwindigkeit haben, so geht die Gleichung (1) in die folgende über:

$$\cos\alpha t(\varrho' + r' - 4a'\sin\alpha t) = 0.$$

Es muß also entweder:

$$\cos \alpha t = 0 \quad \text{oder:} \quad \varrho' + r' - 4a' \sin \alpha t = 0 \text{ sein.}$$

Aus der letzteren Gleichung ergiebt sich aber:

$$\sin \alpha t = \frac{a(r+\varrho)}{4r\varrho}.$$

Wenn nun, wie in der Figur angenommen wurde, die Kreise außerhalb einander liegen, so ist $a > r + \varrho$, folglich:

$$\frac{a(r+\varrho)}{r\varrho} > \frac{(r+\varrho)^2}{r\varrho} > 2 + \frac{r}{\varrho} + \frac{\varrho}{r}.$$

Folglich kann $\frac{a(r+\varrho)}{4r\varrho}$ nicht $\sin \alpha t$ sein. Es bleibt also nur die selbstverständliche Auflösung übrig:

$$\cos \alpha t = 0 \quad \text{oder:} \quad \alpha t = (2k+1)\tfrac{1}{2}\pi,$$

also:

$$t = \frac{\pi}{2\alpha}(2k+1).$$

In dieser Formel, welche unendlich viele Werthe von t liefert, welche abwechselnd einem Maximum und Minimum entsprechen, bedeutet k jede positive oder negative ganze Zahl.

Ist in einem andern Falle $\beta = 2\alpha$, so erhält (1) die folgende Gestalt:

$$\frac{\alpha}{\varrho} \cos \alpha t + \frac{2\alpha}{r} \cos 2\alpha t = \frac{3\alpha}{a} \sin 3\alpha t,$$

oder, wenn man ferner annimmt, daß $\varrho = \frac{1}{2} r$ sei, und man $\alpha t = x$ setzt:

$$\frac{2}{r}(\cos x + \cos 2x) = \frac{3}{a} \sin 3x,$$

$$\frac{4}{r} \cos \frac{3x}{2} \cos \tfrac{1}{2}x = \frac{3}{a} \sin 3x,$$

$$\frac{4}{r} \cos \tfrac{1}{2}x = \frac{6}{a} \sin \frac{3x}{2}.$$

Es sei nun $\frac{r}{a} = 4$. Die betrachtete Gleichung nimmt dann die folgende Form an:

$$(2) \quad \cos \tfrac{1}{2}x = 6 \sin \tfrac{3}{2}x.$$

Da der größte Werth, welchen $\cos \frac{1}{2}x$ erhalten kann, höchstens $= 1$ ist, so ist $\sin \frac{3}{2}x$ höchstens $\frac{1}{6}$, also $\frac{1}{2}x = 3^\circ\ 11'\ 40''$. Setzt man diesen Werth noch einmal in die Gleichung (2) ein, so folgt:

$$\tfrac{1}{6}\cos 3^0\ 11'\ 40'' = \sin\tfrac{3}{2}x$$

und daraus: $\tfrac{3}{2}x = 9^0\ 34'\ 44'',47,$

folglich: $\tfrac{1}{2}x = 3^0\ 11'\ 34'',82,$

oder: $\alpha t = 6^0\ 23'\ \ 9'',64.$

Es giebt nun noch einen zweiten Winkel, welcher der Gleichung $\sin\tfrac{3}{2}x = \tfrac{1}{6}$ genügt. Derselbe ist ungefähr:

$$= 58^0 = \gamma.$$

Es sei nun genau: $\tfrac{1}{2}x = \gamma + \delta_1,$

wenn man unter δ_1 eine kleine, noch unbekannte Correktion versteht. Man hat somit:

$$\cos(\gamma + \delta_1) = 6\sin(3\gamma + 3\delta_1),$$

oder, wenn man die Klammern auflöst, $\sin\delta_1 = \delta_1$ und $\cos\delta_1 = 1$ setzt:

$$\delta_1 = \frac{\cos\gamma - 6\sin 3\gamma}{\sin\gamma + 18\cos 3\gamma}.$$

Es ist $\sin\gamma$ wenig verschieden von 1, $\cos 3\gamma$ nahezu $= -1$, und die Correktionen, welche im Verlaufe der Rechnung zu γ hinzugefügt werden, ändern dies Größenverhältniß nur unmerklich. Man kann also:

$$\sin\gamma + 18\cos 3\gamma = -17$$

setzen, so daß: $\delta_1 = \dfrac{6\sin 3\gamma - \cos\gamma}{17}$ wird.

Ist nun $\gamma = 58^0$, so erhält man:

$$6\sin 3\gamma = 0,6272$$

und: $\cos\gamma = 0,5299,$

so daß: $\delta_1 = 0,0051 = 19'$ ist.

Es wird also $\gamma = 58^0\ 19'$ ein angenäherter Werth von $\tfrac{1}{2}x$ sein. Berechnet man mit seiner Hülfe eine weitere Correktion δ_2, so erhält man, da:

$$6\sin 174^0\ 57' = 0,52815$$

und: $\cos 58^0\ 19' = 0,52522$ ist,

$$\delta_2 = 0,000172 = 35''.$$

Es ergiebt sich also: $\gamma = 58^0\ 19'\ 35''$. Berechnet man endlich mit Hülfe dieses Werthes noch eine letzte Correktion δ_3, so findet man:

$$6\sin 174^0\ 58'\ 45'' = 0,5251078$$

und: $\cos 58^0\ 19'\ 35'' = 0,5250797,$

so daß: $\delta_3 = 0{,}00000165 = 0'',34$ ist.
Man hat also: $\frac{1}{2}x = 58^\circ\ 19'\ 35'',34.$

4) Es sei EDGH (Fig. 59) eine bei D rechtwinkige Billardtafel. In welcher Richtung AB muß vom Punkte A ein Ball ausgehen, damit er, wenn er von DE und EH reflektirt wird, nach A zurückkehre?

Es sei $AD = a$, $DE = b$, W. $HED = \alpha$ und $AED = \beta$. Ferner setze man W. $ABD =$ W. $CBE = x$.

Nach diesen Bezeichnungen erhält man:

$$\text{W. } BCE = ACH = \pi - (\alpha + x),$$
$$ACB = 2(x + \alpha) - \pi$$

und also: $$CAB = \pi - 2\alpha.$$

Man findet also aus dem Dreiecke ABC, da $AB = \frac{a}{\sin x}$ ist:

$$BC = -\frac{a \sin 2\alpha}{\sin x \sin 2(x + \alpha)}.$$

Folglich ergiebt sich aus ΔBCE:

$$BE = -\frac{a \cos \alpha}{\sin x \cos (x + \alpha)}.$$

Außerdem ist: $$DB = \frac{a}{\operatorname{tg} x}.$$

Man hat daher: $$b = \frac{a}{\operatorname{tg} x} - \frac{a \cos \alpha}{\sin x \cos (x + \alpha)}.$$

Diese Gleichung nimmt, wenn man die Nenner fortschafft, leicht die folgende Gestalt an:

$$a \operatorname{tg} x + b - b \operatorname{tg} \alpha \operatorname{tg} x + a \operatorname{tg} \alpha = 0,$$

oder: $$\operatorname{tg} x = \frac{b + a \operatorname{tg} \alpha}{b \operatorname{tg} \alpha - a},$$

es ist aber $\frac{a}{b} = \operatorname{tg} \beta$, also:

$$\operatorname{tg} x = \frac{1 + \operatorname{tg} \alpha \operatorname{tg} \beta}{\operatorname{tg} \alpha - \operatorname{tg} \beta} = \cot(\alpha - \beta).$$

Man erhält folglich:

$$x = \frac{\pi}{2} - (\alpha - \beta),$$

oder, da $ADB = \frac{1}{2}\pi$ ist:

$$W.\ DAB = \alpha - \beta.$$

Mit Hülfe dieses Resultates kann also der Punkt B durch eine einfache geometrische Construktion gefunden werden. Ebenso ist C leicht zu konstruiren. Aus dem gefundenen Werth von x folgt nämlich:

$$W.\ ACF = \tfrac{1}{2}\pi - \beta,$$

also:

$$W.\ FAC = \beta,$$

wenn AF das bekannte, von A auf EH gefällte Loth ist.

5) Es seien die Seiten und Winkel einer beliebigen fünfeckigen Billardtafel ABCDE (Fig. 60) bekannt; und zwar sei $AB = a$, $BC = b$, $CD = c$, $DE = d$ und $EA = e$. Die Winkel der Tafel mögen durch die entsprechenden Buchstaben an ihren Ecken bezeichnet werden. Von welchem Punkte A′ der Seite AB aus und unter welchem Winkel $BA'B' = \alpha$ muß ein Ball gestoßen werden, damit er, nachdem er von allen fünf Seiten reflektirt ist, nach demselben Punkte A′ unter demselben Winkel α zurückkehre und also fortwährend dieselbe Bahn beschreibe?

Das Fünfeck A′B′C′D′E′ sei die Bahn des Balles. Die Reflexionswinkel bei A′, B′, C′, D′ und E′ mögen durch resp. α, β, γ, δ und ε bezeichnet werden. Danach ergeben sich aus den fünf Dreiecken A′BB′, B′CC′ u. s. w. für die unbekannten Winkel die folgenden Gleichungen:

$$(1)\quad \begin{cases} \alpha + \beta + B = \pi, \\ \beta + \gamma + C = \pi, \\ \gamma + \delta + D = \pi, \\ \delta + \varepsilon + E = \pi, \\ \varepsilon + \alpha + A = \pi. \end{cases}$$

Addirt man dieselben, so ergiebt sich, wenn man berücksichtigt, daß $A + B + C + D + E = 3\pi$ ist:

$$\alpha + \beta + \gamma + \delta + \varepsilon = \pi.$$

Subtrahirt man von dieser Gleichung die Summe je zweier Gleichungen aus (1), so folgt:

$$\alpha = C + E - \pi,$$
$$\beta = A + D - \pi,$$
$$\gamma = B + E - \pi,$$
$$\delta = A + C - \pi,$$
$$\varepsilon = B + D - \pi.$$

Es sind somit die verlangten Winkel gefunden.

Um nun zweitens die Lage der Punkte A' zu bestimmen, setze man $A'B = u$, $B'C = v$, $C'D = x$, $D'E = y$ und $E'A = z$. Man erhält alsdann aus denselben fünf Dreiecken A'BB', B'CC' u. s. w.:

$$b\sin\beta - v\sin\beta = u\sin\alpha,$$
$$-c\sin\gamma + x\sin\gamma = -v\sin\beta,$$
$$d\sin\delta - y\sin\delta = x\sin\gamma,$$
$$-e\sin\varepsilon + z\sin\varepsilon = -y\sin\delta,$$
$$a\sin\alpha - u\sin\alpha = z\sin\varepsilon.$$

Durch Addition dieser Gleichungen ergiebt sich:

$$u = \frac{a\sin\alpha + b\sin\beta - c\sin\gamma + d\sin\delta - e\sin\varepsilon}{2\sin\alpha}.$$

Durch die Größe von u ist aber die Lage von A' unzweideutig bestimmt und daher die gestellte Aufgabe vollkommen gelöst. Die Fälle, in denen überhaupt keine Lösung möglich ist, ergeben sich unmittelbar aus der Form des letzten Resultates.

6) Es sei ABC (Fig. 61) ein vertikaler Durchschnitt durch zwei in einer horizontalen Linie sich schneidende schiefe Ebenen. Auf denselben befinde sich die gleichförmige schwere Kette AB + BC, deren Länge unbekannt ist, im Gleichgewichte. Man kennt ferner die Entfernung des Schwerpunktes S der Kette vom Punkte $B = r$ und die Winkel α und β, welche BS mit resp. BD und BC bildet. Wie groß sind Theile der Kette BA und BC?

Sind D und E die Mittelpunkte von BA und BC, also auch die Schwerpunkte der entsprechenden Kettentheile, so muß S auch auf der Verbindungslinie von DE liegen. Setzt man nun $DB = x$, $BE = y$, $DS = u$, $SE = v$, W. $BDS = \varphi$, so erhält man, da sich die Kette im Gleichgewichte befinden soll:

$$1)\quad ux = vy.$$

Ferner ergeben sich aus $\triangle$BDS, BES und DBE die Gleichungen:

$$(2)\quad \frac{u}{\sin\alpha}=\frac{r}{\sin\varphi},$$

$$(3)\quad \frac{v}{\sin\beta}=\frac{r}{\sin\psi},$$

und:

$$(4)\quad \frac{x}{\sin\psi}=\frac{y}{\sin\varphi}.$$

Eliminirt man also aus (4) mit Hülfe von (1) x und y und darauf mit Hülfe von (2) und (3) noch u und v, so verschwindet aus der resultirenden Gleichung auch r und man findet:

$$\frac{\sin\varphi}{\sin\psi}=\sqrt{\frac{\sin\alpha}{\sin\beta}}=\operatorname{tg}\lambda,$$

oder nach bekannten Umformungen:

$$\operatorname{tg}\frac{\psi-\varphi}{2}=\operatorname{tg}\tfrac{1}{2}(\varphi+\psi)\operatorname{tg}(\tfrac{1}{4}\pi-\lambda),$$
$$=\cot\tfrac{1}{2}(\alpha+\beta)\operatorname{tg}(\tfrac{1}{4}\pi-\lambda),$$

da $\varphi+\psi=\pi-(\alpha+\beta)$ ist. Hat man nun mit Hülfe dieser Gleichung φ und ψ berechnet, so folgt sofort:

$$x=\frac{r\sin(\alpha+\varphi)}{\sin\varphi}$$

und:

$$y=\frac{r\sin(\beta+\psi)}{\sin\psi}.$$

Die Länge der Kette und ihre Lage ist somit völlig bestimmt.

7) Eine Dampfmaschine hebt mit $\frac{2}{3}$ Scheffel oder $1\frac{5}{27}$ Cubikfuß Kohlen eine Last von 70000000 englischen Pfunden um einen Fuß englisch in die Höhe. **Wieviel Kohlen sind erforderlich, um eine ägyptische Pyramide aufzubauen, d. h. um jeden Stein derselben von seiner vertikalen Projektion aus in seine Stelle zu heben?**

Man denke sich die Höhe h der Pyramide in n unendlich viele gleiche und unendlich kleine Theile zerschnitten, deren jeder also eine Länge $=\frac{h}{n}$ hat. Legt man durch die einzelnen Theilpunkte Ebenen, welche der Basis parallel sind, so wird die Pyramide in unendlich viele Schichten zerlegt, welche man ihrer verschwindend kleinen Höhe halber als rechtwinklige Parallelepipeda betrachten kann.

Ist nun b^2 die Grundfläche der betrachteten Pyramide und g die Größe des Querschnittes, welcher, von der Spitze aus gezählt, durch den mten Theilpunkt gelegt ist, so hat man bekanntlich:

$$g = \frac{b^2m^2}{n^2}.$$

Es ist also das Volumen der zwischen g und dem nächsten Querschnitte liegenden Pyramidenschicht:

$$= \frac{b^2m^2}{n^2}\frac{h}{n}, \quad \text{oder:} \quad = \frac{m^2b^2h}{n^3}.$$

Ist also s das Gewicht der Cubikeinheit des Materials, aus welchem die Pyramide gebaut ist, so ist das Gewicht der betrachteten Schicht:

$$= \frac{m^2b^2h}{n^3}s.$$

Gebraucht man daher p Pfund Kohlen um eine Last von einem Pfunde einen Fuß hoch zu heben, so sind, um die obige Last zu ihrer Höhe $h - \frac{mh}{n}$ zu erheben:

$$\frac{pm^2b^2hs}{n^3}\left(h - \frac{mh}{n}\right) = \frac{pb^2h^2s}{n^3}\left(m^2 - \frac{m^3}{n}\right)$$

Pfund Kohlen erforderlich. Setzt man nun in dem letzten Ausdrucke nach einander für m die ganzen Zahlen von 1 bis n ein und summirt die gefundenen Werthe, so findet man das Gesammtgewicht der Kohlen, welche zum Bau der Pyramide erforderlich sind. Dasselbe ist also:

$$= \frac{pb^2h^2s}{n^3}\left\{1 + 2^2 + 3^2 + \cdots + n^2 - \frac{1}{n}(1^3 + 2^3 + 3^3 + \cdots + n^3)\right\},$$

$$= pb^2h^2s\left\{\frac{(n+1)(2n+1)}{6n^2} - \frac{(n+1)^2}{4n^2}\right\},$$

$$= pb^2h^2s\left\{\frac{n^2-1}{12n^2}\right\} = pb^2h^2s\left\{\frac{1}{12} - \frac{1}{12n^2}\right\}.$$

Nimmt man also n unendlich groß an, so ergiebt sich schließlich:

$$\frac{1}{12}pb^2h^2s$$

als Gesammtgewicht der erforderlichen Kohlen. Das Gewicht P der ganzen Pyramide aber ist $= \frac{1}{3}b^2hs$, mithin das Gewicht der verbrauchten Kohlen:

$$= \tfrac{1}{4}Php.$$

Es befindet sich nun der Schwerpunkt der Pyramide in einer Höhe $= \frac{1}{4}h$ über ihrer Basis, so daß ebenso viel Kohlen erforderlich ist, um die ganze Masse der Pyramide bis zu ihrem Schwerpunkte zu erheben.

Dieses Resultat läßt sich auch auf Körper anderer Form erweitern.

8) Auf einer geraden Linie befinden sich fünf vollkommen elastische Kugeln A, B, C, D und E (Fig. 62). Die Massen der Kugeln $A = m$ und $E = \mu$ sind gegeben. Es bewege sich A mit einer gegebenen Geschwindigkeit g in der Richtung nach B hin, so daß jede Kugel nach einander auf die folgende gestoßen wird. **Wie müssen die Massen x, y, z von B, C und D bestimmt werden, damit die der letzten Kugel E ertheilte Geschwindigkeit ein Maximum sei?**

Nach den in der Lehre vom Stoße (vergl. Schellbach, Mechanik S. 51) entwickelten Formeln, bewegt sich, wenn A und B mit der Geschwindigkeit c zusammentreffen, B mit der Geschwindigkeit $\frac{2mc}{m+x}$ weiter.

Mit derselben stößt nun B auf C. Es wird daher dieser Punkt eine Geschwindigkeit annehmen:

$$= \frac{4cmx}{(m+x)(x+y)}.$$

In Folge des Stoßes von C erhält ferner D eine Geschwindigkeit:

$$= \frac{8cmxy}{(m+x)(x+y)(y+z)}$$

und endlich wird E eine Geschwindigkeit M annehmen, welche durch die Gleichung gegeben ist:

$$M = \frac{16cmxyz}{(m+x)(x+y)(y+z)(z+\mu)}.$$

Es soll nun M ein Maximum werden. Da diese Größe aber von drei ganz unabhängig veränderlichen Größen x, y und z abhängig ist, so betrachten wir nach der bekannten Methode zuerst x allein als veränderlich und y und z als konstant. Man setze also:

$$\frac{16cmx_1yz}{(m+x_1)(x_1+y)(z+y)(z+\mu)} = \frac{16cmxyz}{(m+x)(x+y)(y+z)(z+\mu)},$$

oder: $$\frac{(m+x_1)(x_1+y)}{x_1} = \frac{(m+x)(x+y)}{x}.$$

Daraus folgt leicht:

$$x_1 - x = \frac{my(x_1 - x)}{x_1 x},$$

oder, wenn man mit $x_1 - x$ hebt und $x_1 = x$ setzt:

$$(1) \quad x^2 = my.$$

Ganz analog ergeben sich, wenn man nach einander y und z als einzige Veränderliche betrachtet, noch die beiden Gleichungen:

$$(2) \quad y^2 = xz$$

und: $$(3) \quad z^2 = \mu y.$$

Aus (1), (2) und (3) sind nun x, y und z zu bestimmen. Durch Multiplikation der gefundenen Gleichungen folgt sofort:

$$xz = m\mu,$$

also aus (2): $$y = \sqrt{m\mu},$$

folglich: $$x = \sqrt[4]{m^3\mu} \quad \text{und:} \quad z = \sqrt[4]{m\mu^3},$$

so daß die Massen der fünf Kugeln folgende sind:

$$\sqrt[4]{m^4}, \quad \sqrt[4]{m^3\mu}, \quad \sqrt[4]{m^2\mu^2}, \quad \sqrt[4]{m\mu^3}, \quad \sqrt[4]{\mu^4}.$$

Daß aber der gefundene eine ausgezeichnete Werth der unbekannten Größen in der That einem Maximum entspricht, ergiebt sich unmittelbar, wenn man die Grenzfälle betrachtet, in welchen die Massen der mittleren Kugeln entweder unendlich groß oder unendlich klein sind.

9) Auf einer geraden Linie (Fig. 63) befinden sich sieben materielle Punkte A, B, C, M, C′, B′ und A′, deren beide äußerste, A und A′, fest sind, und welche alle dieselbe Masse besitzen. Sie stoßen einander sämmtlich mit einer Kraft ab, welche umgekehrt proportional ihrer gegenseitigen Entfernung ist. In welcher Lage werden sich die Punkte im Gleichgewichte befinden?

Es ist zunächst klar, daß im Falle der Ruhe der Punkt M sich genau in der Mitte von AA′ befinden muß, und daß die anderen Punkte sich symmetrisch zu diesem Punkte aufstellen werden. Es sei also $MC = MC' = x$ und $MB = MB' = y$. Ferner setze man die Strecke $MA' = MA = 1$ und die Kraft, mit welcher sich zwei Atome in der Entfernung 1 abstoßen, ebenfalls $= 1$.

Damit nun der Punkt C in Ruhe bleibe, muß die algebraische Summe der Impulse, die er von den anderen Punkten erhält, $=0$ sein. Von M erhält er aber einen Stoß $=\frac{1}{x}$, von $C'=\frac{1}{2x}$, von $B'=\frac{1}{x+y}$, von $A'=\frac{1}{1+x}$ u. s. w., so daß man die Gleichung erhält:

$$\frac{1}{x}+\frac{1}{2x}+\frac{1}{y+x}+\frac{1}{1+x}-\frac{1}{y-x}-\frac{1}{1-x}=0.$$

Ebenso ergiebt sich für die Ruhelage des Punktes B die Gleichung:

$$\frac{1}{y-x}+\frac{1}{y}+\frac{1}{y+x}+\frac{1}{2y}+\frac{1}{1+y}-\frac{1}{1-y}=0.$$

Vereinigt man die Glieder dieser beiden Gleichungen paarweis, so nehmen die letzteren leicht die folgende Form an:

$$(1)\quad \frac{3}{4}=\frac{x^2}{1-x^2}+\frac{x^2}{y^2-x^2}$$

und:

$$(2)\quad \frac{3}{4}=\frac{y^2}{1-y^2}-\frac{y^2}{y^2-x^2}.$$

Substituirt man in beiden Gleichungen $y=xv$, so folgt aus (1):

$$v^2=\frac{7-11x^2}{3-7x^2}.$$

Setzt man diesen Werth in (2) ein, so ergiebt sich für x^2 die quadratische Gleichung:

$$\frac{9-21x^2}{28-44x^2}=\frac{(3-7x^2)x^2}{(3-11x^2)(1-x^2)}-\frac{3-7x^2}{4(1-x^2)},$$

oder:

$$\frac{3(1-x^2)}{7-11x^2}=\frac{15x^2-3}{3-11x^2}.$$

Folglich:

$$x=\sqrt{\frac{15\pm 2\sqrt{15}}{33}}.$$

Da aber die Gleichungen (1) und (2) in Beziehung auf x und y symmetrisch sind, so erhält man zur Bestimmung der zweiten Unbekannten y dieselbe quadratische Gleichung, also auch dieselben Werthe. Es ist aber nach der Annahme $y>x$. Somit folgt:

$$x=\sqrt{\frac{15-2\sqrt{15}}{33}} \quad \text{und:} \quad y=\sqrt{\frac{15+2\sqrt{15}}{33}}.$$

10) Das unter der vorigen Nummer behandelte Problem läßt sich noch unter der Voraussetzung auf quadratische Gleichungen zurückführen, daß nur die Massen der gleichweit von M abstehenden Punkte dieselben sind. Gesetzt die Punkte A und A′ enthielten α, B und B′, β, C und C′, γ Atome, während wir die Masse von $M=1$ setzen wollen.

Unter dieser Voraussetzung erhält man, wenn im Uebrigen die Bezeichnungen der vorigen Nummer beibehalten werden, zur Bestimmung von x und y die Gleichungen:

$$\frac{1}{x}+\frac{\gamma}{2x}+\frac{\beta}{y+x}+\frac{\alpha}{1+x}-\frac{\beta}{y-x}-\frac{\alpha}{1-x}=0$$

und: $$\frac{\gamma}{y-x}+\frac{1}{y}+\frac{\gamma}{y+x}+\frac{\beta}{2y}+\frac{\alpha}{1+y}-\frac{\alpha}{1-y}=0,$$

oder nach Umformungen, die den obigen ganz analog sind:

$$(1)\quad \frac{2+\gamma}{4}=\frac{\alpha x^2}{1-x^2}+\frac{\beta x^2}{y^2-x^2}$$

und: $$(2)\quad \frac{2+\beta}{4}=\frac{\alpha y^2}{1-y^2}-\frac{\gamma y^2}{y^2-x^2}.$$

Substituirt man wiederum $y=vx$, so folgt aus (1):

$$v^2=\frac{4\beta+2+\gamma-x^2\{4(\alpha+\beta)+2+\gamma\}}{2+\gamma-x^2(4\alpha+2+\gamma)}.$$

Setzt man diesen Werth in (2) ein, so ergiebt sich eine quadratische Gleichung, aus welcher sich x berechnen läßt. Hat man aber x gefunden, so ist auch $y=xv$ bekannt.

11) Auf einer geraden Linie (Fig. 63) befinden sich fünf materielle Punkte A, C, M, C′ und A′, welche sämmtlich gleiche Massen haben und deren beide äußerste A und A′ unbeweglich sind. In welcher Lage werden sich die fünf Punkte im Gleichgewichte befinden, vorausgesetzt, daß sie sich sämmtlich mit einer Kraft abstoßen, welche umgekehrt proportional dem Quadrate ihrer gegenseitigen Entfernung ist?

Es muß im Falle des Gleichgewichts $MA=MA'=1$ und $MC=MC'=x$ sein. Man erhält also, siehe Nr. 9, zur Bestimmung der Größe x sofort die Gleichung:

$$\frac{1}{x^2}+\frac{1}{4x^2}+\frac{1}{(1+x)^2}=\frac{1}{(1-x)^2} \quad \text{oder:} \quad \frac{5}{4x^2}=\frac{4x}{(1-x^2)^2},$$

Setzt man also $x=\frac{1}{y^2}$, so ergiebt sich, wenn man radicirt:

$$\frac{\sqrt{5}}{4}=\frac{y}{y^4-1},$$

folglich:

$$y^4-y\sqrt{3{,}2}-1=0.$$

Um diese Gleichung für die logarithmische Rechnung geeigneter zu machen, bringe man sie in die folgende Form:

$$(y^2+1)(y^2-1)=y\sqrt{3{,}2}.$$

Substituirt man jetzt $y=\cot\varphi$, so ergiebt sich:

$$\frac{\cos 2\varphi}{\sin\varphi^4}=\frac{\cos\varphi}{\sin\varphi}\sqrt{3{,}2},$$

oder:

$$\cos 2\varphi=\sin\varphi^2\sin 2\varphi\sqrt{0{,}8},$$

folglich:

$$\cot 2\varphi=\sin\varphi^2\sqrt{0{,}8},$$

$$\operatorname{tg} 2\varphi\sin\varphi^2=\sqrt{1{,}25},$$

oder, wenn man die Logarithmen der beiden Seiten nimmt:

$$\log\operatorname{tg}2\varphi+2\log\sin\varphi-0{,}0484550=F=0.$$

Es ergiebt sich aus einem einfachen Nachschlagen der Logarithmentafel, daß φ zwischen 36° und 37° liegen muß. Man findet nun:

(1) Für $\varphi=36°$:		(2) $\varphi=37°$:	
$2\log\sin 36°=$	9,53843	$2\log\sin 37°=$	9,55892
$\log\operatorname{tg}72°=$	0,48822	$\log\operatorname{tg}74°=$	0,54250
	0,02665		0,10142
	0,04845.		0,04845.
Folglich: $F=$	$-0{,}02180$.	Folglich: $F=$	$+0{,}05297$.

Nach dem bekannten Näherungsverfahren findet man als erste Correktion:

$$\delta=17'\ 40'',$$

so daß:

$$\varphi=36°\ 17'\ 40'' \text{ wird.}$$

Nun aber ist:

$\log\sin 36°\ 17'\ 40''=$	9,54455
$\log\operatorname{tg}72°\ 35'\ 20''=$	0,50363
	0,04818
	0,04845
$F=$	$-0{,}00027$.

Es folgt also: $\varphi = 36^\circ\ 17'\ 53''$.

Eine letzte Correktion ergiebt schließlich:

$$\varphi = 36^\circ\ 17'\ 53'',4.$$

Es war aber: $x = \frac{1}{y^2} = \frac{1}{\cot\varphi^2} = \operatorname{tg}\varphi^2,$

folglich erhält man, wenn man den gefundenen Werth substituirt:

$$x = 0{,}5395252.$$

12) Auf einer geraden Linie (Fig. 64) befinden sich vier materielle Punkte A, B, C und D, deren beide äußerste A und D fest sein mögen. Die Masse von A sei $= \alpha$, die von $B = \beta$, von $C = \gamma$ und von $D = \delta$. Sämmtliche Punkte stoßen einander mit einer Kraft ab, welche ihrer gegenseitigen Entfernung proportional ist. In welcher Lage befinden sich die vier Punkte im Gleichgewichte?

Setzt man $AD = 1$, $AC = y$ und $AB = x$, so erhält man für den Fall des Gleichgewichts (vergl. Nr. 10) zur Bestimmung von x und y die beiden Gleichungen:

$$(1) \quad \frac{\alpha}{x} = \frac{\gamma}{y-x} + \frac{\delta}{1-x}$$

und:

$$(2) \quad \frac{\alpha}{y} + \frac{\beta}{y-x} = \frac{\delta}{1-y}.$$

Substituirt man aber $y-x = ux$, also $y = (u+1)x$, so folgt aus (1):

$$\frac{\gamma x(1-x)}{\alpha-(\alpha+\delta)x} = u.$$

Setzt man diesen Werth in (2) ein, so erhält man zur Bestimmung von x eine quadratische Gleichung, deren Behandlung keine weiteren Schwierigkeiten darbietet.

13) Auf einer geraden Linie (Fig. 64) liegen vier materielle Punkte A, B, C und D. Es seien A und B fest und zwar mag ihre konstante Entfernung $= r$ sein, dagegen seien C und D beweglich. Der Punkt A habe a und die Punkte B, C und D jeder b Atome. In welcher Lage werden sich die vier Punkte im Gleichgewichte befinden, wenn die drei Punkte B, C und D sich umgekehrt proportional ihrer Entfernung abstoßen, aber von A nach demselben Gesetze angezogen werden?

Setzt man AC = x und AD = y, so erhält man analog den vorhergehenden Nummern zur Bestimmung dieser unbekannten Größen leicht die folgenden Gleichungen:

$$\frac{a}{x} + \frac{b}{y-x} = \frac{b}{x-r}$$

und:
$$\frac{a}{y} = \frac{b}{y-x} + \frac{b}{y-r}.$$

Setzt man $\frac{a}{b} = \alpha$, so folgt daraus:

$$\alpha(ry - rx - xy + x^2) + rx + xy - 2x^2 = 0$$

und:
$$\alpha(rx - ry - xy + y^2) + ry + xy - 2y^2 = 0.$$

Subtrahirt man beide Gleichungen von einander, so ergiebt sich, wenn man mit y — x hebt, leicht die folgende Gleichung:

$$x + y = \frac{r(2\alpha - 1)}{\alpha - 2}.$$

Addirt man hingegen, so findet man:

$$\alpha(y-x)^2 + r(x+y) + 2xy - 2x^2 - 2y^2 = 0,$$

oder, wenn man xy addirt und subtrahirt:

$$\alpha(y-x)^2 + r(y+x) - \tfrac{3}{2}(y-x)^2 - \tfrac{1}{2}(y+x)^2 = 0.$$

Substituirt man also den oben für x + y gefundenen Werth, so folgt:

$$y - x = \frac{r}{2(\alpha-2)}\sqrt{\frac{3(2\alpha-1)}{2\alpha-3}}.$$

Durch Addition von y + x und y — x erhält man also:

$$y = \frac{r\sqrt{2\alpha-1}}{2(\alpha-2)}\left\{\sqrt{\frac{3}{2\alpha-3}} + \sqrt{2\alpha-1}\right\}$$

und durch Subtraktion:

$$x = \frac{r\sqrt{2\alpha-1}}{2(\alpha-2)}\left\{\sqrt{2\alpha-1} - \sqrt{\frac{3}{2\alpha-3}}\right\},$$

oder, wenn man die beiden Brüche innerhalb der Klammern auf den Nenner $\sqrt{2\alpha-1} + \sqrt{\frac{3}{2\alpha-3}}$ bringt:

$$x = \frac{2\alpha r\sqrt{2\alpha-1}}{(2\alpha-3)\left(\sqrt{2\alpha-1} + \sqrt{\frac{3}{2\alpha-3}}\right)}.$$

Ist $\alpha = 2$, so ist $y = \infty$ und $x = 2r$. Nach der ersten Form, welche sich für den Werth von x ergab, erhält man das unbestimmte Resultat $x = \frac{0}{0}$, dessen Werth also in unserem Falle $= 2r$ ist.

14) Auf dem Kreise AC (Fig. 65) befinden sich zwei feste materielle Punkte A und C, deren Massen resp. $= a$ und c sind. Zwischen ihnen befindet sich auf dem Kreise ein Punkt B, welcher sich auf der Peripherie bewegen kann. In welcher Lage befindet sich B in Ruhe, wenn er von A und C nach dem Gravitationsgesetze angezogen wird?

Es sei der Radius $AM = 1$, die Anziehungskraft in der Einheit der Entfernung $= 1$, der bekannte Winkel $AMC = \alpha$ und der unbekannte Winkel $AMB = x$.

Es seien ferner BE und BH die Impulse, welche B von den Punkten A und C erhält. Man zerlege dieselben nach dem Parallelogramme der Kräfte in ihre tangentialen und die zu den ihnen senkrechten radialen Componenten BG und BF. Die letzteren werden nun durch den Widerstand des Kreises vernichtet, so daß, wenn sich B im Gleichgewichte befinden soll, $BD = BJ$ oder $EF = GH$ sein muß. Nach den angeführten Bezeichnungen erhält man:

$$BE = \frac{a}{AB^2} = \frac{a}{4 \sin \frac{1}{2}x^2}$$

und:

$$BH = \frac{b}{BC^2} = \frac{c}{4 \sin \frac{1}{2}(\alpha - x)^2}.$$

Ferner ist Winkel $BEF = \frac{1}{2}x$ und W. $BHG = \frac{\alpha - x}{2}$.

Es ist somit: $$EF = BE \cos \tfrac{1}{2}x = \frac{a \cos \frac{1}{2}x}{4 \sin \frac{1}{2}x^2}$$

und: $$GH = BH \cos \frac{\alpha - x}{2} = \frac{c \cos \dfrac{\alpha - x}{2}}{4 \sin \dfrac{\alpha - x^2}{2}}.$$

Befindet sich nun B in Ruhe, so hat man folglich die Gleichung:

$$\frac{\sin\left(\dfrac{\alpha - x}{2}\right)^2}{c \cos \dfrac{\alpha - x}{2}} = \frac{\sin \frac{1}{2}x^2}{a \cos \frac{1}{2}x}$$

oder: $$\sin\frac{\alpha-x}{2}\operatorname{tg}\frac{\alpha-x}{2}=\frac{c}{a}\operatorname{tg}\tfrac{1}{2}x\sin\tfrac{1}{2}x.$$

Setzt man $\frac{c}{a}=d$, $\frac{\alpha-x}{2}=\beta-y$ und $\frac{1}{2}x=\beta+y$, oder $\beta=\frac{1}{4}\alpha$, so geht die gefundene Gleichung in die folgende über:

$$(1)\quad \frac{\operatorname{tg}(\beta-y)}{\operatorname{tg}(\beta+y)}=d\,\frac{\sin(\beta+y)}{\sin(\beta-y)},$$

oder, nach einfachen Umformungen:

$$(\operatorname{tg}\beta-\operatorname{tg}y)^2(1-\operatorname{tg}\beta\operatorname{tg}y)=d(\operatorname{tg}\beta+\operatorname{tg}y)^2(1+\operatorname{tg}\beta\operatorname{tg}y).$$

Setzt man schließlich $\frac{d-1}{d+1}=\gamma$, $\operatorname{tg}\beta=b$ und $\operatorname{tg}y=z$, so folgt:

$$z^3+\frac{\gamma(1+2b^2)}{b}z^2+(2+b^2)z+\gamma b=0.$$

Für die numerische Rechnung ist aber die so entwickelte Gleichung weniger geeignet, als die Gleichung (1). Es sei z. B. $\alpha=160^0$, also $\beta=40^0$ und $d=\frac{1}{2}$: Man erhält alsdann aus (1):

$$\log\operatorname{tg}(40^0+y)-\log\operatorname{tg}(40^0-y)+\log\sin(40^0+y)-\log\sin(40^0-y)$$
$$-0{,}3010300=F=0.$$

Durch Vergleichen der trigonometrischen Tafeln findet man sogleich, daß y zwischen 6^0 und 7^0 liegen muß.

(1) $y=6^0$

$$\begin{aligned}\log\operatorname{tg}46+\log\sin46^0&=9{,}87209\\ \log\operatorname{tg}34+\log\sin34^0&=9{,}57655\\ &\overline{0{,}29554}\\ &-0{,}30103\\ F&=\overline{-0{,}00549}\end{aligned}$$

(2) $y=7^0$

$$\begin{aligned}\log\operatorname{tg}47^0+\log\sin47^0&=9{,}89447\\ \log\operatorname{tg}33^0+\log\sin33^0&=9{,}54863\\ &\overline{0{,}34584}\\ &0{,}30103\\ F&=\overline{+0{,}04481.}\end{aligned}$$

Die Correktion AL (Fig. 21) ergiebt sich also aus der Gleichung:

$$\frac{AL}{549}=\frac{60'}{5030}.$$

Es ist also: $AL = 6' \, 33''$,

oder: $y = 6^0 \, 6' \, 33''$.

Führt man für diesen Werth die Rechnung noch einmal mit siebenstelligen Logarithmen durch, so folgt als letzte Correktion:

$$y = 6^0 \;\; 6' \; 33'',92,$$

folglich: $x = 92^0 \; 13' \;\; 7'',84$.

Ist in einem besonderen Falle $\alpha = \pi$, so erhält man aus der ursprünglichen Gleichung sofort:

$$\operatorname{tg} \tfrac{1}{2} x = \sqrt[3]{\frac{a}{c}}.$$

15) Läßt man die ebene Schnittfläche eines Meteoreisens in der Hitze anlaufen, oder ätzt man sie leicht durch verdünnte Salpeter- oder Salzsäure, so treten vier Systeme von Parallellinien hervor (Widmanstätten'sche Figuren), welche man als Schnittlinien der Spaltungsflächen im Meteoreisen mit der angeschliffenen Ebene betrachtet. Es soll untersucht werden, ob die Winkel, welche die Parallelen mit einander bilden, der Annahme entsprechen, daß die Theilgestalt des Meteoreisens ein regelmäßiges Tetraëder ist.

Das regelmäßige Tetraëder ABCD (Fig. 70) werde durch die Ebene ECFG geschnitten. Man denke sich dabei die Seitenfläche ABD als in der Ebene des Papieres liegend und die Basis BCD hinter dem Papiere. Man mißt ferner die vier Winkel $GCF = \delta$, $GCE = \gamma$, $GEC = \alpha$ und $ECG = \beta$. Unter der Voraussetzung nun, daß das Tetraëder ein regelmäßiges ist, müssen zwei dieser Winkel aus den andern beiden folgen. Setzt man nämlich W. $DFC = \chi$, W. $GCD = \varphi$, $DFG = \psi$ und $GFC = \varepsilon$, so ergiebt sich aus den beiden Dreiecken DFC und DGC leicht die Gleichung:

$$(1) \quad \frac{\sin(\varphi + 60^0)}{\sin \chi} = \frac{\sin \beta}{\sin \varepsilon}.$$

Ferner enthält man aus den beiden Dreiecken DFG und DFC ganz analog:

$$(2) \quad \frac{\sin(60^0 - \psi)}{\sin(60^0 - \chi)} = \frac{\sin \beta}{\sin \delta}.$$

Endlich folgt aus den beiden Dreiecken DGC und DGF:

$$(3) \quad \frac{\sin\varphi}{\sin\psi} = \frac{\sin\delta}{\sin\varepsilon}.$$

Ist nun $\beta = 60^\circ\ 50'$, $\delta = 43^\circ\ 30'$, also $\varepsilon = 17^\circ\ 20'$ gemessen, so kann man aus (1), (2) und (3) die unbekannten Winkel φ, χ und ψ und mit ihrer Hülfe α und γ berechnen. Stimmen die so erhaltenen Werthe mit den gemessenen $\alpha = 62^\circ$ und $\gamma = 57^\circ\,10'$ überein, so entsprechen die vier beobachteten Winkel in der That einem regelmäßigen Tetraëder. Die Gleichungen (1), (2) und (3) nehmen nun die Form an:

$$\log\sin\chi = \log\sin(\varphi + 60^\circ) + 9{,}5329980,$$
$$\log\sin(60^\circ - \psi) = \log\sin(60^\circ - \chi) + 0{,}1033044,$$
$$\log\sin\varphi = \log\sin\psi + 0{,}3636976.$$

Setzt man versuchsweise $\varphi = 5^\circ$, so ist demnach:

$$\log\sin\chi = 9{,}4902737, \quad \text{also:} \quad \chi = 18^\circ\ 0'\ 40'',$$
$$\log\sin(60^\circ - \psi) = 9{,}9287217, \quad \text{also:} \quad \psi = 1^\circ\ 56'\ 11'',$$
folglich: $$\log\sin\varphi = 8{,}8924848 \quad \text{und:} \quad \varphi = 4^\circ\ 28'\ 40''.$$

Versucht man hingegen $\varphi = 3^\circ$, so wird:

$$\log\sin\chi = 9{,}4828789, \quad \text{also:} \quad \chi = 17^\circ\ 41'\ 54'',$$
$$\log\sin(60^\circ - \psi) = 9{,}9313414, \quad \text{also:} \quad \psi = 1^\circ\ 22'\ 33'',$$
folglich: $$\log\sin\varphi = 8{,}7440989 \quad \text{und:} \quad \varphi = 3^\circ\ 10'\ 50''.$$

Interpolirt man aus diesen beiden Resultaten einen Näherungswerth für φ, so findet man:

$$\varphi = 3^\circ\ 30'\ 50''.$$

Substituirt man diesen Werth in die obige Gleichung, so ergiebt sich:

$$\log\sin\chi = 9{,}4848416, \quad \text{oder:} \quad \chi = 17^\circ\ 46'\ 51'',87,$$

ferner:

$$\log\sin(60^\circ - \psi) = 9{,}9306511, \quad \text{oder:} \quad \psi = 1^\circ\ 31'\ 28'',89$$
und: $$\log\sin\varphi = 8{,}7887056, \quad \text{oder:} \quad \varphi = 3^\circ\ 31'\ 28'',92.$$

Daher ergiebt sich als ein weiterer Näherungswerth:

$$\varphi = 3^\circ\ 32'\ 38'',6.$$

Man findet:

$$\log\sin\chi = 9{,}4849555, \quad \text{oder:} \quad \chi = 17^\circ\ 47'\ 9'',35,$$
$$\log\sin(60^\circ - \psi) = 9{,}9306099, \quad \text{oder:} \quad \psi = 1^\circ\ 32'\ 0'',77$$
und: $$\log\sin\varphi = 8{,}7912205, \quad \text{oder:} \quad \varphi = 3^\circ\ 32'\ 42'',12.$$

Mithin ist nahezu: $\varphi = 3^\circ\ 32'\ 45''$.

Die Genauigkeit ist damit soweit getrieben, als es mit Hülfe von siebenstelligen Logarithmen möglich ist.

Zur Bestimmung des Winkels α ergiebt sich dann aus den beiden Dreiecken AGC und AGE:

$$\frac{\sin ACG}{\sin AEG} = \frac{\sin(60^\circ\ 50' + \alpha)}{\sin \alpha},$$

oder, wenn man die für ACG und AEG gefundenen Werthe einsetzt:

$$-\operatorname{tg}(\alpha + 30^\circ\ 25') = \frac{\operatorname{tg} 30^\circ\ 25' \operatorname{tg} 61^\circ\ 21'',1}{\operatorname{tg} 2^\circ\ 32'\ 23'',9},$$

$$\begin{aligned}
\log \operatorname{tg}(30^\circ\ 25') &= 9,7687029 \\
\log \operatorname{tg}(61^\circ\ 21'',1) &= \underline{0,2563528} \\
& \ 0,0250557 \\
\log \operatorname{tg} 2^\circ\ 32'\ 23'',9 &= \underline{8,6469889} \\
& \ 1,3780668,
\end{aligned}$$

folglich: $\alpha = 61^\circ\ 58'\ 52''$

und: $\gamma = 57^\circ\ 11'\ 8''$.

Es stimmen also die berechneten Winkel mit den gemessenen bis auf wenige Minuten überein.

16) Höhenbestimmungen mittelst des Barometers.

Wenn die Anzahl der Luftatome, welche sich bei einem Barometerstande von a Zoll, an der Beobachtungsstelle auf der Länge eines Zolles befinden $= \lambda$ ist, so muß nach dem Mariotte'schen Gesetze dieselbe Anzahl bei einem Quecksilberstande von einem Zoll $= \frac{\lambda}{a} = \lambda'$ sein. Bei einer anderen beliebigen Barometerhöhe von b Zoll sind also aus demselben Grunde auf jeden Zoll $b\lambda'$ Luftatome vertheilt. Es ist nämlich klar, wie die Anzahl dieser Atome das specifische Gewicht und die Spannung bedingt, mit welcher die Atmosphäre auf die Quecksilbersäule drückt. Nimmt man also eine vertikale Strecke von der Länge δ an, welche so klein ist, daß man in ihrer ganzen Ausdehnung die Dichte der Atmosphäre als konstant betrachten kann, so werden sich auf ihr $b\lambda'\delta$ Luftatome befinden. Betrachtet man aber zweitens einen Faden Quecksilberatome von der Höhe der Barometersäule, so wird derselbe von den Impulsen sämmtlicher Luftatome getragen, welche sich auf der vertikalen Linie befinden, die vom Beobachtungsorte bis zu den Grenzen der Atmosphäre hinaufreicht. Da nun sämmtliche Atome von der Erde gleich starke Impulse empfangen, so muß die Anzahl der Quecksilberatome auf der Länge der Barometersäule gleich der Anzahl der Luftatome sein, welche ihr das Gleichgewicht hält, wobei wir allerdings annehmen, daß die Erdschwere innerhalb der Grenzen unserer Erdatmosphäre konstant bleibt. Befinden sich also auf der Länge eines Zolles q Quecksilberatome, also auf der Länge der Barometersäule von b Zoll bq Quecksilberatome, so werden dieselben auch von bq Luftatomen getragen. Bei einem Barometerstande von b_1 Zoll wird also die entsprechende Anzahl von Luftatomen $b_1 q$ sein, wenn man annimmt, daß die Dichte des Quecksilbers trotz des verschiedenen Barometerstandes dieselbe ist. Wenn daher am unteren Ende der oben betrachteten vertikalen Strecke δ der Barometerstand b und am oberen Ende b_1 Zoll beträgt, so erhält man für die Anzahl der Luftatome, die auf δ vertheilt sind, den zweiten Werth $bq - b_1 q$ oder $q(b - b_1)$. Man hat also die Gleichung:

$$q(b - b_1) = \lambda' b \delta,$$

oder:

$$b_1 = b\left(1 - \frac{\lambda' \delta}{q}\right).$$

Der Faktor von b ist nun für alle Barometerhöhen konstant, wenn man die willkürliche Strecke δ als konstant betrachtet.

Es bedeutet nämlich $\frac{\lambda'}{q} = \frac{1}{\alpha}$ das specifische Gewicht der atmosphärischen Luft, die sich unter dem Drucke von 1″ Quecksilber befindet, wenn das specifische Gewicht des Quecksilbers $= 1$ gesetzt wird. Es ist also α eine konstante aus der Beobachtung zu bestimmende Größe. Erhebt man sich nun mit dem Barometer noch einmal um dieselbe Strecke δ, und sinkt dabei die Quecksilbersäule bis auf b_2 Zoll, so folgt:

$$b_2 = b_1\left(1 - \frac{\delta}{\alpha}\right),$$

oder, wenn man den Werth von b_1 einsetzt:

$$b_2 = b\left(1 - \frac{\delta}{\alpha}\right)^2.$$

Bei einer dritten Erhebung um δ erhält man für den entsprechenden Barometerstand b_3 analog:

$$b_3 = b\left(1 - \frac{\delta}{\alpha}\right)^3,$$

ferner:

$$b_4 = b\left(1 - \frac{\delta}{\alpha}\right)^4 \text{ u. s. w.}$$

Es ergiebt sich also für einen beliebigen Barometerstand b_n die Relation:

$$b_n = b\left(1 - \frac{\delta}{\alpha}\right)^n.$$

Ist also der vertikale Abstand der beiden Punkte, welchen die Barometerstände b_n und b entsprechen $= x$, so denke man denselben in n gleiche, sehr kleine Theile δ geschnitten, so daß $\delta = \frac{x}{n}$ wird. Man findet daher:

$$b_n = b\left(1 - \frac{x}{n\alpha}\right)^n,$$

folglich, wenn $n = \infty$ ist:

$$b_n = be^{-\frac{x}{\alpha}},$$

oder:

$$(1) \quad e^{\frac{x}{\alpha}} = \frac{b}{b_n}$$

und:

$$\frac{x}{\alpha} \log e = \log b - \log b_n,$$

mithin:

$$(2) \quad x = \alpha \log\text{nat}\, 10 (\log b - \log b_n).$$

Es ist in dieser Formel die Constante $\alpha = 294000$.

Wir hatten bei der obigen Betrachtung die Wärme der Luft noch nicht berücksichtigt und wollen daher zunächst die Correktionen hinzufügen, welche durch die Temperaturunterschiede nothwendig werden. Man hat nun für eine Temperatur von t Graden der hunderttheiligen Skala auf empirischem Wege die Formel gefunden:

$$\frac{q}{\lambda'} = 294000\left(1 + \frac{11t}{3000}\right).$$

Ist folglich am unteren Ende der betrachteten Strecke x die Lufttemperatur $= t^0$ und am oberen $= t_1{}^0$, so kann man annähernd:

$$\alpha = 294000'' \left\{1 + \frac{11(t + t_1)}{6000}\right\} \text{ setzen.}$$

Wegen der stärkeren Ausdehnung des Wasserdampfes indessen wollen wir den zweiten Faktor $= 1 + \frac{2(t+t_1)}{1000}$ annehmen, so daß sich, wenn man den so verbesserten Werth von α in (2) einsetzt, leicht die Gleichung ergiebt:

$$x = 294000'' \left\{1 + \frac{2(t+t_1)}{1000}\right\} \operatorname{lognat}\left(\frac{b}{b_n}\right),$$

oder, wenn man die Zoll in Meter verwandelt, nahezu:

$$x = 8000^m \left\{1 + \frac{2(t+t_1)}{1000}\right\} \operatorname{lognat}\left(\frac{b}{b_n}\right).$$

Der lognat läßt sich aber leicht in eine für die Rechnung vortheilhafte Reihe entwickeln. Es ist nämlich:

$$e^{i\varphi} = \cos\varphi + i\sin\varphi,$$

oder:

$$i\varphi = \operatorname{lognat}(\cos\varphi + i\sin\varphi),$$
$$= \operatorname{lognat}\left(i\sin\varphi + \sqrt{1-\sin\varphi^2}\right).$$

Setzt man in dieser Gleichung für $\sin\varphi$ den Werth $\frac{x}{i}$, so folgt:

$$i\arcsin\frac{x}{i} = \operatorname{lognat}\left(x + \sqrt{1+x^2}\right).$$

Nun ist aber:

$$\arcsin x = x + \tfrac{1}{2}\frac{x^3}{3} + \frac{1\cdot 3}{2\cdot 4}\frac{x^5}{5} + \frac{1\cdot 3\cdot 5}{2\cdot 4\cdot 6}\frac{x^7}{7} + \cdots$$

also: $$\arcsin\frac{x}{i} = \frac{x}{i} - \tfrac{1}{2}\frac{x^3}{3i} + \frac{1\cdot 3}{2\cdot 4}\frac{x^5}{5i} - \frac{1\cdot 3\cdot 5}{2\cdot 4\cdot 6}\frac{x^7}{7i} + \cdots$$

oder: $$i\arcsin\frac{x}{i} = x - \tfrac{1}{2}\frac{x^3}{3} + \frac{1\cdot 3}{2\cdot 4}\frac{x^5}{5} - \frac{1\cdot 3\cdot 5}{2\cdot 4\cdot 6}\frac{x^7}{7} + \cdots$$

Folglich ergiebt sich:

$$\operatorname{lognat}\left(x + \sqrt{x^2+1}\right) = x - \frac{x^3}{2\cdot 3} + \frac{1\cdot 3}{2\cdot 4}\frac{x^5}{5} - \frac{1\cdot 3\cdot 5}{2\cdot 4\cdot 6}\frac{x^7}{7} + \cdots$$

Substituirt man also:

$$x + \sqrt{x^2+1} = \frac{b}{b_n},$$

oder nach einfachen Transformationen:

$$x = \frac{b^2 - b_n^2}{2bb_n},$$

so folgt:

$$\log \mathrm{nat}\left(\frac{b}{b_n}\right) = \frac{b^2 - b_n^2}{2bb_n} - \frac{1}{2\cdot 3}\left(\frac{b^2 - b_n^2}{2bb_n}\right)^3 + \cdots$$

und, wenn man $\sqrt{b}$ für b und $\sqrt{b_n}$ für b_n setzt:

$$\tfrac{1}{2}\log \mathrm{nat}\left(\frac{b}{b_n}\right) = \frac{b - b_n}{2\sqrt{bb_n}} - \frac{1}{2\cdot 3}\left(\frac{b - b_n}{2\sqrt{bb_n}}\right)^3 + \cdots$$

Die Glieder von der dritten Potenz an sind nun ihrer Kleinheit wegen zu vernachlässigen, so daß man annähernd findet:

$$\log \mathrm{nat}\left(\frac{b}{b_n}\right) = \frac{b - b_n}{\sqrt{bb_n}}.$$

Substituirt man diesen Werth in die oben für x gefundene Gleichung, so folgt schließlich:

$$x = 8000^m\left\{1 + \frac{2(t + t_1)}{1000}\right\}\frac{b - b_n}{\sqrt{bb_n}}.$$

Bei allen diesen Formeln ist aber zu berücksichtigen, daß sie nur innerhalb gewisser Grenzen gelten, welche leicht aus den Annahmen hergeleitet werden können, welche wir bei ihrer Entwicklung gemacht haben. Wollte man die gefundenen Gleichungen aber über diese Grenzen hinaus anwenden, so erhielte man durchaus falsche Resultate. Einem Barometerstande $= 0$ entspräche z. B. $x = \infty$ und ziemlich kleine Barometerhöhen würden schon verhältnißmäßig sehr bedeutende Höhen ergeben.

Beispiele. Bestimmung der Höhe des Herzberges bei Ilefeld.

Am Fuße des Berges war der Barometerstand $b = 326,5$ Pariser Linien $= \frac{326,5^m}{443} = 0,737^m$, und die Temperatur t der Luft $= 7^\circ,6$. Auf dem Gipfel des Berges hingegen war $b_n = 0,7174^m$ und die Temperatur $t_1 = 6^\circ,2$.

Setzt man diese Werthe in die letzte Formel ein, so ergiebt sich:

$$x = \frac{8000^m \cdot 1,028 \cdot 0,0196}{\sqrt{0,52872}}.$$

Mit Hülfe der Logarithmentafeln folgt daraus:

$$\log x = 2,3457264,$$

also:

$$x = 221,68^m.$$

Zweites Beispiel. Es sei: $b = 735{,}581^{mm}$ $t = 15^0{,}3$,
$b_n = 537{,}203^{mm}$ $t_1 = 3^0{,}2$.

Es ergiebt sich nach Einsetzung dieser Werthe:

$$x = \frac{8000^m \cdot 1{,}037 \cdot 0{,}198378}{\sqrt{0{,}3951563}},$$

oder: $\log x = 3{,}4179779$,

folglich: $x = 2618{,}05^m$.

Trägt man auf einer horizontalen geraden Linie von einem beliebigen aber festen Anfangspunkte E aus als Abscissen die verschiedenen Höhen ab, zu denen man sich von der Erde aus erhoben hat, und in ihren Endpunkten als Ordinaten die entsprechenden Barometerstände, so erhält man eine Curve, welche graphisch die Aenderungen des Barometerstandes veranschaulicht. Da dieselbe interessante geometrische Eigenschaften darbietet, wollen wir sie genauer betrachten.

Es sei die Strecke $EA = \alpha$, wenn α die oben betrachtete Constante ist, $EB = b$ und die Strecke $ED = \delta$. Der Punkt A_2 ist fener dadurch bestimmt, daß $A_2D = \delta$ ist. Ebenso mag auch $A_2A_3 = A_3A_4 = \cdot\cdot = \delta$ sein. Man errichte in D das Loth $DC''' \# EB$. Zieht man alsdann AB, so trifft diese Linie das Loth BC''' im Punkte C_1. Man lege durch C_1 die Strecke C_1B_1 parallel der horizontalen Linie AE. Verbindet man ferner diesen Punkt B_1 mit A, so ergiebt sich auf der Linie DC''' ein neuer Schnittpunkt C_2, durch welchen man die horizontale Gerade C_2B_2 legt, welche über C_2 hinaus verlängert das in A_2 zu AE errichtete Loth in a_2 trifft. Man ziehe weiter B_2A, und bestimmt so einen Punkt C_3, mit Hülfe dessen man auf dem Lothe in A_3 einen Punkt a_3 und auf der Geraden EB einen Punkt B_3 findet u. s. w. Setzt man nun $EB_1 = b_1$, $EB_2 = b_2$, $EB_3 = b_3$ u. s. w., so folgt:

$$\frac{b}{\alpha} = \frac{b - b_1}{\delta}, \quad \text{also:} \quad b_1 = b\left(1 - \frac{\delta}{\alpha}\right)$$

Ebenso wird:
$$b_2 = b_1\left(1 - \frac{\delta}{\alpha}\right) \qquad = b\left(1 - \frac{\delta}{\alpha}\right)^2$$

$$b_3 = b_2\left(1 - \frac{\delta}{\alpha}\right) \qquad = b\left(1 - \frac{\delta}{\alpha}\right)^3$$

und allgemein $b_n = b\left(1 - \frac{\delta}{\alpha}\right)^n$ bis in das Unendliche, da bei der angenommenen Construktion sich wohl der Punkt A_n bis in das Unendliche entfernen, der Punkt B_n aber nie mit der horizontalen Geraden AE zusammenfallen kann. Man kann übrigens die angegebene Construktion auch über B hinaus nach oben hin fortsetzen, so daß man BC ∦ ED zieht, A mit C verbindet, und so auf EB einen Punkt B' erhält, durch welchen sich dann wieder C' und a' ergeben. Daraus folgt dann wieder B'', C'', a'' u. s. w. bis ins Unendliche. Nach einer der obigen analogen Bezeichnung findet man:

$$\frac{b'}{\alpha} = \frac{b' - b}{\delta}, \qquad \text{oder:} \quad b' = b\left(1 - \frac{\delta}{\alpha}\right)^{-1}$$

$$b'' = b'\left(1 - \frac{\delta}{\alpha}\right)^{-1} \qquad = b\left(1 - \frac{\delta}{\alpha}\right)^{-2}$$

also allgemein:

$$b^{(n)} = b\left(1 - \frac{\delta}{\alpha}\right)^{-n}.$$

Nimmt man nun δ unendlich klein an, so geht das Polygon $a'''a''a'BC_1a_2a_3a_4a_5\cdots$ in eine unendliche Curve über, deren Ordinaten sämmtlich der gefundenen Barometerformel entsprechen, welche uns also das Sinken der Barometersäule mit zunehmender Höhe graphisch darstellt.

Es ist nun eine interessante Eigenschaft dieser Curve, daß der von ihr und der Horizontalen EA begrenzte, sich in das Unendliche erstreckende Theil der Ebene nur eine endliche Größe hat. Es ist nämlich leicht zu beweisen, daß, weil die Strecken δ sämmtlich dieselben waren, auch $a^{IV}a'''c''' ∦ AC'''$, ferner $a'''a''c'' ∦ B'''C''A$, $a''a'c' ∦ C'A$, $a'Bc ∦ B'ca$, $C_1a_2c_2 ∦ B_1C_2A$ u. s. w. sein muß. Daraus ergiebt sich aber $\Delta a'''b'''c''' \cong \Delta AB'''C'''$, $a''b''c'' \cong AB''C''$ u. s. w., so daß das Polygonstück $a'''a''a'BC_1a_2a_3a_4a_5a_6b_6b_{IV}$ flächengleich ist dem ausgezackten Polygone $AC'''B'''C''B''C'B'CB\cdots C_6B_6$. Setzt man diese Betrachtung bis in das Unendliche fort, so ist das unendliche Polygonstück links von $a'''b^{IV}$ gleich dem Dreiecke $AC'''E$, da die Summe der zwischen EB und DC liegenden Hacken gleich dem Dreiecke $DC'''E$ ist.

Man setze nun $EG = x = n\delta$ und folglich:

$$Ga''' = y = b\left(1 - \frac{\delta}{\alpha}\right)^{-n}$$
$$= b\left(1 - \frac{x}{n\alpha}\right)^{-n},$$

folglich, wenn das Polygon in eine Curve übergeht, oder δ unendlich klein, also n unendlich groß ist:

$$y = be^{-\frac{x}{\alpha}}.$$

Dann ist der Flächenraum, der sich von der Ordinate Ga''' nach links hin bis in das Unendliche erstreckt, und welcher von der Curve und der horizontalen Geraden GA_∞ begrenzt wird:

$$= \varDelta AC'''E + \varDelta b^{IV}a'''G,$$
$$= \tfrac{1}{2}\alpha y + \varDelta AC'''D,$$
$$= \tfrac{1}{2}\alpha y + \tfrac{1}{2}y(\alpha - \delta),$$
$$= \alpha y - \tfrac{1}{2}\delta y,$$
$$= \alpha y,$$

da das Glied mit dem Faktor δ verschwindet. Die Fläche links von EB ist also $= \alpha b$ und $EGa'''B = \alpha(y - b)$.

Außer der soeben hergeleiteten Eigenschaft der betrachteten Curve läßt sich auch noch unmittelbar aus der Figur beweisen, daß ihre Subtangente konstant und zwar $= \alpha$ ist.

17) Wie groß ist der äußere Radius einer Kugelschale von der Dicke δ, wenn das specifische Gewicht derselben $= s$ ist, das hohle Innere mit einem Stoffe vom specifischen Gewichte μ gefüllt wird und die Kugel in einer Flüssigkeit vom specifischen Gewichte m schwimmen soll?

Bezeichnet man den äußeren Radius der Kugelschale mit x, so ist der innere $= x - \delta$, das Volumen der Schale also:

$$= \tfrac{4}{3}\pi(x^3 - (x - \delta)^3).$$

Da aber ein Cubikfuß Wasser 66 Pfund alt Gewicht wiegt, so ist ihr Gewicht:

$$= \tfrac{4}{3}\pi(x^3 - (x - \delta)^3)66s \text{ Pfund}.$$

Die Masse im Innern wiegt aber $\frac{4}{3}\pi(x - \delta)^3 66\mu$ Pfund.

Da für den Fall des Gleichgewichts aber das Gesammtgewicht der Kugel gleich dem Gewichte der verdrängten Flüssigkeit ist, so erhält man die Gleichung:

$$\tfrac{4}{3}\pi(x-\delta)^3 66\mu + \tfrac{4}{3}\pi(x^3-(x-\delta)^4)66s = \tfrac{4}{3}\pi x^3 66m,$$

oder: $$(x-\delta)^3\mu-(x-\delta)^3 s = mx^3 - sx^3.$$

Daraus folgt:

$$\frac{s-m}{s-\mu} = \frac{(x-\delta)^3}{x^3} = \left(1-\frac{\delta}{x}\right)^3.$$

Es ist somit:

$$x = \frac{\delta\sqrt[3]{s-\mu}}{\sqrt[3]{s-\mu}-\sqrt[3]{s-m}}.$$

In dem besonderen Falle, daß s gegen m und μ sehr groß ist, läßt sich dieser Werth in eine einfachere Form bringen. Es ist nämlich identisch:

$$\sqrt[3]{\frac{s-m}{s-\mu}} = \left(1-\frac{m-\mu}{s-\mu}\right)^{\frac{1}{3}}$$

$$= 1 - \tfrac{1}{3}\frac{m-\mu}{s-\mu} - \tfrac{1}{9}\left(\frac{m-\mu}{s-\mu}\right)^2 - \cdots$$

In dieser Reihe ist $\frac{m-\mu}{s-\mu}$ ein sehr kleiner Bruch, so daß man seine höheren Potenzen, von der zweiten an, vernachlässigen darf. Es ist also mit großer Annäherung:

$$\sqrt[3]{\frac{s-m}{s-\mu}} = 1 - \frac{m-\mu}{3(s-\mu)},$$

oder: $$x = \frac{3\delta(s-\mu)}{m-\mu}.$$

Die Fälle, in denen die Auflösung unmöglich ist, ergeben sich unmittelbar aus der Form des gefundenen Resultates.

18) Ein kugelförmiger Ballon, welcher aus einem Stoffe gefertigt ist, von dem jeder Quadratfuß q Pfund wiegt, ist mit einem Gase vom specifischen Gewichte σ gefüllt und schwimmt in einer Flüssigkeit, deren specifisches Gewicht λ ist. Wie groß muß sein Radius sein, wenn er noch eine Last von p Pfunden tragen soll?

Ist der Radius der Kugel $=x$, so ist ihre Oberfläche $=4\pi x^2$, also das Gesammtgewicht der Hülle $=4\pi q x^2$. Der Inhalt der Kugel wiegt aber $\tfrac{4}{3}\pi\sigma 66x^3$. Damit nun der Ballon schwimme, muß sein Gesammtgewicht $+p$ Pfunden gleich dem Gewichte der verdrängten Luft sein. Man hat also die Gleichung:

$$4\pi q x^2 + \tfrac{4}{3}\pi x^3 66\sigma + p = \tfrac{4}{3}\pi 66\lambda x^3,$$

oder:

$$\frac{4\pi q}{p}\,\frac{1}{x} + \frac{4\pi 66\sigma}{3p} + \frac{1}{x^3} = \frac{4\pi 66\lambda}{3p},$$

also:

$$\left(\frac{1}{x}\right)^3 + \frac{4\pi q}{p}\,\frac{1}{x} = \frac{88\pi(\lambda-\sigma)}{p}.$$

19) Ein hohles kegelförmiges Gefäß von der Höhe h und dem Radius des Grundkreises $=r$ wird, die Oeffnung nach unten gekehrt, b' tief in Wasser eingetaucht. Wie hoch wird die Flüssigkeit im Kegel steigen?

Ehe der Kegel in das Wasser getaucht ist, befindet sich die ihn erfüllende Luft unter dem Drucke einer Atmosphäre oder einer Wassersäule von 32 oder allgemein w Fuß. Ist nun der Kegel b' tief in das Wasser eingetaucht und die Flüssigkeit x Fuß hoch in das Innere hineingestiegen, so befindet sich die eingeschlossene Luft unter einem Drucke von $w+b-x$ Fuß. Nach dem Mariotte'schen Gesetze ist also ihr Volumen:

$$= \tfrac{1}{3}\pi r^2 h \frac{w}{w+b-x}.$$

Der mit Luft angefüllte Kegelraum hat aber ein Volumen:

$$= \tfrac{1}{3}\pi \frac{(h-x)^3 r^2}{h^2}.$$

Man erhält somit zur Bestimmung von x die folgende Gleichung:

$$h\frac{w}{w+b-x} = \frac{(h-x)^3}{h^2},$$

oder: (1) $wh^3 = (h-x)^3(w+b-x)$.

Setzt man nun $h-x = \frac{1}{z}\sqrt[4]{wh^3}$, so ergiebt sich nach einfachen Transformationen:

$$(2)\quad z^4 = \frac{w+b-h}{\sqrt[4]{wh^3}}\,z + 1.$$

Ist z. B. $h=32'$, $b=16'$ und $w=32'$, so erhält man:

$$z^4 - 0{,}5z - 1 = 0.$$

Setzt man $z = a + \delta$ und vernachlässigt die höheren Potenzen von δ, so findet man:

$$\delta = \frac{1 + 0{,}5a - a^4}{4a^3 - 0{,}5}.$$

Ist nun $a = 1$, so folgt $\delta = 0{,}1$. Substituirt man aber $a = 1{,}1$, so findet man $a = 1{,}11$.

Es ergiebt sich nun für:

$$\begin{aligned} a &= 1{,}11 &: \delta &= 0{,}0074, \\ a &= 1{,}1174 &: \delta &= 0{,}00005, \\ a &= 1{,}11745 &: \delta &= 0{,}000001. \end{aligned}$$

Es ist somit: $z = 1{,}117451$

und: $x = h - \frac{1}{z}\sqrt[4]{wh^3}$,

$= 3{,}359232'$.

20) In ein kegelförmiges Gefäß BAC (Fig. 67), dessen Axe AD ist und in welchem Winkel $DAC = \alpha$ ist, fließen in jeder Sekunde k Cubikfuß irgend einer Flüssigkeit, während in jeder Sekunde eine Schicht von der Dicke $FD = \delta$ verdampft. **Wie hoch wird die Flüssigkeit im Kegel steigen können?**

Die gesuchte Höhe AD sei $= x$, der Radius des dazu gehörigen Kegelkreises $DC = y$. Man kann nun die k Cubikfuß der zufließenden Flüssigkeit in einen Cylinder BCGE von der Höhe δ und dem Radius des Grundkreises y verwandeln und sich den Zufluß darin bestehend denken, daß der Cylinder BCGE in einer Sekunde in den Kegel hineingeschoben wird. Hat aber die Flüssigkeit ihren höchsten Stand erreicht, so wird jener Cylinder in der Sekunde seines Emporsteigens auch durch die Verdampfung verzehrt. Man hat also die Gleichung:

$$\pi y^2 \delta = k,$$

oder, da: $y = x \operatorname{tg} \alpha$

ist: $\pi \delta x^2 \operatorname{tg} \alpha^2 = k$,

also: $x = \sqrt{\frac{k}{\pi\delta}} \cot \alpha$.

Man kann die vorliegende Aufgabe auch für andere als kegelförmige Körper ohne Schwierigkeit lösen. Hat man z. B. eine Kugel vom Radius r, so folgt ebenfalls:

$$\pi y^2 \delta = k.$$

Es ist aber: $$y^2 = r^2 - (r-x)^2.$$

Also: $$x^2 - 2rx + \frac{k}{\pi\delta} = 0$$

und: $$x = r \pm \sqrt{r^2 - \frac{k}{\pi\delta}}.$$

Der gestellten Aufgabe entspricht aber offenbar nur das negative Wurzelzeichen. Das positive hat den Sinn, daß alles zufließende Wasser verdampfen würde, wenn es bereits die Höhe $r + \sqrt{r^2 - \frac{k}{\pi\delta}}$ erreicht hätte. Es bietet dieser Fall einige Analogie mit einem labilen Gleichgewichte, indem die Flüssigkeit, sobald sie unendlich wenig sinkt, bis auf $r - \sqrt{r^2 - \frac{k}{\pi\delta}}$ verdampfen würde, und wenn sie umgekehrt ein wenig über $r + \sqrt{r^2 - \frac{k}{\pi\delta}}$ steigt, aus der Kugel herausträte.

In einem parabolischen Gefäße, das durch Rotation einer Parabel vom Parameter p um die Abscissenaxe entsteht ist:

$$y^2 = 2px,$$

also: $$2px = \frac{k}{\pi\delta},$$

oder: $$x = \frac{k}{2\pi p\delta}.$$

21) Von L aus (Fig. 68) fahre eine Lokomotive L mit der Geschwindigkeit l in der Richtung nach der Felswand F. **Wie vernimmt ein Beobachter in A den direkten Ton der Pfeife und das Echo derselben an der Felswand?**

Die Geschwindigkeit des Schalles sei s, und die Anzahl der Schwingungen, welche die Pfeife in einer Sekunde macht, $= n$. Ferner gebrauche eine Tonwelle um von L aus nach A zu gelangen a Sekunden, während das Echo dazu b Sekunden gebrauche. Bevor nun nach $\frac{1}{n}$ Sekunde die Pfeife eine neue Schwingung macht, hat sich die Lokomotive um die Strecke $\frac{l}{n}$ bis zu Punkte L' vorwärts bewegt. Es wird also diese Welle erst $\frac{1}{n} + \frac{l}{sn}$ Sekunden später das Ohr des Beobachters in A erreichen können. Die dritte Welle gelangt von L'' aus wieder $\frac{1}{n} + \frac{l}{sn}$ Sekunden später an u. s. w. Im Punkte A dauert also jede Schwingung $\frac{1}{n}\left(1+\frac{l}{s}\right)$ Sekunden, so daß der dort gehörte Ton tiefer ist, als der wirkliche Ton der Pfeife.

Anders verhält es sich mit dem Echo. Während dasselbe nämlich von L aus zur Felswand und zurück nach A in b Sekunden gelangte, wird die in L' erfolgte Erschütterung schon nach $\frac{1}{n} - \frac{l}{ns}$ Sekunden und die Vibration in L'' wieder nur $\frac{1}{n} - \frac{l}{ns}$ Sekunden später in A anlangen. Die Dauer einer Schwingung beträgt daher nur $\frac{1}{n}\left(1-\frac{l}{s}\right)$ Sekunden, so daß der Ton höher geworden ist. Der Combinationston hat also das Intervall:

$$\frac{\frac{1}{n}\left(1-\frac{l}{s}\right)}{\frac{1}{n}\left(1+\frac{l}{s}\right)} = \frac{s-l}{s+l}.$$

Ist die Geschwindigkeit des Schalles z. B. 1040', und die der Lokomotive 80', so ist das Intervall:

$$\frac{960}{1120} = \frac{6}{7}$$

mehr als ein großer gazer Ton. Wenu hingegen $l = 55'$, so ist das Intervall etwa $\frac{9}{10}$, ein kleine ganzer Ton.

Aehnliche Veränderungen, wie hier die Tonhöhe erfährt, erleidet die Farbe der Gestirne, welche sich der Erde nähern oder von ihr entfernen.

22) Es soll aus der Dauer der Dämmerung die Höhe der Erdatmosphäre berechnet werden.

Es sei (Fig. 69) M der Mittelpunkt der Erde, BCD ein größter Kreis derselben und der Kreis AE die Grenze der Erdatmosphäre. Befindet sich nun die Sonne in der Richtung BS, so daß BS der letzte direkte Strahl ist, welchen B von der Sonne erhält, so verschwindet die Dämmerung in D, indem A der letzte Punkt der Atmosphäre ist, welcher nach D hin diffuses Licht reflektiren kann.

Es sei nun BCD der Aequator der Erde. Da unter demselben zur Zeit der Tag- und Nachtgleiche die Dämmerung $1^h\ 12'$ dauert, so wird bei der Rotation der Erde der Punkt B ebenfalls in $\frac{6}{5}$ Stunden von B nach D gelangen. Setzt man also den Winkel $DMB = 2\varphi$, so ergiebt sich $2\varphi = 18^0$, oder Winkel $DMA = AMB = 9^0$.

Nun ist: $$AM = \frac{r}{\cos\varphi},$$

oder: $$AC = \frac{r}{\cos\varphi} - r = \frac{2r\sin\frac{1}{2}\varphi^2}{\cos\varphi}.$$

Setzt man in dieser Gleichung $\varphi = 9^0$ und nimmt man $r = 860$ Meilen an, so erhält man die gesuchte Höhe der Erdatmosphäre:

$$AC = 10{,}72 \text{ Meilen.}$$

Wollte man die Dauer der Dämmerung in irgend einem anderen Punkte der Erde außerhalb des Aequators der Rechnung zu Grunde legen, so hätte man zunächst mit Hülfe der geographischen Breite die Anzahl der Grade zu berechnen, welche beim Ende der Dämmerung die Sonne unter den Horizont herabgesunken ist. Daraus ergiebt sich dann wiederum sofort der Winkel DAB und also auch 2φ.

23) In einer Ebene sind zwei koncentrische Kreise gegeben. Der größere derselben habe einen Radius $AC = R$ (Fig. 71), der andere einen Radius $AB = r$. Auf der Linie AF, welche im Mittelpunkte A senkrecht zur Ebene der Kreise steht, befindet sich ein leuchtender Punkt F. In welcher Höhe $AF = x$ muß derselbe stehen, damit der kleinere Kreis vom Radius r den nten Theil des Lichtes empfange, welches der größere Kreis vom Radius R erhält?

Man konstruire zwei Kegel, deren gemeinschaftliche Spitze F ist, und deren Grundkreise die beiden gegebenen Kreise sind. Legt man alsdann um F als Mittelpunkt eine Kugel mit einem Radius $FG = 1$, so wird dieselbe von den beiden Kegeln in den kleinen Kreisen GG' und JJ' geschnitten. Da nun aber die Kugel vom Punkte F gleichförmig beleuchtet wird und alles Licht, welches die beiden gegebenen

Kreise erhalten, durch die Kugelkalotten GG' und JJ' hindurchgeht, so kann man die Oberfläche dieser Kalotten als Maaß für die Lichtmengen betrachten, welche jene Kreise empfangen. Es muß also der Aufgabe gemäß die eine Kalotte n mal so groß sein als die andere. Sind daher HM und LM ihre beiden Höhen, so ergiebt sich:

$$\frac{2\pi HM}{2\pi LM} = n,$$

oder: $$HM = nLM.$$

Nun ist aber: $$HM = 1 - FH$$

und: $$LM = 1 - FL.$$

Setzt man diese Werthe ein, so folgt:

$$nFL = FH + n - 1.$$

Nun erhält man aber:

$$LF = \frac{x}{\sqrt{x^2 + r^2}} \quad \text{und:} \quad FH = \frac{x}{\sqrt{x^2 + R^2}},$$

so daß sich schließlich für x die Gleichung findet:

$$\frac{nx}{\sqrt{x^2 + r^2}} = \frac{x}{\sqrt{x^2 + R^2}} + n - 1.$$

Dieselbe läßt sich nicht auf eine quadratische Gleichung zurückführen, so daß man sie im Allgemeinen durch Annäherung auflösen wird. Es sei z. B.:

$$R = 200', \quad r = 4' \quad \text{und:} \quad n = 8.$$

Setzt man $\frac{1}{x^2} = y$, so hat man also die Gleichung:

$$\frac{8}{\sqrt{1 + 16y}} = \frac{1}{\sqrt{1 + 40000y}} + 7.$$

Eine Wurzel dieser Gleichung ist $y = 0$ oder $x = \infty$, ein Werth, welcher mit der physikalischen Deutung der Aufgabe in keinem Zusammenhange steht. Es muß noch eine andere positive Wurzel y geben, deren Werth ebenfalls nur klein sein kann. Versucht man z. B. $y = 0{,}1$, so ergiebt sich:

$$\frac{8}{\sqrt{1 + 1{,}6}} - \frac{1}{\sqrt{1 + 4000}} = 4{,}9456.$$

Es ist daher $y = 0{,}1$ ein zu großer Werth. Versucht man hingegen $y = 0{,}01$, so folgt:

$$\frac{8}{\sqrt{1+0{,}16}} - \frac{1}{\sqrt{1+400}} = 7{,}3779.$$

Es ist mithin $y = 0{,}01$ zu klein. Setzt man aber diesen Werth in das Glied $\frac{1}{\sqrt{40000y+1}}$ ein, so kann man mit Hülfe der anderen Seite der Gleichung einen genaueren Werth der Unbekannten erhalten. Durch abermaliges Einsetzen kann man auf diese Weise die Annäherung an den wahren Werth offenbar so weit treiben, als man will.

Für $y = 0{,}01$ folgt nahezu:

$$\frac{8}{\sqrt{1+16y}} = \frac{1}{20} + 7,$$

oder:
$$\sqrt{1+16y} = 1{,}135$$
und:
$$y = 0{,}018.$$

Setzt man diesen Werth noch einmal ein, so wird:

$$\frac{8}{\sqrt{1+16y}} = \frac{1}{\sqrt{1+40\cdot 18}} + 7 = 7{,}037242,$$

also:
$$y = 0{,}01827$$
und:
$$x = 7{,}39828,$$
genau bis auf fünf Decimalstellen.

24) Wir haben schon im Früheren (Seite 6) darauf aufmerksam gemacht, daß man bei der Transformation von Gleichungen vorsichtig verfahren muß, um nicht falsche Faktoren in die Rechnung einzuführen, oder auch andere, welche die richtigen Wurzeln liefern, fortzulassen. Ein auffallendes Beispiel dazu bietet sich bei der Behandlung der Linsenformel dar.

Es sei LM (Fig. 72) eine von zwei Kugelkalotten begrenzte Linse, deren Vorderfläche LSM einen Radius $= r$ und deren hintere Fläche einen Radius $= r_1$ haben mag. In der Axe SS_1 befindet sich in der Entfernung $SA = a$ der leuchtende Punkt A. Die Strahlen, welche derselbe auf die Linse wirft, mögen sich in D vereinigen. Ist alsdann $S_1D = a_1$, die Dicke der Linse $= l$, n der Brechungsindex ihrer Substanz und $n - 1 = m$, so hat man bekanntlich zur Bestimmung der Größe a_1 die Gleichung:

$$\frac{nar}{ma - r} + \frac{na_1r_1}{ma_1 - r_1} = l.$$

Nimmt man ferner an, daß die Linse eine Kugel ist, also $r = r_1$ und $l = 2r$, so folgt:

$$(1)\quad \frac{na}{ma - r} + \frac{na_1}{ma_1 - r} = 2.$$

Will man nun den Punkt suchen, in welchem $a = a_1$ wird, und setzt demgemäß in (1) $a = a_1$, so ergiebt sich:

$$\frac{2na}{ma - r} = 2,$$

oder:

$$a = -r,$$

offenbar ein richtiges, aber nicht das gesuchte Resultat. Das letztere erhält man, nachdem man in (1) zuerst die Nenner fortgeschafft hat und darauf $a = a_1$ setzt. Es folgt alsdann:

$$(ma - r)(na - ma + r) = 0,$$

oder:

$$(ma - r)(a + r) = 0.$$

Wir hatten also bei der obigen Substitution nur den zweiten Faktor dieser Gleichung erhalten, während der erste $ma - r$, der das gesuchte Resultat $a = \frac{r}{m}$ giebt, verschwand. Für Wasser ist z. B. $n = \frac{4}{3}$, folglich $m = \frac{1}{3}$ und $a = 3r$. Für Glas hat man $n = \frac{3}{2}$, mithin $m = \frac{1}{2}$ und $a = 2r$.

25) Die Alhazen'sche Aufgabe.

Es sei der Radius CD (Fig. 73) des Kreises $GH = 1$. Es sind außerhalb des Kreises zwei Punkte B und A gegeben und zwar sei $CB = b$, $CA = a$ und Winkel $ACB = \gamma$. In welcher Richtung wird ein Beobachter in A das Spiegelbild des leuchtenden Punktes B in dem spiegelnden Kreise wahrnehmen? (Lichtreflexe an spiegelnden cylindrischen Säulen.)

Angenommen, das Spiegelbild von B erscheine in der Richtung AD. Es muß alsdann, wenn man die Normale CDF zieht, nach dem bekannten Reflexionsgesetze Winkel $ADF =$ W. $BDF = y$ sein. Halbirt man ferner durch den Radius CE den Winkel γ, und setzt den Winkel $ECD = x$, so erhält man zur Bestimmung der beiden unbekannten Winkel x und y aus den Dreiecken ACD und BCD leicht die folgenden Gleichungen:

$$\frac{\sin y}{b} = \sin(y + x - \tfrac{1}{2}\gamma)$$

und: $$\frac{\sin y}{a} = \sin(y - x - \tfrac{1}{2}\gamma).$$

Dividirt man die beiden Gleichungen mit $\sin y$, so folgt:

$$\frac{1}{b} = \cos(\tfrac{1}{2}\gamma - x) - \cot y \sin(\tfrac{1}{2}\gamma - x)$$

und: $$\frac{1}{a} = \cos(\tfrac{1}{2}\gamma + x) - \cot y \sin(\tfrac{1}{2}\gamma + x).$$

Eliminirt man nun $\cot y$, so ergiebt sich:

$$\text{(c)} \quad \frac{1}{b}\sin(\tfrac{1}{2}\gamma + x) - \frac{1}{a}\sin(\tfrac{1}{2}\gamma - x) = \sin 2x,$$

oder: $$\sin\tfrac{1}{2}\gamma\left(\frac{1}{b} - \frac{1}{a}\right)\cos x + \cos\tfrac{1}{2}\gamma\left(\frac{1}{b} + \frac{1}{a}\right)\sin x = \sin 2x.$$

Man substituire ferner:

$$\sin\tfrac{1}{2}\gamma\left(\frac{1}{b} - \frac{1}{a}\right) = \frac{1}{\varrho}\sin\varphi$$

und: $$\cos\tfrac{1}{2}\gamma\left(\frac{1}{b} + \frac{1}{a}\right) = \frac{1}{\varrho}\cos\varphi.$$

Die auf diese Weise eingeführten Hülfsgrößen lassen sich leicht aus ihren Definitionsgleichungen bestimmen. Man erhält nämlich:

$$\operatorname{tg}\varphi = -\frac{b-a}{b+a}\operatorname{tg}\tfrac{1}{2}\gamma$$

und: $$\varrho = \frac{ab\sin\varphi}{(a-b)\sin\tfrac{1}{2}\gamma}.$$

Die aufzulösende Gleichung geht aber durch die Substitution in die folgende über:

$$\frac{1}{\varrho}\sin(\varphi + x) = \sin 2x,$$

oder endlich: $$(1) \quad \varrho = \frac{\sin(\varphi + x)}{\sin 2x}.$$

Bei einer näheren Betrachtung zeigt sich, daß diese Gleichung vom vierten Grade ist, also auch vier Wurzeln liefert. Dieselben sind nach dem bekannten Näherungsverfahren auch sämmtlich aus (1) zu entwickeln. Man könnte übrigens, wenn man die eine Auflösung gefunden hat, die andern drei als Wurzeln einer Gleichung dritten Grades darstellen.

Es sei nämlich der aus (1) entwickelte Werth von $x = k$, so müßte:

$$\frac{\sin(\varphi+x)}{\sin 2x}=\frac{\sin(\varphi+k)}{\sin 2k}$$

sein. Daraus folgt:

$$\frac{\sin\varphi}{\sin x}+\frac{\cos\varphi}{\cos x}=\frac{\sin\varphi}{\sin k}+\frac{\cos\varphi}{\cos k},$$

also:
$$\frac{\operatorname{tg}\varphi(\sin k-\sin x)}{\sin k\sin x}=\frac{\cos x-\cos k}{\cos x\cos k}.$$

Verwandelt man schließlich die Differenzen der sin und cos in Produkte, so erhält man leicht:

$$(2)\quad \operatorname{tg}x\operatorname{tg}\frac{k+x}{2}=\operatorname{tg}\varphi\cot k.$$

Ordnet man diese Gleichung nach $\operatorname{tg}\frac{1}{2}x$, so ergiebt sich für diese Größe eine Gleichung dritten Grades. Man könnte auch aus (2) durch Annäherung einen neuen Werth $x=\lambda$ entwickeln und mit seiner Hülfe eine quadratische Gleichung aufstellen, deren Wurzeln alsdann die letzten Werthe der unbekannten Größe x sind. Im Allgemeinen wird man aber wohl thun, sämmtliche vier Wurzeln direkt aus der Gleichung (1) zu berechnen.

Befindet sich der leuchtende Punkt B unendlich weit, so nimmt die ursprüngliche Gleichung (c), da $\frac{1}{b}=0$ wird, die Form an:

$$(3)\quad a=\frac{\sin(-\frac{1}{2}\gamma+x)}{\sin 2x}.$$

Man sieht also, wie die Auflösung des allgemeinen Problemes mit diesem besonderen übereinstimmt, da die Gleichung (1) in (3) übergeht, wenn man $\varrho=a$ und $-\frac{1}{2}\gamma=\varphi$ setzt. In diesem Falle geht geometrisch gedeutet die tangirende Ellipse in eine Parabel über, so daß im Allgemeinen die Construktion des Berührungspunktes der Ellipse mit den Brennpunkten A und B auf den einer Parabel zurückgeführt werden kann. Die vier Punkte nämlich, welche man aus der Auflösung der Gleichung (1) erhält, entsprechen den Berührungspunkten des Kreises mit vier Kegelschnitten, deren Brennpunkte A und B sind. Zwei derselben sind Ellipsen, die andern beiden aber Hyperbeln.

Beispiel. Es sei $b=2$, $a=\infty$ und $\gamma=\frac{1}{2}\pi$. Die aufzulösende Gleichung ist dann die folgende:

$$2 = \frac{\sin(\frac{1}{4}\pi + x)}{\sin 2x}.$$

oder: $\log\sin(\frac{1}{4}\pi + x) - \log\sin 2x - 0{,}3010300 = F = 0.$

Man sieht nun sofort aus den Logarithmentafeln, daß x zwischen 12° und 13° liegen muß.

Für $x = 12^\circ$ erhält man nämlich $F = 0{,}01325$ und für $x = 13^\circ$: $F = -0{,}01445$.

Nach dem bekannten Interpolationsverfahren ergiebt sich daher als erste Correktion:

$$\delta = 60' \frac{1325}{2770} = 28'.$$

Setzt man aber: $x = 12^\circ\ 28'$,

so folgt: $F = -0{,}000025$,

also, wenn man einen der obigen Werthe damit zusammenstellt:

$$\delta = -3'',1,$$

oder: $x = 12^\circ\ 27'\ 56'',9.$

Eine letzte Correktion ergiebt schließlich:

$$x = 12^\circ\ 27'\ 57'',78.$$

26) **Innerhalb des Kreises AA' (Fig. 74), dessen Radius $OA = a$ gegeben ist, befindet sich ein leuchtender Punkt B, dessen Abstand OB vom Mittelpunkte $O = b$ gegeben ist. Man soll die Gleichung der katakaustischen Curve finden, welche durch die vom Kreise reflektirten Lichtstrahlen gebildet wird.**

Die gesuchte katakaustische Curve ist der Ort sämmtlicher Punkte C, in welchen sich zwei unendlich nahe reflektirte Strahlen AC und A'C schneiden. Man setze nun die Strecke $OC = r$, den Winkel $COB = \vartheta$ und $AOB = \alpha$. Man bestimme ferner den Punkt C' auf AB so, daß Winkel $C'OA =$ W. COA ist. Alsdann ist auch $OC' = r$. Setzt man endlich $C'OB = 2\varphi$, so hat man offenbar:

$$2\varphi = \vartheta - 2\alpha,$$

also: $\alpha = \frac{1}{2}\vartheta - \varphi$ und: $\vartheta - \alpha = \frac{1}{2}\vartheta + \varphi.$

Nun ist: $\varDelta AOB = \varDelta AOC' - \varDelta C'OB,$

oder: $ab\sin\alpha = ar\sin(\vartheta - \alpha) - br\sin 2\varphi$

und: $ab\sin(\frac{1}{2}\vartheta - \varphi) = ar\sin(\frac{1}{2}\vartheta + \varphi) - br\sin 2\varphi.$

Löst man die Klammern auf und dividirt durch $2\mathrm{br}\sin\varphi\cos\varphi$, so findet man:

$$-\frac{a(b-r)}{2br}\frac{\sin\frac{1}{2}\vartheta}{\sin\varphi}+\frac{a(b+r)}{2br}\frac{\cos\frac{1}{2}\vartheta}{\cos\varphi}=1.$$

Setzt man also:

$$\frac{a(b+r)}{2br}\cos\tfrac{1}{2}\vartheta = A \quad \text{und:} \quad -\frac{a(b-r)}{2br}\sin\tfrac{1}{2}\vartheta = B,$$

so ergiebt sich:

$$(1) \qquad \frac{A}{\cos\varphi}+\frac{B}{\sin\varphi}=1.$$

Stellt man dieselben Betrachtungen, welche soeben für den Strahl BA durchgeführt sind, auch für den Nachbarstrahl BA′ an, so findet man für denselben, da A und B dieselben Werthe behalten, eine ganz ähnliche Gleichung, in welcher nur α' an die Stelle von α und an die Stelle von φ die Größe φ' getreten ist.

Mithin ist:

$$(2) \qquad \frac{A}{\cos\varphi'}+\frac{B}{\sin\varphi'}=1.$$

Aus (1) und (2) folgt nun:

$$A\frac{\cos\varphi'-\cos\varphi}{\cos\varphi\cos\varphi'}=B\frac{\sin\varphi-\sin\varphi'}{\sin\varphi\sin\varphi'}.$$

Verwandelt man aber die Differenzen in Produkte, so kann man den Faktor $\sin\frac{\varphi-\varphi'}{2}$ fortheben und, da für zwei Nachbarstrahlen φ und φ' nur unendlich wenig verschieden sind, $\varphi=\varphi'$ setzen. Man erhält auf diese Weise die Gleichung:

$$(3) \qquad \frac{A^{\frac{1}{3}}}{\cos\varphi}=\frac{B^{\frac{1}{3}}}{\sin\varphi}=C.$$

Es bleibt uns nur noch übrig aus den Gleichungen (1) und (3) den Winkel φ zu eliminiren.

Mit Hülfe der Gleichung (3) geht (1) in die Form über:

$$(4) \qquad CA^{\frac{2}{3}}+CB^{\frac{2}{3}}=1.$$

Es ist aber aus (3):

$$A^{\frac{2}{3}}=C^2\cos\varphi^2$$

und:

$$B^{\frac{2}{3}}=C^2\sin\varphi^2,$$

folglich: $A^{\frac{2}{3}} + B^{\frac{2}{3}} = C^2$,

aber nach (4): $A^{\frac{2}{3}} + B^{\frac{2}{3}} = \frac{1}{C}$.

Mithin ist: $C^3 = 1$, oder: $C = 1$.

Aus (4) folgt also: $A^{\frac{2}{3}} + B^{\frac{2}{3}} = 1$,

oder, wenn man für A und B ihre Werthe substituirt:

$$\{(b+r)\cos\tfrac{1}{2}\vartheta\}^{\frac{2}{3}} + \{(b-r)\sin\tfrac{1}{2}\vartheta\}^{\frac{2}{3}} = \left(\frac{2br}{a}\right)^{\frac{2}{3}}.$$

Diese Gleichung ist die Gleichung der Catakaustik, indem sie eine Relation zwischen ihren Polarkoordinaten r und ϑ aufstellt.

Die Punkte C besitzen nun auch in geometrischer Beziehung merkwürdige Eigenschaften.

Ist EA irgend einer der durch B gehenden Strahlen, so erhält man den reflektirten AD, wenn man AE = AD macht. Für jeden andern Strahl E'A' ist ebenso A'D' = E'A'. Ist nun Bogen EE' $= \alpha$ und AA' $= \gamma$, so folgt aus dieser Construktion leicht, daß Bogen DD' $= 2\gamma - \alpha$ ist. Sind ferner BA und BA' zwei Nachbarstrahlen, so kann man die Flächenstücke CAA' und CDD' als ähnliche geradlinige Dreiecke betrachten, aus denen die Gleichung folgt:

$$\frac{DD'}{AA'} = \frac{DC}{AC}, \quad \text{oder:} \quad \frac{2\gamma - \alpha}{\gamma} = 2 - \frac{\alpha}{\gamma} = \frac{DC}{AC}.$$

Ebenso ergiebt sich aus den Dreiecken BAA' und BEE':

$$\frac{\alpha}{\gamma} = \frac{BE}{AB}.$$

Addirt man mithin die gefundenen Resultate, so findet man:

$$\frac{DC}{AC} + \frac{EB}{AB} = 2.$$

Addirt man zu beiden Seiten dieser Gleichung 2, so folgt:

$$\frac{DC + AC}{AC} + \frac{EB + AB}{AB} = 4, \quad \text{oder:} \quad \frac{AE}{AC} + \frac{AE}{AB} = 4,$$

also:

$$\frac{1}{AC} + \frac{1}{AB} = \frac{4}{AE} = \frac{2}{AF},$$

wenn F der Halbirungspunkt der Sehne AE ist.

Da ferner AC' = AC ist, so hat man:

$$\frac{1}{AB} + \frac{1}{AC'} = \frac{2}{AF},$$

oder: $$AC'\cdot AF + AB\cdot AF = 2AB\cdot AC',$$
$$AB(AF - AC') = AC'(AB - AF),$$
folglich auch: $$AB\cdot C'F = AC'\cdot BF.$$

Es sind daher die Punkte A, F, C', B harmonische Punkte. Mit Hülfe dieser Eigenschaft lassen sich leicht die einzelnen Punkte der Katakaustik konstruiren. Ist nämlich BA irgend einer der von B ausgehenden Strahlen und AD der zugehörige reflektirte, so halbire man AE durch den Punkt F, suche zu A, B und F den vierten harmonischen Punkt C' und mache AC = AC', so ist C der entsprechende Punkt der Brennlinie. Man könnte also, wenn man dieselbe Construktion mit sämmlichen durch B gehenden Strahlen ausführt, auch sämmtliche Punkte der Katakaustik auffinden.

Das gefundene Resultat läßt sich leicht auf beliebige Curven ausdehnen, da für die Krümmungskreise derselben die Punkte C dieselben wie für die entsprechenden Curventheile selbst sind.

Die Gleichung der Katakaustik einer Cykloïde läßt sich auch leicht auf folgendem rein geometrischen Wege auffinden. Die Gleichung einer Cykloïde hat bekanntlich die Gestalt:

$$x = a(\vartheta - \sin\vartheta)$$
und: $$y = a(1 - \cos\vartheta),$$

wenn BC = CD = a (Fig. 75) der Radius des die Cykloïde erzeugenden Kreises ist. Schneidet man nun auf dem beweglichen Radius CB stets eine Strecke BE = BA = y ab, so beschreibt der Punkt E eine zweite Cykloïde, deren Erzeugungskreis einen halb so großen Radius hat, als der der ersten. Es ist nämlich W. CDB = DBA = DBE, also $\triangle ABD \cong BDE$, also auch BE = BA und Winkel DEC ein rechter. Da ferner W. EFD = 2ϑ ist, so hat man:

$$OK = x' = \tfrac{1}{2}a(2\vartheta - \sin 2\vartheta)$$
und: $$EK = y' = \tfrac{1}{2}a(1 - \cos 2\vartheta),$$

zwei Gleichungen, welche zusammen eine Cykloïde darstellen. Bei der Wälzung des Kreises vom Radius CD tangirt also der Radius BC eine Cykloïde OEG, da ED die Normale dieser Cykloïde mit BC einen rechten Winkel bildet. Wenn also aus dem Unendlichen Strahlen wie MB auf eine Cykloïde fallen, so ist die Katakaustik wieder eine Cykloïde vom halben Radius, da Winkel ABD

$= DBE$ ist und mithin alle parallel einfallenden Strahlen in der Richtung BC reflektirt werden.

27) Auf dem Kreise CC' (Fig. 76), dessen Mittelpunkt M und dessen Radius $MC = r$ sein mag, bewegt sich in der Richtung CC' ein Punkt mit der Winkelgeschwindigkeit w. In A befindet sich ferner ein Punkt, der in dem Augenblicke, in welchem sich der bewegte Punkt in C befindet, Licht aussendet, dessen Geschwindigkeit $= \lambda$ sein mag. Wann wird die erste Lichtwelle den bewegten Punkt erreichen?

Es sei $MA = a$ und W. $CMA = \alpha$. Gebraucht nun das Licht, um den bewegten Punkt in C' zu erreichen, t Sekunden, so ist $AC' = \lambda t$, W. $C'MC = wt$. Man erhält also aus dem Dreiecke $C'MA$ zur Bestimmung von t die transscendente Gleichung:

$$\lambda^2 t^2 = a^2 + r^2 - 2ar\cos(\alpha + wt).$$

Folgende Näherungsmethode möchte, wenn $\alpha + wt$ sich der Größe $\frac{1}{2}\pi$ nähert, zur Auflösung derselben am geeignetsten sein.

Vernachlässigt man zuerst das Glied $2ar\cos(\alpha + wt)$, so ergiebt sich als erster annähernder Werth:

$$t^2 = \frac{a + r^2}{\lambda^2}.$$

Setzt man denselben auch in $\cos(\alpha + wt)$ ein, so ergiebt sich ein neues richtigeres t u. s. w.

28) Auf dem Kreise AA' (Fig. 77) bewegt sich von A aus ein leuchtender Punkt mit der Winkelgeschwindigkeit α, welche im Verhältniß zur Lichtgeschwindigkeit λ sehr groß sein soll. Auf dem Kreise CB befindet sich ferner ein Punkt B, dessen Lage bekannt ist. Wann erreicht das vom bewegten Punkte A ausgehende Licht zuerst den Punkt B?

Es sei $SA = a$, $SB = b$ und Winkel $BSA = \vartheta$.

Unter allen Lagen des Punktes A giebt es eine solche, daß die Zeit, welche verfließt, bevor der Punkt A von seiner Anfangslage aus dahin gelangt, und bevor dann das aus dieser Lage ausgesandte Licht in B eintrifft, ein Minimum ist.

Es sei dieser Punkt A', und Winkel $BSA' = x$. Sind alsdann t Sekunden verflossen, bevor A nach A' gelangte, und gebraucht das von A' ausgehende Licht noch τ Sekunden, um B zu treffen, so muß also:

$$t+\tau$$

ein Minimum sein. Es ist aber:

$$A'B=\lambda\tau \quad \text{und:}\ \alpha t=\vartheta-x, \quad \text{oder:}\ t=\frac{\vartheta-x}{\alpha}.$$

Ferner folgt aus dem $\varDelta SBA'$:

$$\lambda\tau=\sqrt{a^2+b^2-2ab\cos x}.$$

Folglich muß $\frac{\vartheta-x}{\alpha}+\frac{1}{\lambda}\sqrt{a^2+b^2-2ba\cos x}$ ein Minimum sein. Setzt man also diesen Ausdruck gleich dem entsprechenden mit x_1, so folgt nach einfachen Umformungen:

$$\frac{2ab(\cos x_1-\cos x)}{\lambda\{\sqrt{a^2+b^2-2ab\cos x}+\sqrt{a^2+b^2-2ab\cos x_1}\}}=\frac{x-x_1}{\alpha}.$$

Verwandelt man also $\cos x_1-\cos x$ in ein Produkt und dividirt mit der unendlich kleinen Differenz $x-x_1$, so findet man:

$$\frac{2ab\sin\frac{1}{2}(x+x_1)}{\lambda\{\sqrt{a^2+b^2-2ab\cos x}+\sqrt{a^2+b^2-2ab\cos x_1}\}}=\frac{1}{\alpha},$$

also, wenn man $x=x_1$ setzt:

$$\frac{ab\sin x}{\lambda\sqrt{a^2+b^2-2ab\cos x}}=\frac{1}{\alpha}$$

und:
$$\sin x^2=\frac{\lambda^2}{\alpha^2b^2}+\frac{\lambda^2}{\alpha^2a^2}-\frac{2\lambda^2}{\alpha^2ab}\cos x.$$

Es sei nun $\frac{\lambda}{a\alpha}=\sin\mu$ und $\frac{\lambda}{\alpha b}=\sin\nu$, eine Substitution, die nach der über das Größenverhältniß von λ und α gemachten Voraussetzung immer erlaubt ist, so folgt:

$$1-\cos x^2=\sin\mu^2+\sin\nu^2-2\sin\mu\sin\nu\cos x.$$

Diese quadratische Gleichung liefert die Wurzeln:

$$\cos x=\sin\mu\sin\nu\pm\cos\mu\cos\nu.$$

Also: $\cos x=\cos(\nu-\mu)$, oder: $\cos x=-\cos(\mu+\nu)$.
Da nun $a>b$, also $\mu<\nu$ ist, so muß entweder:

$$x=\nu-\mu, \quad \text{oder:}\ =\pi-\mu-\nu\ \text{sein.}$$

Setzt man den ersten Werth in die Ausdrücke für t und τ ein, so folgt:

$$t+\tau=\frac{1}{\alpha}\{\vartheta-\nu+\mu+\cot\mu-\cot\nu\}.$$

Der andere Werth von x würde, da μ und ν sehr kleine Winkel sind, einem Punkte entsprechen, der A' fast diametral gegenüberliegt.

Es ist noch zu bemerken, daß x unabhängig von der Lage von B ist. Es ist also das Dreieck SBA' für alle Punkte B des Kreises dasselbe, sobald λ und α konstant bleiben.

29) Ein leuchtender Punkt fällt von B (Fig. 78) mit konstanter Geschwindigkeit in BC senkrecht zur Richtung AC. In welchem Punkte D wird er zuerst wahrgenommen, wenn BC = b, AC = a, die Lichtgeschwindigkeit = λ und die des fallenden Punktes = α bekannt ist.

Nach der Aufgabe muß die Gesammtheit der Zeit, welche verfließt bis B nach D und das Licht von D nach A gelangt, ein Minimum sein. Es sei CD = x, der Weg BD = αt und AD = $\lambda\tau$. Daraus folgt:

$$b-\alpha t=x,$$

oder:

$$t=\frac{b-x}{\alpha}$$

und:

$$\tau=\frac{\sqrt{a^2+x^2}}{\lambda}.$$

Es muß also $\frac{b-x}{\alpha}+\frac{\sqrt{a^2+x^2}}{\lambda}$ ein Minimum sein. Behandelt man diesen Ausdruck nach der gewöhnlichen Methode, so ergiebt sich schließlich:

$$\frac{1}{\alpha}=\frac{x}{\lambda\sqrt{a^2+x^2}}.$$

oder:

$$x=\frac{a\lambda}{\sqrt{\alpha^2-\lambda^2}}.$$

Substituirt man also $\frac{\lambda}{\alpha}=\sin\mu$, so wird:

$$x=a\operatorname{tg}\mu$$

und:

$$t+\tau=\frac{b-a\operatorname{tg}\mu}{\alpha}+\frac{a}{\lambda\cos\mu}.$$

30) Die Aberration und Geschwindigkeit des Lichtes. Es sei S (Fig. 79a) ein leuchtendes Gestirn und E die Erde,

welche wir zunächst als ruhend voraussetzen wollen. Um unter dieser Voraussetzung von E aus den Stern S im Fadenkreuze eines Fernrohres erblicken zu können, muß die optische Axe des letzteren mit der Richtung ES zusammenfallen. Nun bewegt sich die Erde aber. Es wird also, bevor das bei B in das Fernrohr eintretende Lichtatom die Axe BE mit der Geschwindigkeit g durchlaufen hat, die Erde E, deren Geschwindigkeit $= v$ sein mag, bis zum Punkte E' vorgerückt sein, so daß das in der Richtung BE fortschreitende Atom nicht mehr die Axe des Fernrohres durchlaufen, also auch das Gestirn S nicht sichtbar machen kann.

Damit dies geschehe, muß man die Axe des Instrumentes in die Richtung von ED, d. h. in die Richtung der Diagonale des Parallelogrammes bringen, welches aus EB und EE' konstruirt wird. Man überzeugt sich nämlich bei Annahme der Emissionstheorie leicht, daß in diesem Falle ein bei D eintretendes Lichtatom genau die Axe des parallel mit sich selbst fortgerückten Fernrohres durchläuft und zugleich mit E in dem Punkte E' anlangt, wenn die Geschwindigkeiten g und v konstant sind. Es erscheint somit S nicht in der Richtung ES, in welcher es sich wirklich befindet, sondern in der abgelenkten Richtung ES' oder E'D', welche als Diagonale des Parallelogrammes EBDE' vollständig bestimmt ist. Der Ablenkungswinkel SES', welchen wir mit ξ bezeichnen wollen, heißt die Aberration des Sternes S. Die Größe derselben ist leicht zu berechnen. Setzt man nämlich noch den Winkel SEE' $= u$, so folgt aus dem Dreiecke DEE':

$$v : \sin\xi = g : \sin(u - \xi),$$

und daraus:

$$\operatorname{tg}\xi = \frac{v \sin u}{g} \cdot \frac{1}{1 + \frac{v}{g}\cos u}.$$

Entwickelt man den zweiten Faktor der rechten Seite nach Potenzen von $\frac{v}{g}\cos u$, so ergiebt sich:

$$\operatorname{tg}\xi = \frac{v \sin u}{g}\left\{1 - \frac{v}{g}\cos u + \frac{v^2}{g^2}\cos u^2 - \cdots\right\}.$$

Berücksichtigt man nun, daß in unserem Falle $\frac{v}{g}$ nahezu $= 0{,}0001$

ist, so kann man bei einer Genauigkeit von 7 Decimalstellen schon die zweite Potenz dieser Größe vernachlässigen, so daß man erhält:

$$(1)\quad \operatorname{tg}\xi = \frac{v \sin u}{g}.$$

Nachdem durch diese Gleichung die Größe der Aberration gefunden ist, bleibt uns zu bestimmen übrig, inwiefern sich ihr Einfluß in der scheinbaren Stellung der Gestirne äußert.

Es liegt in unserem Falle in der Natur des Problems die Ebene, in welcher sich die Erde bewegt, d. h. die Ekliptik als Grundkreis für die Coordinatenbestimmung anzunehmen. Der Punkt der Frühlings Tag- und Nachtgleiche auf derselben X (Fig. 79b) sei der Anfangspunkt der Zählung. Der Mittelpunkt des Kreises AX oder die Erde sei E. Die in E zur Ebene EAX errichtete Normale trifft also das Himmelsgewölbe in dem Pole der Ekliptik Z. Die Erde bewege sich nun in der Richtung EB. Der wahre Ort des beobachteten Gestirnes an der Himmelskugel sei C. Seine Breite oder der Bogen CA sei $= c$ und seine Länge oder der Bogen $AX = b$. Die Länge von B sei α, seine Breite o. Nach diesen Bezeichnungen folgt aus dem sphärischen Dreiecke ZBC:

$$\cos BC = \cos c \cos(b - \alpha),$$

oder, da CEB der oben mit u bezeichnete Winkel ist:

$$(2)\quad \cos u = \cos c \cos(b - \alpha).$$

Es erscheint nun wegen der Aberration C nicht in der Richtung EC, sondern auf dem Bogen CB in der Richtung EC', und zwar ist der Bogen CC' oder der Winkel $CEC' = \xi$ durch die Gleichung (1) bestimmt. Man erhält, wenn man den für cos u gefundenen Werth berücksichtigt:

$$\operatorname{tg}\xi = \frac{v}{g}\sqrt{1 - \cos c^2 \cos(b - \alpha)^2}.$$

Bezeichnet man ferner den Winkel ZCB mit φ, so ergiebt sich:

$$(3)\quad \sin\varphi = \frac{\sin(b - \alpha)}{\sin u}.$$

Außerdem ist: $\sin c \cos u + \sin u \cos c \cos\varphi = 0,$

oder: $\cos\varphi = -\operatorname{tg} c \cot u.$

Man erhält also für die Breite $C'F = c'$ des abgelenkten Sterns C' die Gleichung:

$$(3)\quad \sin c' = \cos\xi \sin c - \sin\xi \sin c \cot u,$$
$$= \frac{\sin c}{\sin u} \sin(u - \xi),$$

und für die Längendifferenz:

$$(4)\quad \sin C'ZC \text{ oder } \sin FA = \frac{\sin\varphi \sin\xi}{\cos c'}$$
$$= \frac{\sin\xi \sin(b - \alpha)}{\sin u \cos c'}.$$

Wir haben in dieser Formel den für die Beobachtung wenig geeigneten Winkel α noch durch einen andern zu ersetzen. Nimmt man zu diesem Zwecke an, daß die Bahn der Erde ein Kreis sei, in dessen Mittelpunkt sich die Sonne befindet, und bezeichnet man die wahre von der Aberration befreite Länge der Sonne mit ϑ, so überzeugt man sich leicht, daß:

$$\alpha = \vartheta - \tfrac{1}{2}\pi$$

ist. Setzt man diesen Werth in die obigen Gleichungen ein, so folgt:

$$(5)\quad \cos u = \cos c \sin(\vartheta - b),$$
$$\operatorname{tg}\xi = \frac{v}{g} \sin u,$$
$$\sin c' = \frac{\sin c}{\sin u} \sin(u - \xi),$$

und:

$$\sin FA = \frac{\sin\xi \cos(b - \vartheta)}{\sin u \cos c'}.$$

Mit Hülfe dieser Gleichungen kann man den scheinbaren Ort eines Gestirnes finden, wenn man den wahren Ort, oder die Winkel c und b kennt. Das umgekehrte, ebenso wichtige Problem, aus dem scheinbaren Orte den wahren zu finden, läßt sich ebenfalls ohne besondere Schwierigkeiten lösen.

Da die Werthe von ξ und φ abhängig sind von der Länge der Sonne ϑ, so wird die Aberration eines Gestirnes in den verschiedenen Jahreszeiten verschieden sein und die Reihenfolge der auf einander im Laufe eines Jahres vorkommenden scheinbaren Oerter eine Curve bilden, deren Gleichung wir schließlich bestimmen wollen.

Wir eliminiren zu diesem Zwecke aus den obigen Gleichungen den Winkel ϑ. Es ist, wenn man die Gleichung (3) und (5) berücksichtigt:

$$\sin\varphi = \frac{\cos(b-\vartheta)}{\sin u},$$

$$\cos\varphi = \frac{\sin c \sin(b-\vartheta)}{\sin u},$$

und:

$$\operatorname{tg}\xi = \frac{v}{g}\sin u.$$

Die durch Elimination von ϑ entspringende Gleichung nimmt eine einfachere Form an, wenn man an Stelle der Polarkoordinaten rechtwinklige Coordinaten einführt. Es sei zu diesem Zwecke C (Fig. 79c) der wahre Ort eines Gestirnes, CZ der durch ihn gelegte Längenkreis und CD ein zu demselben senkrecht stehender größter Kreis des Himmels. Ist dann C′ der scheinbare Ort des Gestirnes, so ist $CC' = \xi$ und W. $ZCC' = \varphi$. Da nun ξ immer eine sehr kleine Größe ist, so kann man die vorkommenden Bogen mit ihren Tangenten zusammenfallend denken.

Das Loth $C'D = z$ ist also $= \xi\cos\varphi$ und $DC = y = \xi\sin\varphi$. Nach den obigen Gleichungen ist daher:

$$z = \frac{v}{g}\sin c \sin(b-\vartheta) \quad \text{und:} \quad y = \frac{v}{g}\cos(b-\vartheta).$$

Quadrirt man jetzt, so folgt, nachdem ϑ eliminirt ist:

$$\frac{g^2z^2}{v^2\sin c^2} + \frac{g^2y^2}{v^2} = 1.$$

Diese Gleichung ist die Gleichung einer Ellipse, deren Dimensionen nur von g, v und c abhängig sind. Ihr Mittelpunkt ist der wahre Ort des Sternes und ihre große Axe parallel zur Ekliptik. Gestirne gleicher Breite beschreiben ferner im Laufe eines Jahres dieselbe Bahn.

Ist $c = 90^\circ$, so wird die Ellipse ein Kreis, während für $c = 0$ die Ellipse in die Gerade $z = 0$ übergeht.

Die Beobachtungen haben nun ergeben, daß $\frac{v}{g} = 20'',255$ ist. Man kann also, da die Geschwindigkeit der Erde $v = 4,1042$ geographische Meilen ist, die Lichtgeschwindigkeit g finden. Man erhält:

$$g = \frac{41042}{0,9795} = 41900 \text{ geogr. M.}$$

Außer der soeben besprochenen Aberration entsteht eine zweite durch die Rotation der Erde um ihre Axe. Für dieselben ist unter dem Aequator:

$$\frac{v}{g} = 0'',3083$$

und für jeden andern Punkt, dessen geographische Breite ψ ist:

$$\frac{v}{g} = 0'',3083 \cos\psi.$$

Anhang.

Elementare Entwicklung der einfachsten transscendenten Funktionen.

Es sei (Fig. 80) C der Mittelpunkt des Kreises AB, dessen Radius AC = 1 sein mag. Man theile den Bogen AB in n gleiche Theile und konstruire die dazu gehörigen Sehnen AF, FG, GH, HJ u. s. w., deren jede = p sein mag. Darauf verlängere man die Sehne GF um die Strecke FK = FA, HG um GL = GK, JH um HM = HL u. s. w., so daß FA = p, GH = 2p, HL = 3p, JM = 4p u. s. w. ist. Verbindet man die Endpunkte dieser Verlängerungen zu einem Polygone AKNT, so kann man die Seiten desselben wieder in ähnlicher Weise verlängern, so daß KA = KR, LQ = LR, MP = MQ u. s. w. ist. Auf diese Weise erhält man ein neues Polygon ARPE, das ebenfalls durch den Punkt A geht und mit dem sich wieder eine ähnliche Construktion vornehmen läßt.

Man überzeugt sich leicht, daß jedes der betrachteten Polygone eine Seite weniger hat als dasjenige, durch dessen Abwicklung es entsteht, so daß das nte Polygon sich auf eine einzige Gerade reducirt.

Die Länge aller dieser gebrochenen Linien läßt sich nun leicht bestimmen.

Zunächst ist nach den im Obigen gemachten Voraussetzungen AB = np.

Berücksichtigt man ferner, daß alle in der Figur auftretenden Dreiecke gleichschenklig und unter einander ähnlich sind, so hat man:

$$AK:AF = AF:AC, \quad \text{oder:} \quad AK = p^2,$$

folglich: $KL = 2p^2$, $ML = 3p^2 \cdots$, $TD = (n-1)p^2$.

Also Polygon $AT = (1+2+3 \cdots + n-1)p^2 = \frac{n(n-1)p^2}{1 \cdot 2}$.

Um das folgende Polygon zu berechnen, setzt man:

$$AR:AK = AF:AC, \quad \text{oder:} \quad AR = p^3.$$

Folglich:

$$RQ = \frac{2 \cdot 3}{1 \cdot 2} \cdot p^3, \quad QP = \frac{3 \cdot 4}{1 \cdot 2} \cdot p^3, \cdots \quad OE = \frac{(n-1)(n-2)}{1 \cdot 2} p^3,$$

also das Polygon AQE:

$$AE = \left(\frac{1 \cdot 2}{1 \cdot 2} + \frac{2 \cdot 3}{1 \cdot 2} + \frac{3 \cdot 4}{1 \cdot 2} + \cdots + \frac{(n-1)(n-2)}{1 \cdot 2}\right) p^3,$$

$$= \frac{n(n-1)(n-2)}{1 \cdot 2 \cdot 3} p^3.$$

Für die Länge des folgenden Vielecks würde man ebenso finden:

$$\frac{n(n-1)(n-2)(n-3)}{1 \cdot 2 \cdot 3 \cdot 4} p^4 \text{ u. s. w.}$$

Bildet man die Summe S des Radius und sämmtlicher auf einander folgender Polygone, so ergiebt sich:

$$S = 1 + np + \frac{n(n-1)}{1 \cdot 2} p^2 + \frac{n(n-1)(n-2)}{1 \cdot 2 \cdot 3} p^3 + \cdots + p^n,$$

$$= (1+p)^n.$$

Es können also die einzelnen Polygone als Glieder einer Binomialreihe betrachtet werden. Hätte man ferner an BT noch ein ntes ähnliches Dreieck gelegt, so würde statt ANT ein Polygon von n Seiten entstanden sein; ebenso hätte man analog an Stelle von AE ein Polygon von n Seiten erhalten, so daß die Reihe der Polygone sich bis in das Unendliche erstreckt hätte. Die unendliche Reihe S' derselben hat also den Werth:

$$S' = 1 + np + \frac{n(n+1)}{1 \cdot 2} p^2 + \frac{n(n+1)(n+2)}{1 \cdot 2 \cdot 3} p^3 + \cdots \text{ in inf.},$$

$$= (1-p)^{-n},$$

so daß auch ein Binom von der vorliegenden Form geometrisch gedeutet werden kann.

Substituirt man α für np, so wird:

$$S = \left(1 + \frac{\alpha}{n}\right)^n \quad \text{und:} \quad S' = \left(1 - \frac{\alpha}{n}\right)^{-n}.$$

Je größer nun n wird, um so mehr nähert sich das Polygon AFB einem Kreisbogen, bis es für $n = \infty$ mit demselben zusammenfällt. Sämmtliche andere Polygone gehen dem entsprechend in Curven über, von denen jede die Evolvente der vorhergehenden ist, und zugleich nimmt die Anzahl derselben mit n bis in das Unendliche zu. Die äußersten Geraden BT, ET u. s. w. sind Tangenten dieser Curven und stehen sämmtlich zu einander senkrecht. Sie bilden also eine geradlinige gebrochene Spirale, deren Länge mit der Summe der verschiedenen Curven identisch, also $= S$ ist. Bezeichnet man ferner das diesem Falle entsprechende S mit s, so folgt:

$$(1) \quad s = \left(1 + \frac{\alpha}{n}\right)^n = 1 + \alpha + \frac{\alpha^2}{1 \cdot 2} + \frac{\alpha^3}{1 \cdot 2 \cdot 3} + \cdots$$

Die einzelnen Glieder dieser Reihe stellen die einzelnen Evolventen dar, so daß man auf eine einfache elementare Weise eine ganze Reihe von Curven rectificirt hat.

Substituirt man $n\alpha$ für n, so wird:

$$(2) \quad s = \left(1 + \frac{1}{n}\right)^{n\alpha} = e^\alpha,$$

$$(3) \quad \text{oder:} \ \alpha = \log s,$$

wenn man unter log den natürlichen Logarithmus oder den für die Grundzahl e versteht.

Aus (1) folgt aber:

$$\alpha = \frac{s^{\frac{1}{n}} - 1}{\frac{1}{n}}.$$

Bezeichnet man also den Theil der Spirale ohne 1 mit σ, oder setzt man $s = 1 + \sigma$, so folgt aus der Vergleichung der beiden Werthe von α:

$$\log(1 + \sigma) = \frac{(1 + \sigma)^{\frac{1}{n}} - 1}{\frac{1}{n}} = \sigma - \tfrac{1}{2}\sigma^2 + \tfrac{1}{3}\sigma^3 - \tfrac{1}{4}\sigma^4 + \cdots$$

Man hat also durch Betrachtung unserer Spirale eine der wichtigsten logarithmischen Reihen gefunden. Dieselbe hat, wie man sich leicht überzeugt, auch dann noch Gültigkeit, wenn x einen negativen Werth haben sollte.

Aus der Gleichung (3) folgt ferner, daß der Bogen AB der natürliche Logarithmus von der Länge der zugehörigen unendlichen Spirale ist.

Neben der soeben entwickelten logarithmischen Reihe lassen sich aus (1) auch unmittelbar die nach den Potenzen des Bogens fortschreitenden Reihen für $\sin\alpha$ und $\cos\alpha$ entwickeln.

Da nämlich die einzelnen Glieder der rechten Seite von (1) die Längen der einzelnen auf einander folgenden Evolventen darstellen und sie zugleich mit wachsendem n immer kleiner werden, so folgt daraus, daß die rechtwinklige Spirale in immer engeren Windungen A umschließt und endlich mit ihm zusammenfällt. Wenn man also die von unten nach oben sich erstreckenden Seiten der Spirale, wie BT als positiv und die nach unten sich erstreckenden, als negativ betrachtet, so ist die algebraische Summe sämmtlicher vertikalen Seiten gleich dem Lothe AL oder $= \sin\alpha$. Es folgt daher aus dem Werthe von s unmittelbar:

$$\sin\alpha = \alpha - \frac{\alpha^3}{1\cdot 2\cdot 3} + \frac{\alpha^5}{1\cdot 2\cdot 3\cdot 4\cdot 5} - \cdots$$

Nimmt man analog die horizontalen Seiten der Spirale und betrachtet man die Richtung CB als positiv, während die von TE negativ ist, so ist die algebraische Summe jener Seiten $=$ LC oder $= \cos\alpha$. Man erhält mithin unmittelbar:

$$\cos\alpha = 1 - \frac{\alpha^2}{1\cdot 2} + \frac{\alpha^4}{1\cdot 2\cdot 3\cdot 4} - \cdots$$

Es ist noch zu bemerken, daß man das Flächenstück zwischen der Tangente BT, dem Bogen BA und der Evolvente AT quadriren kann.

Es sei der Inhalt des Dreiecks ACF $= \delta$. Alsdann ist:

$\Delta AFK = p^2\delta$, $\Delta GKL = 2^2p^2\delta$, $\Delta HLM = 3^2p^2\delta$ u. s. w.

Folglich ist der Flächeninhalt des betrachteten Stückes:

$$= \{1^2 + 2^2 + 3^2 + \cdots + (n-1)^2\} p^2 \delta,$$
$$= \frac{n(n-1)(2n-1)}{1 \cdot 2 \cdot 3} p^2 \delta.$$

Geht jetzt wieder das Polygon AGJB in einen Kreisbogen über, so wird n unendlich groß, also $n\delta = \frac{1}{2}\alpha$, wenn W. ACB wieder $= \alpha$ ist, und $p = \frac{\alpha}{n}$. Die Fläche zwischen dem Kreisbogen, ferner Tangente und seiner Evolvente ist demnach:

$$= \frac{(n-1)(2n-1)}{2 \cdot 3} \cdot \frac{\alpha^3}{2n^2} = \frac{\alpha^3}{6}.$$

Ebenso könnte man die entsprechenden Flächenstücke bei den folgenden Evolventen berechnen.

Druckfehlerverzeichniß.

Seite 20, erste Zeile für $y = \pm c \sqrt{\frac{a-b}{a-b}}$ lies $y = \pm c \sqrt{\frac{a-b}{a+b}}$.

Seite 23, Nr. 19 ist der dritte Werth von $y = \frac{-1 \pm \sqrt{-31}}{2}$.

Seite 25, Nr. 36 ist $y = \pm \sqrt{\frac{-a \pm \sqrt{a^2 + 4b^2}}{2}}$.

Seite 27, Nr. 47 ist in dem Werthe von x das letzte Glied unter der Wurzel $= 4b^2(1 - ac)$ und in dem von $y = 4d^2(1 - ac)$.

Seite 38, 11te Zeile von unten muß das letzte Glied heißen: $4a\alpha(\alpha^2 - 2)\frac{1}{y}$. Ebenso 7te Zeile $\alpha^2 = 2$, und 2te Zeile von oben Seite 39 ist hinzuzufügen $\alpha = 1$.

Seite 39, letzte Zeile heißt die letzte Gleichung: $x^3 + \frac{\alpha^3 b}{a^3} y^3 + \frac{y^6}{x^3} = b$.

Seite 45. Die linken Seiten der beiden letzten Gleichungen sind: $b + 4xu$ und $c + 4bxu + 12x^2u^2$.

Seite 80. Die linke Seite der Gleichung (3) heißt: $f \sin(\alpha - u)$.

Seite 97, 7te Zeile von unten. Für 23) lies 23b.

Seite 133, Nr. 8, Zeile 2 für AEA' lies AA'.

Seite 134, von Zeile 5—10 für F lies F''.

I.

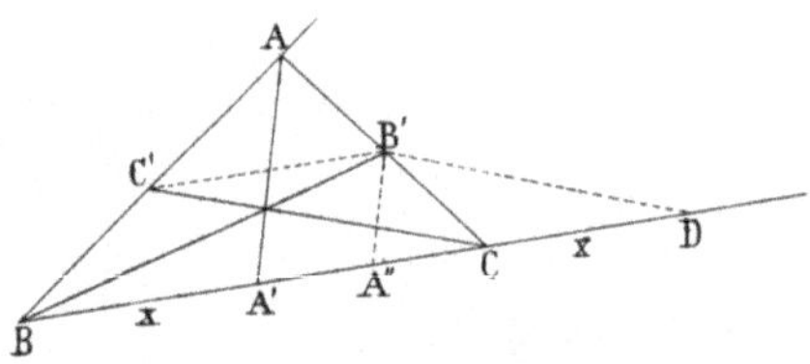

(2.)

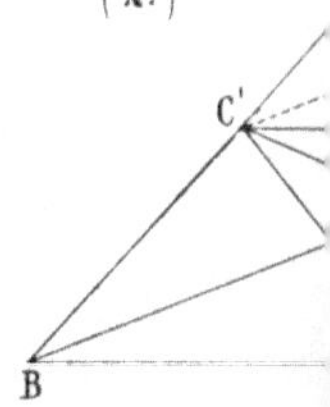

3.

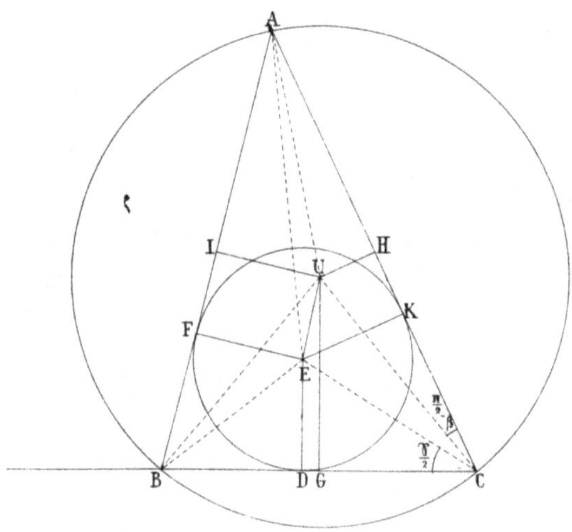

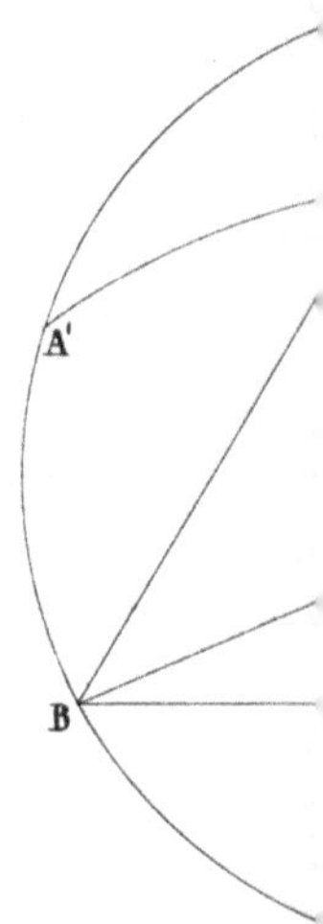

6.

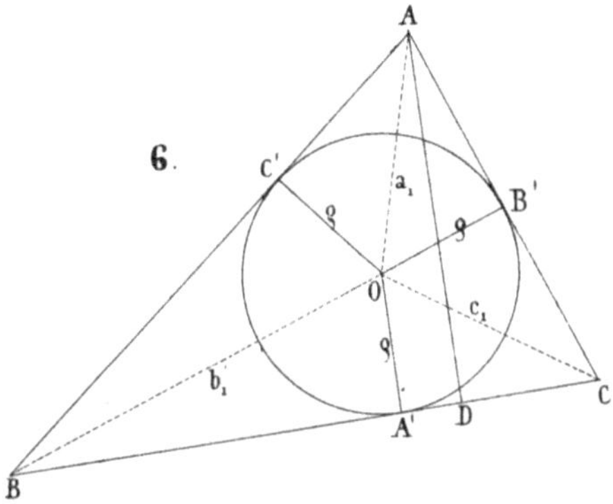

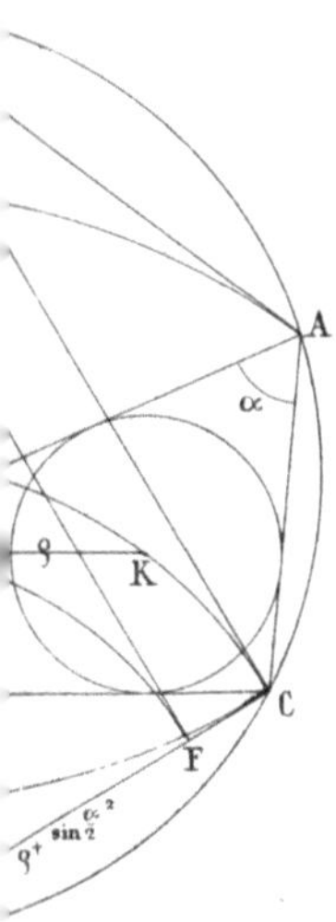

5.

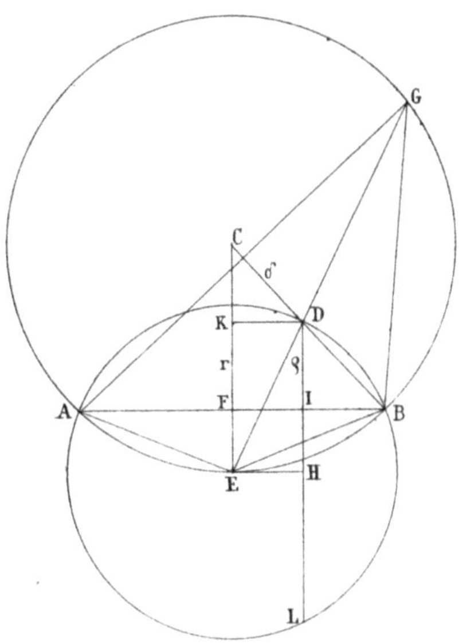

Lith Anst v Leopold Kraatz in Berlin

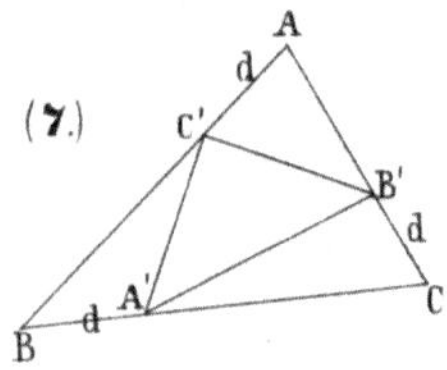
A
d
C'
B'
d
A'
B
d
C

(7.)

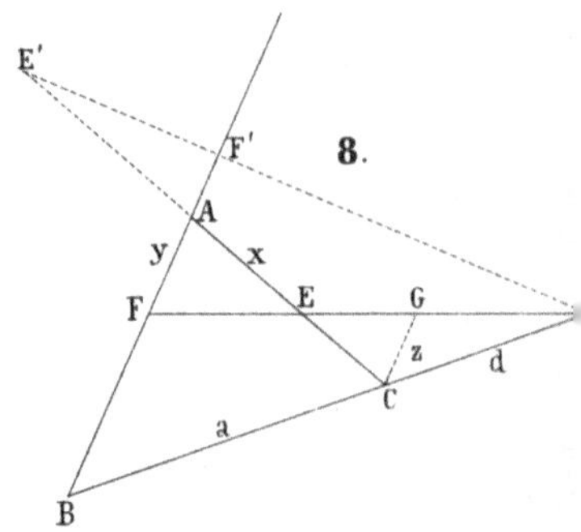
E'
F'
A
y
x
F
E
G
z
d
C
a
B

8.

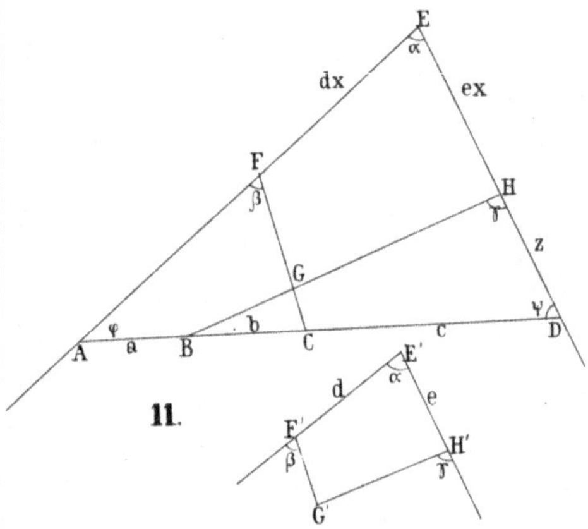
E
dx
ex
F
H
z
G
A
a
B
b
C
c
D
E'
d
e
F'
H'
G'

11.

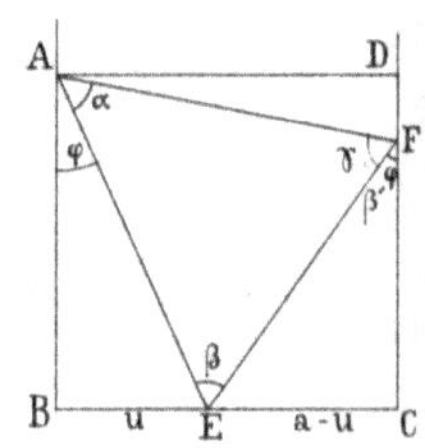
A
D
F
B
u
E
a-u
C

12.

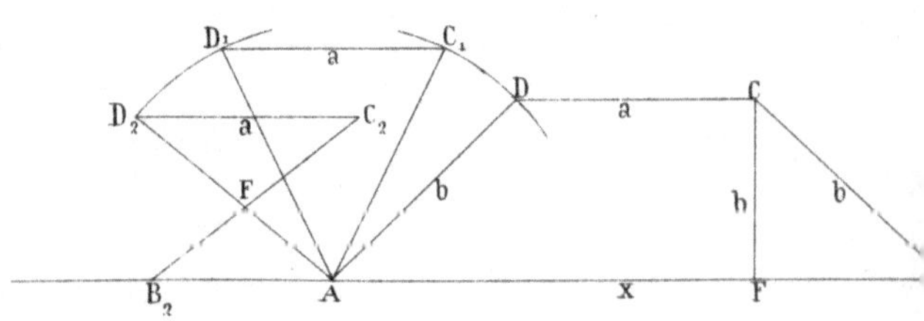
D₁
a
C₁
D₂
a
C₂
D
a
C
F
b
h
b
B₂
A
x
F

15.

Taf. II

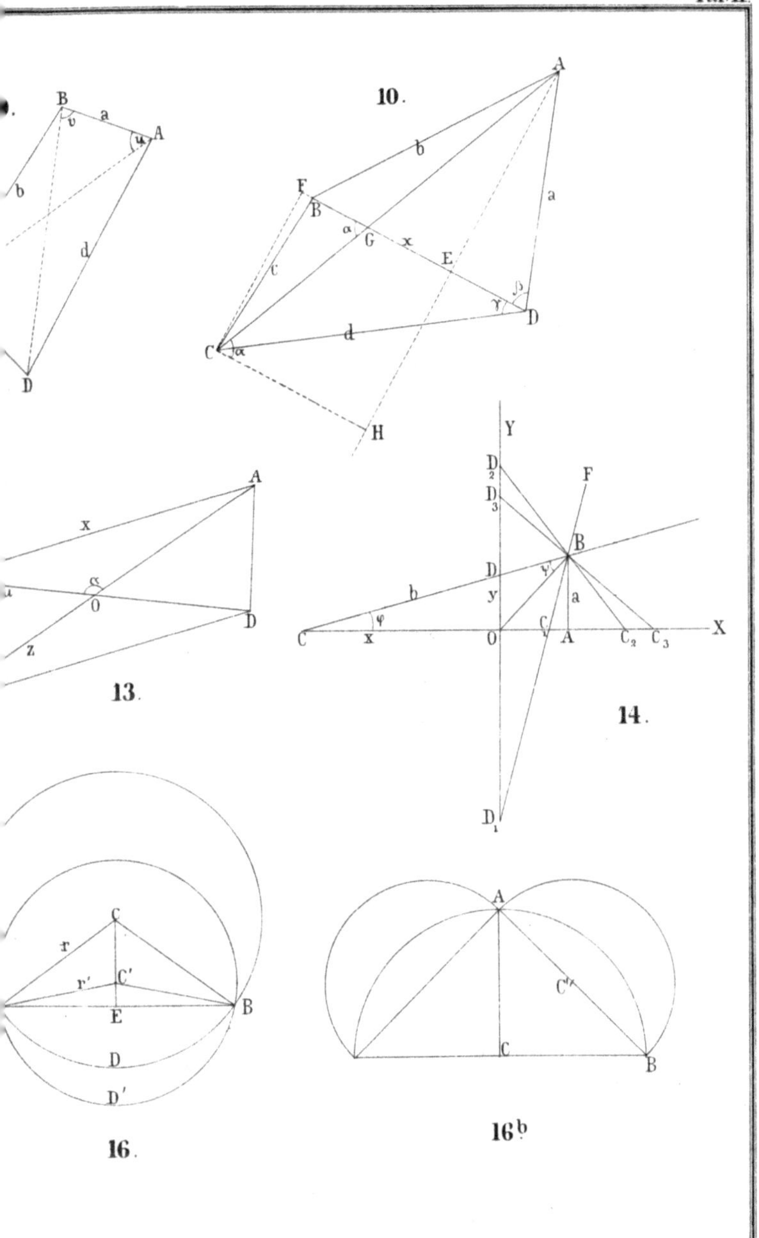

Lith. Anst v Leopold Kraatz in Berlin.

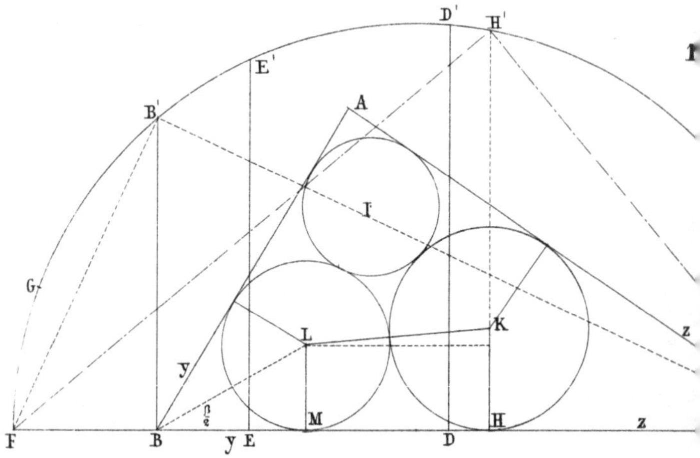

19.

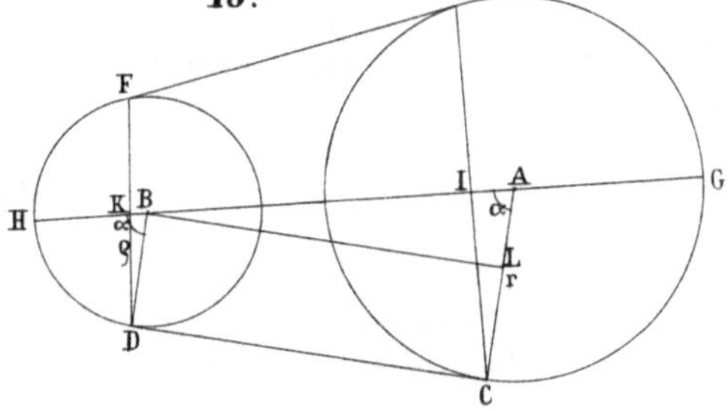

20.

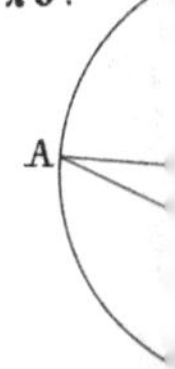

23.

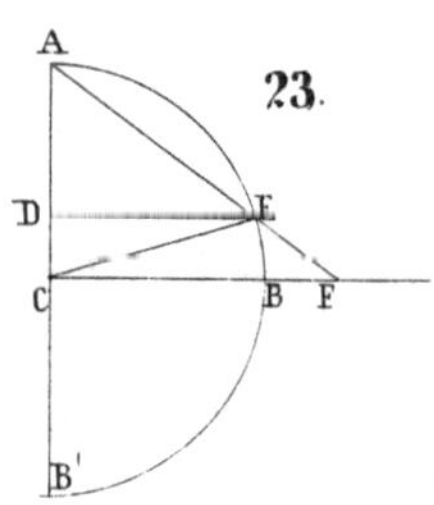

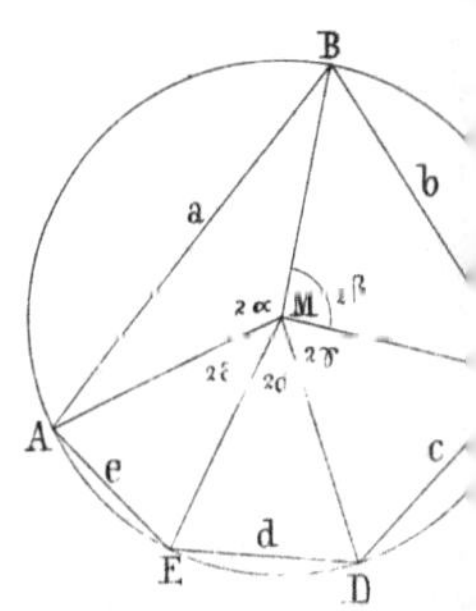

18.

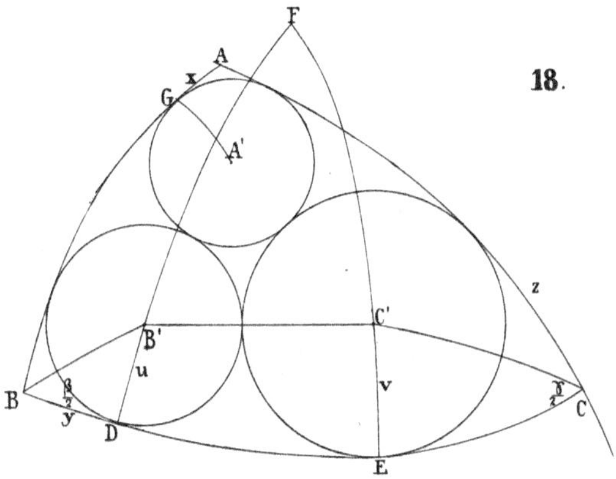

21.

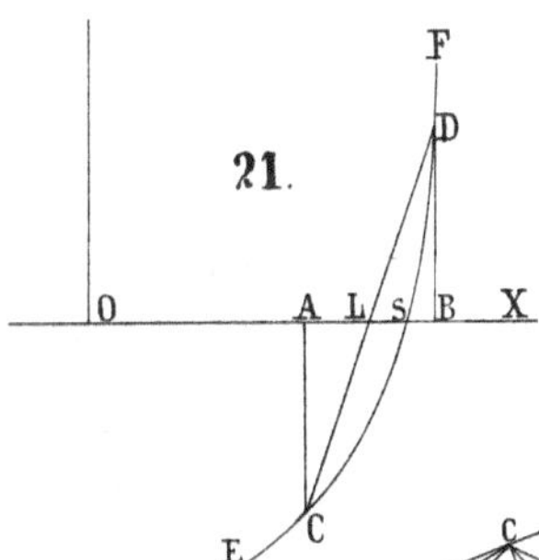

22.

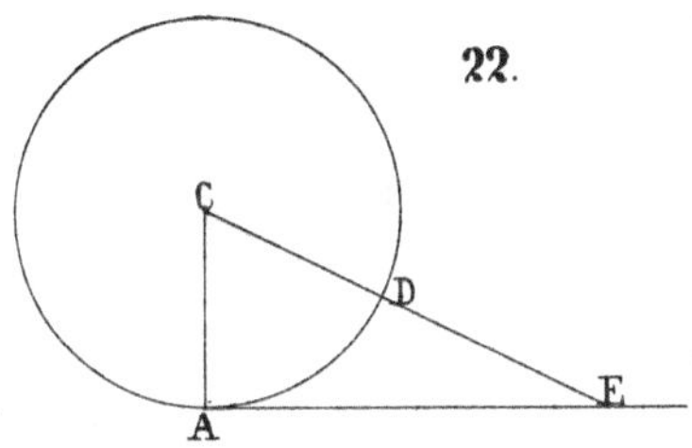

25.

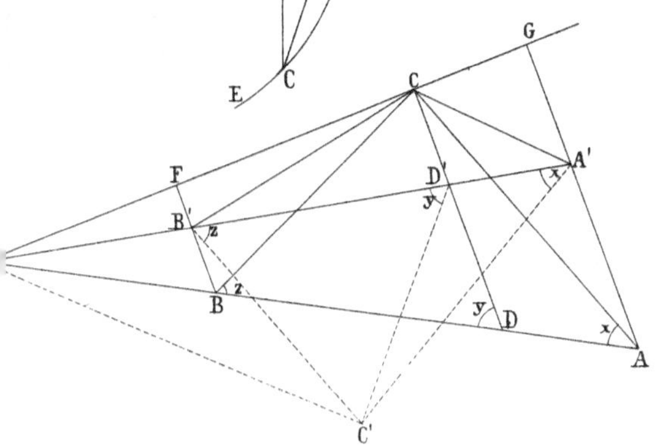

D

Lith. Anst v Leopold Kraatz in Berlin

26.

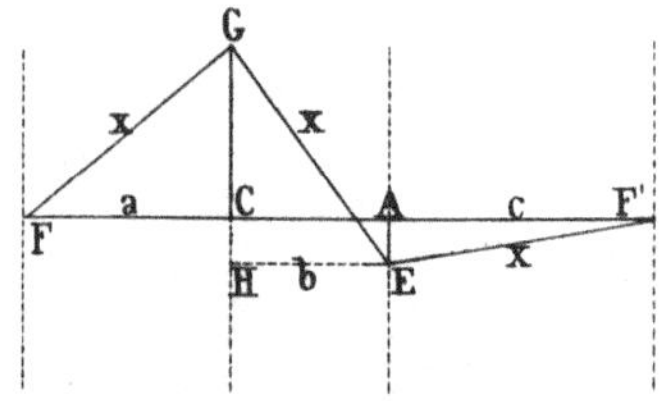
G
x
x
a
C
A
c
F'
F
H
b
E
x

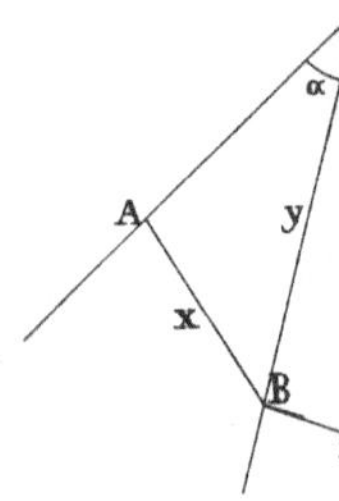
α
A
y
x
B

(29)

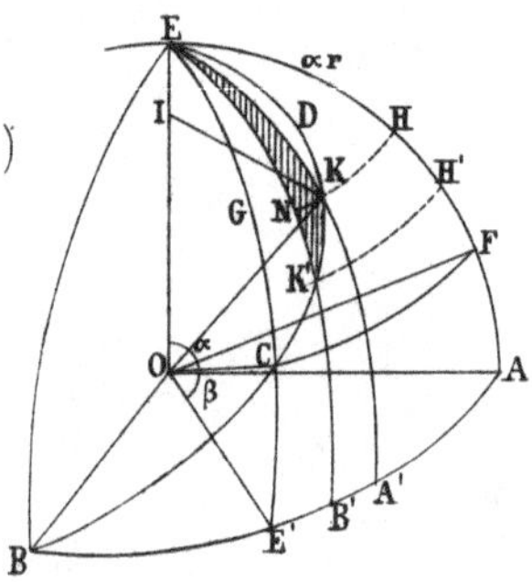
E
αr
I
D
H
K
H'
G
N
F
K'
O
α
C
A
β
B
E'
B'
A'

(29b)

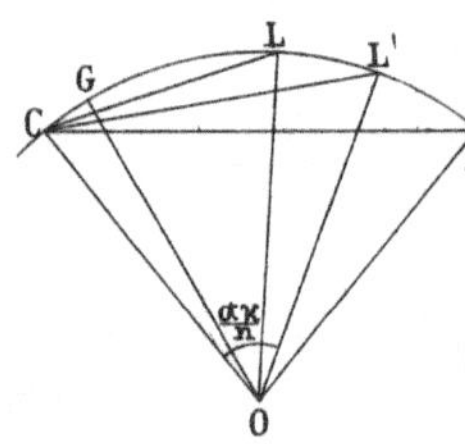
L
L'
G
C
O

31b

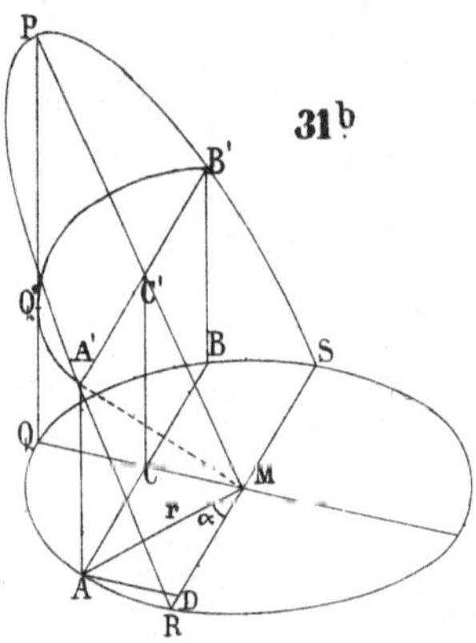
P
B'
Q'
C'
A'
B
S
Q
C
M
r
α
A
D
R

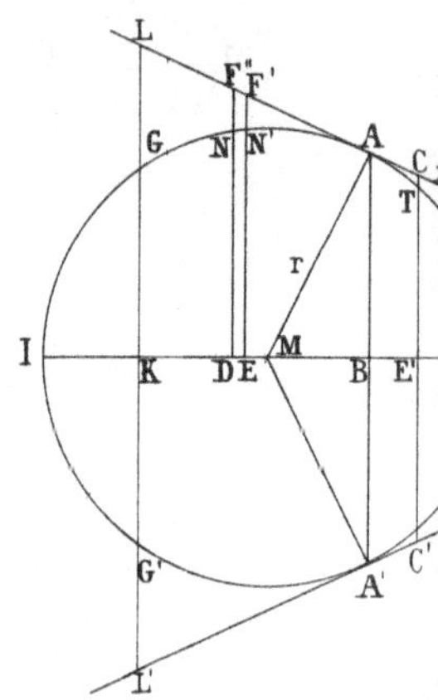
L
F"
F'
G
N
N'
A
C
T
r
I
K
D
E
M
B
E'
G'
A'
C'
L'

Taf. IV.

28.

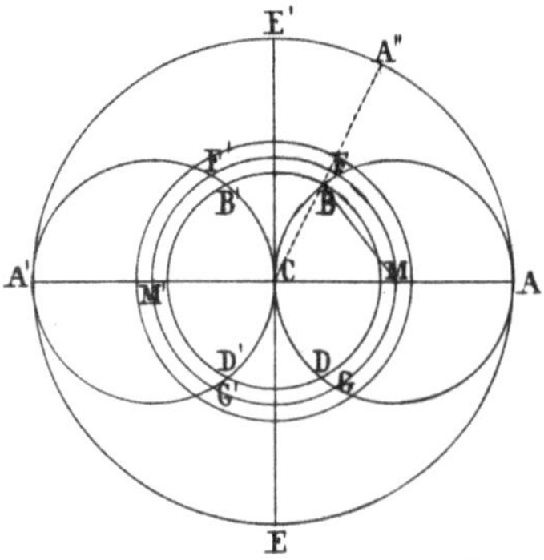

28b.

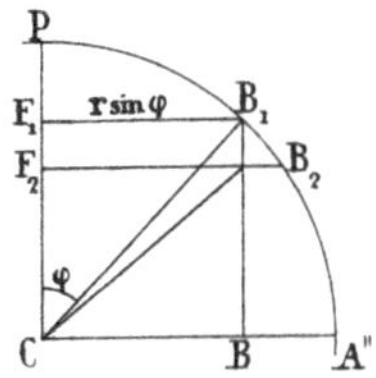

31.

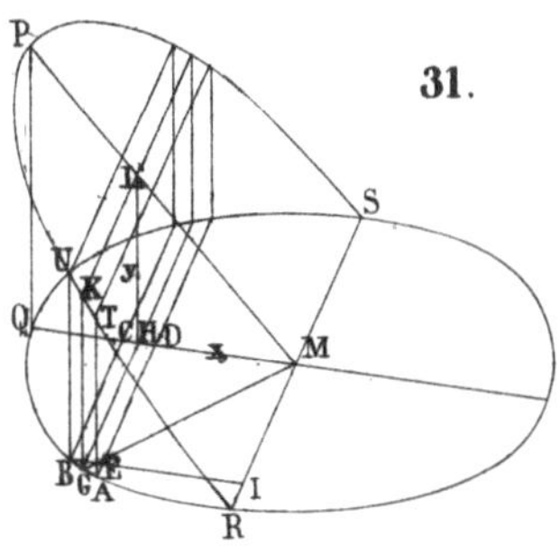

30.

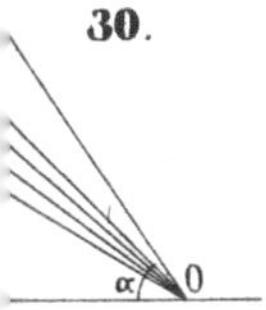

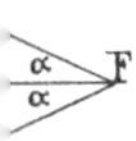

33.

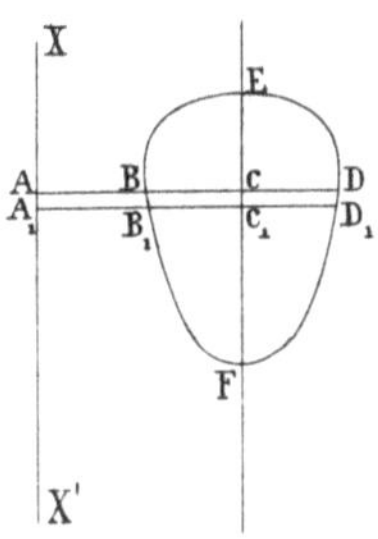

33b.

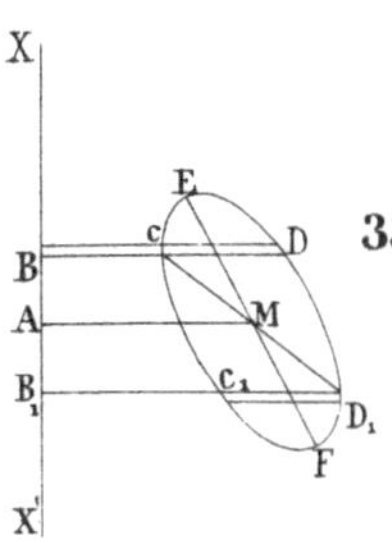

Lith. Anst. v. Leopold Kraatz in Berlin.

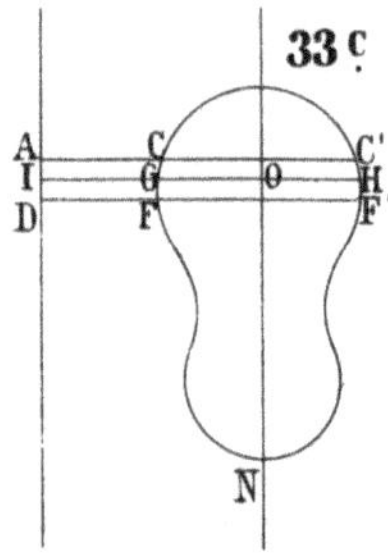

33c.

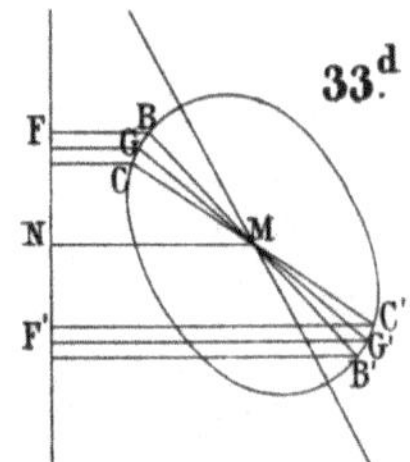

33d.

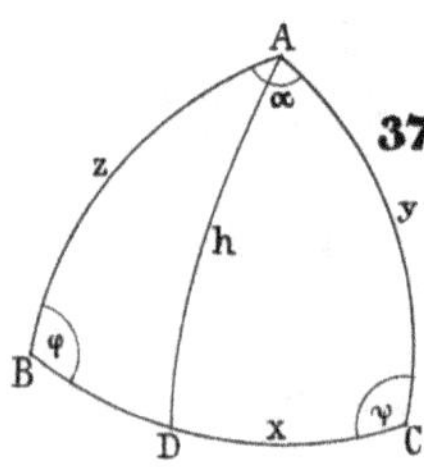

37.

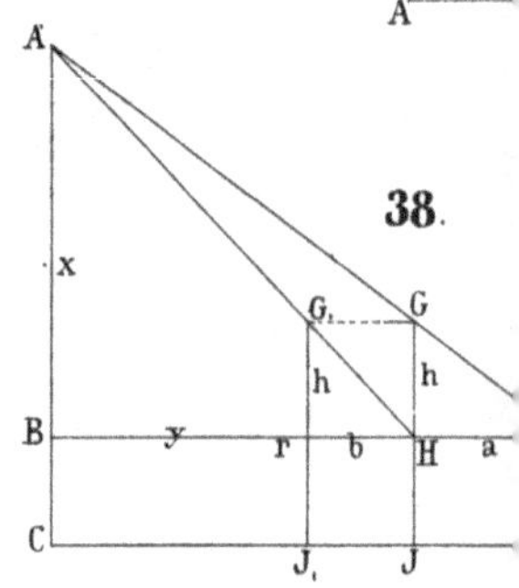

38.

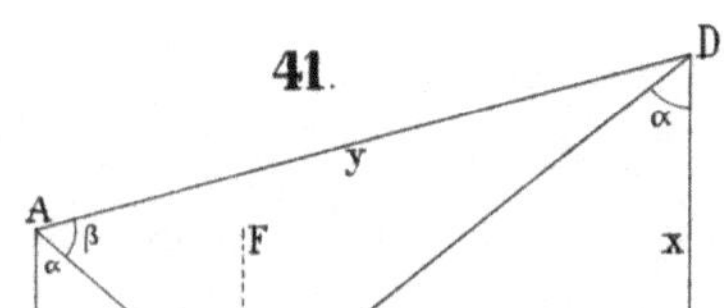

41.

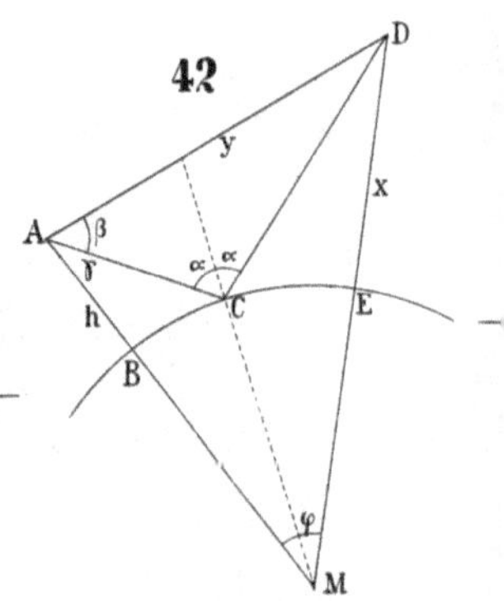

42

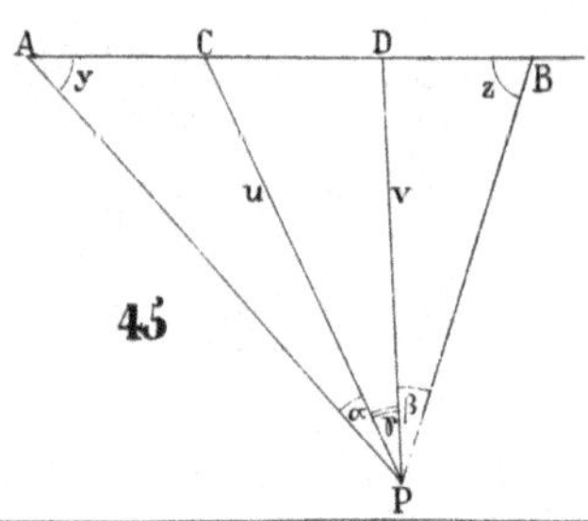

45

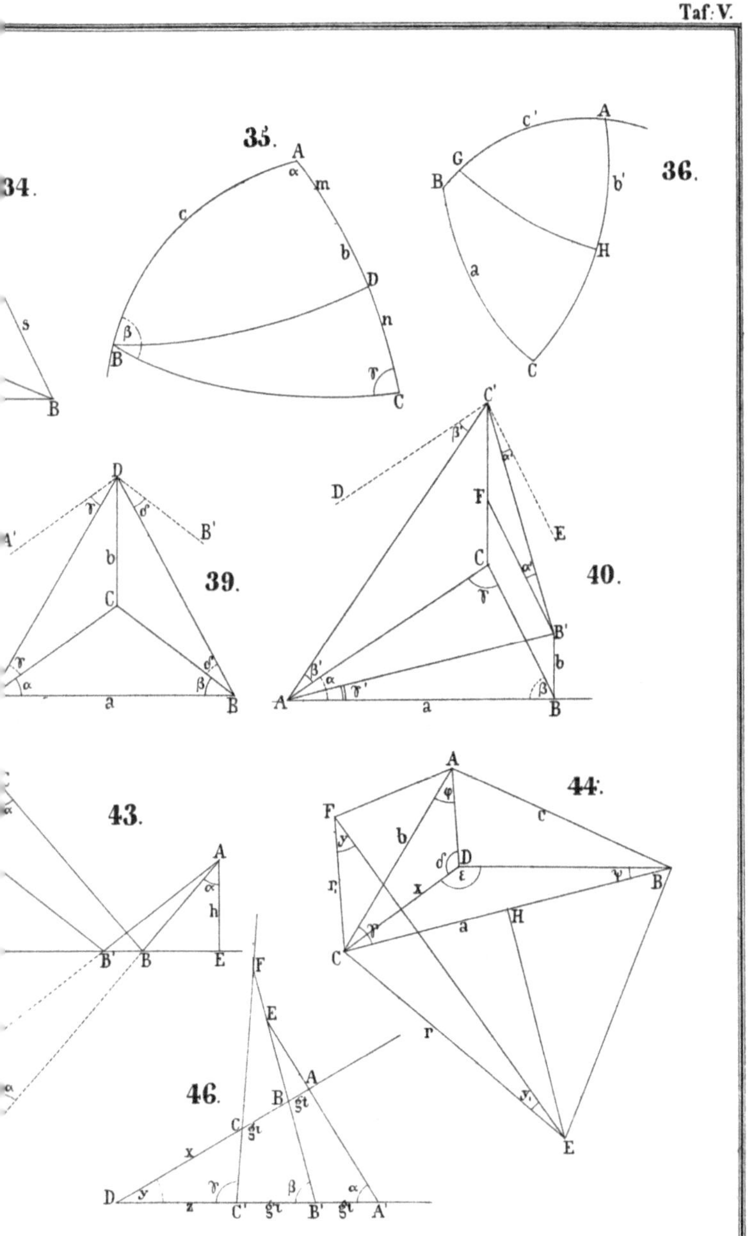

Lith Anst v Leopold Kraatz in Berlin

47.

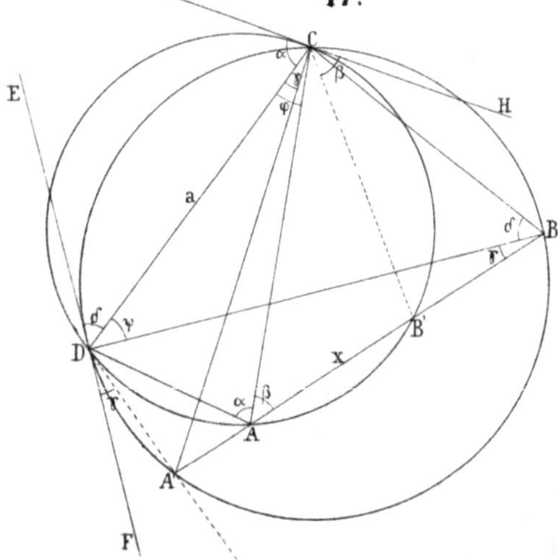
G
C
E
H
a
B
B'
D
x
A
A'
F

48.

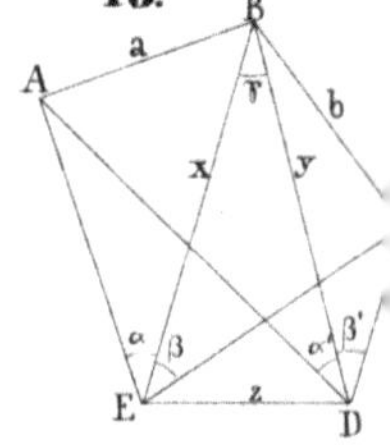
A
a
B
b
x
y
E
z
D

51.

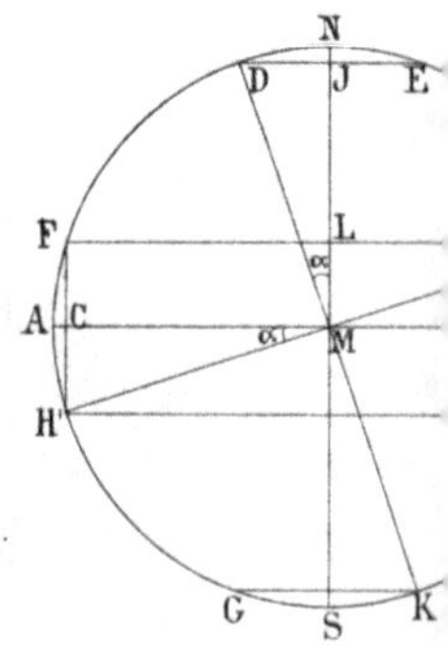
N
D
J
E
F
L
A
C
M
H'
G
S
K

49.

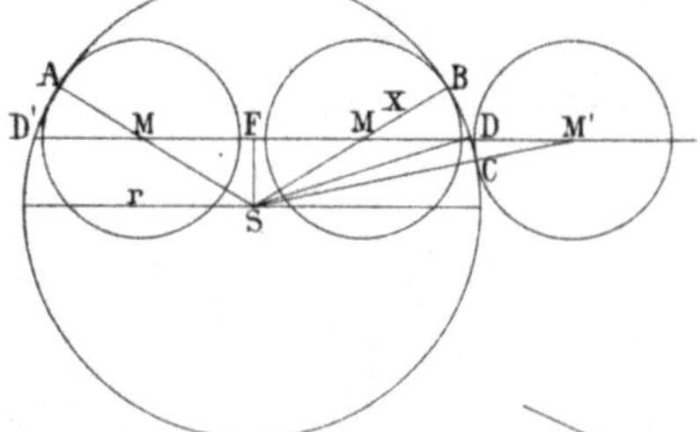
A
B
D'
M
F
M
x
D
M'
C
r
S

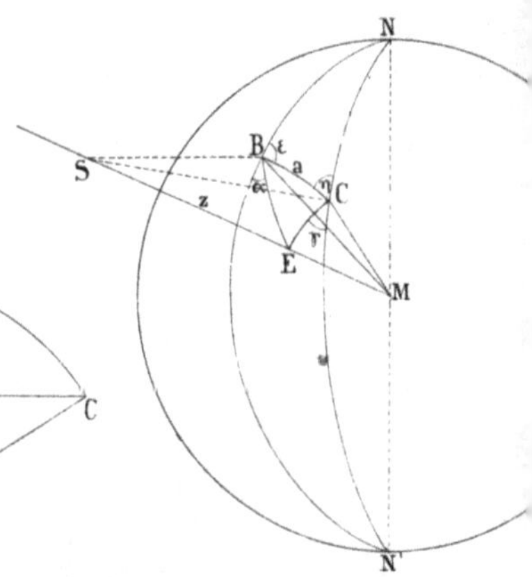
N
S
B
a
C
z
E
M
N'

(50.)

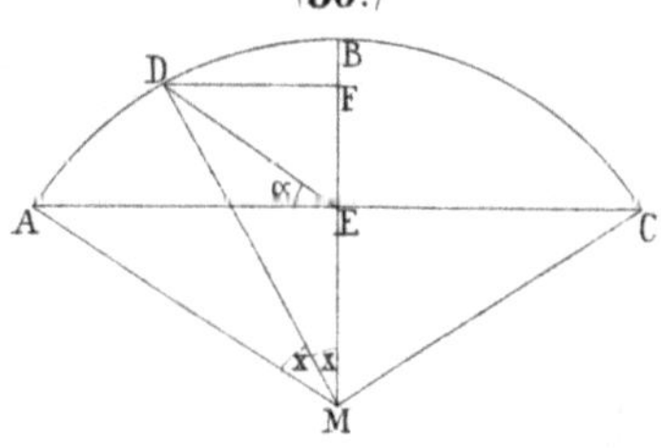
D
B
F
A
E
C
x
x
M

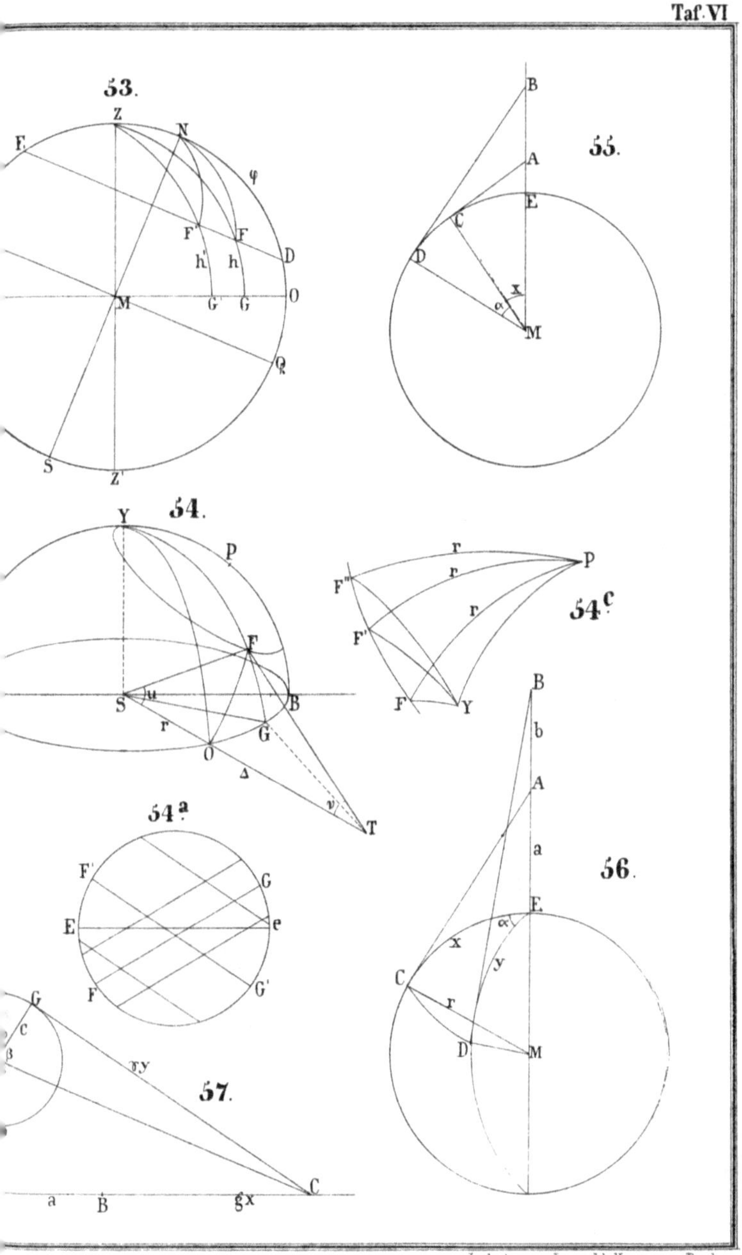

Lith Anst v Leopold Kraatz in Berlin

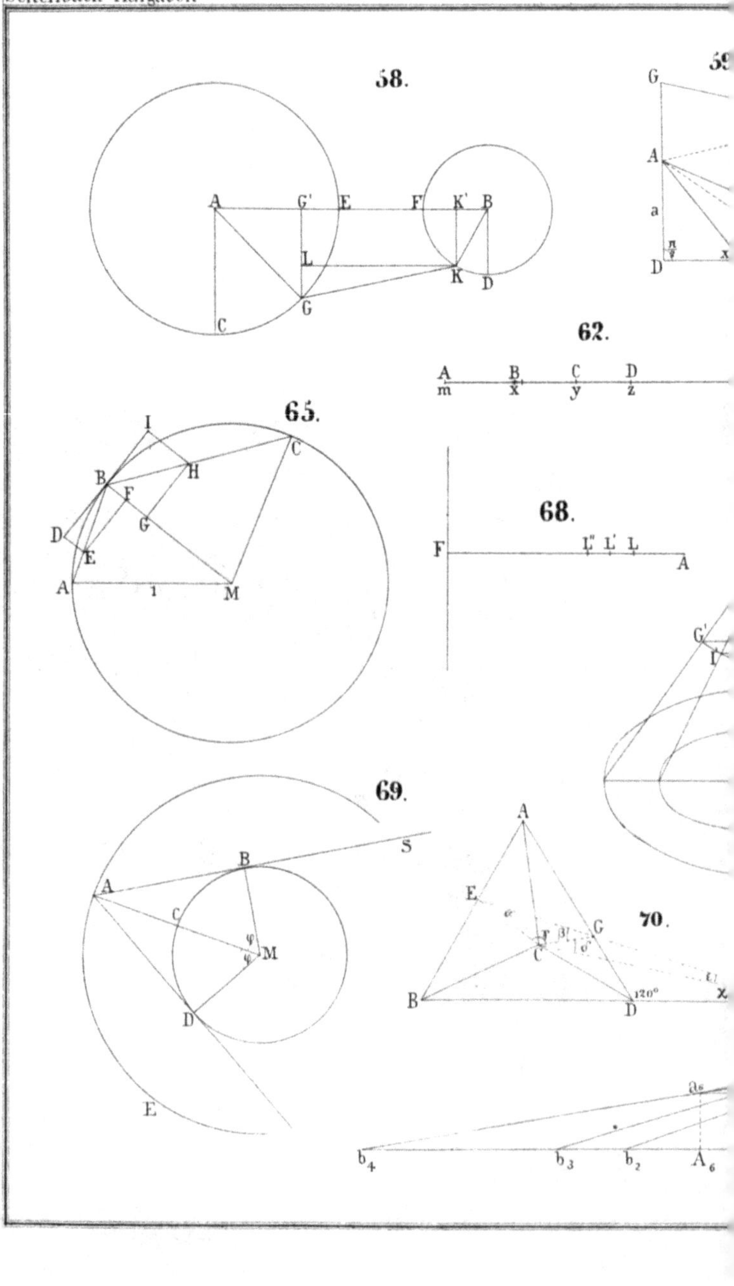
58.
62.
65.
68.
69.
70.

60.

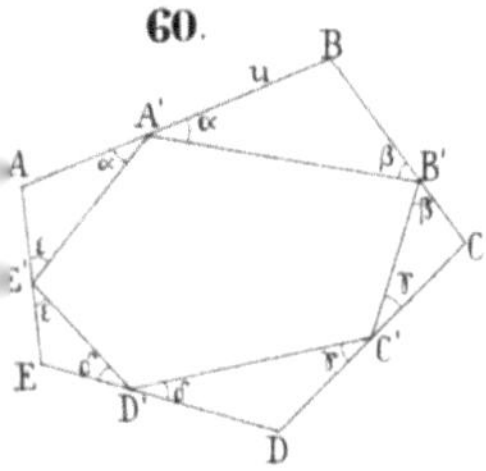

61.

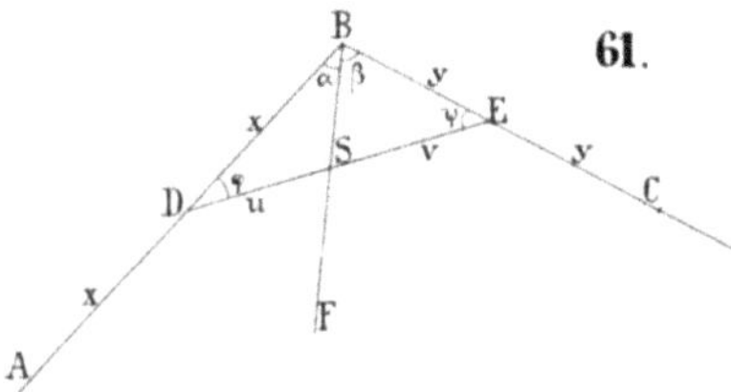

64.

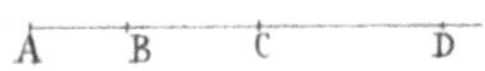

63.

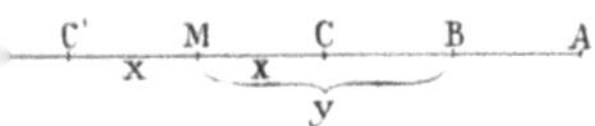

67.

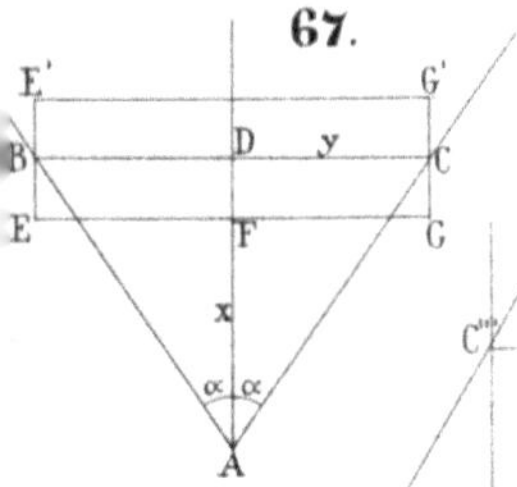

66.

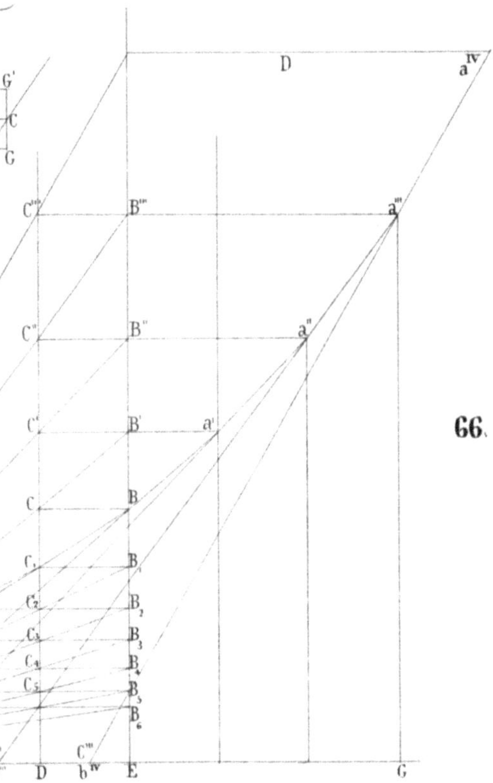

72

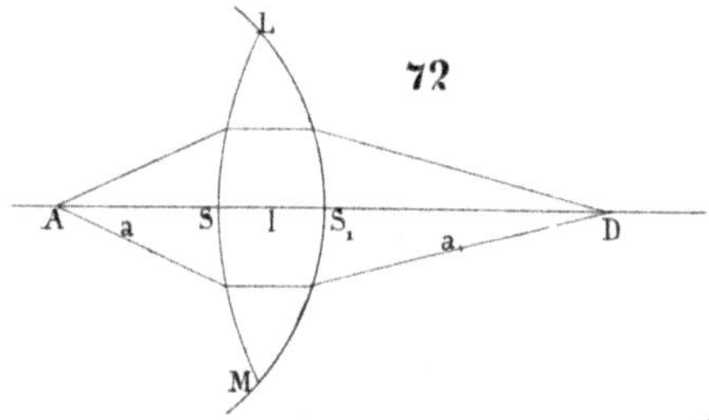
L
A
a
S
I
S_1
a_1
D
M

73

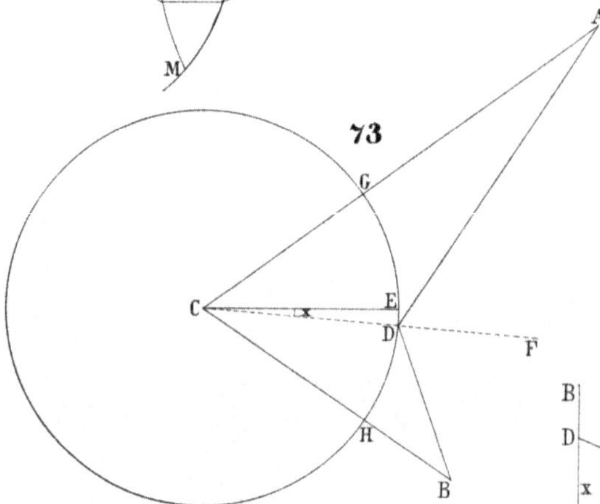
A
G
C
x
E
D
F
H
B

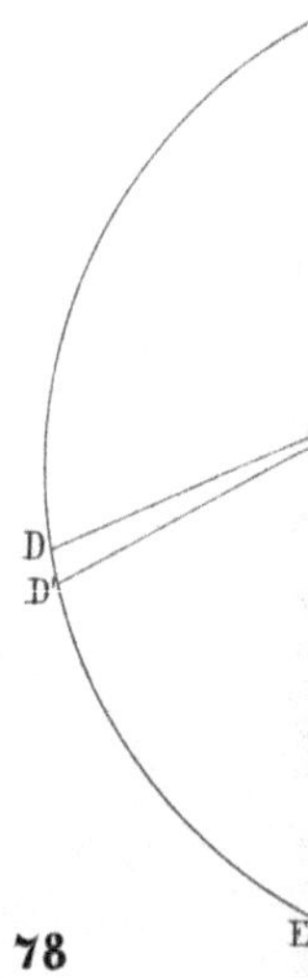
D
D'
E

78

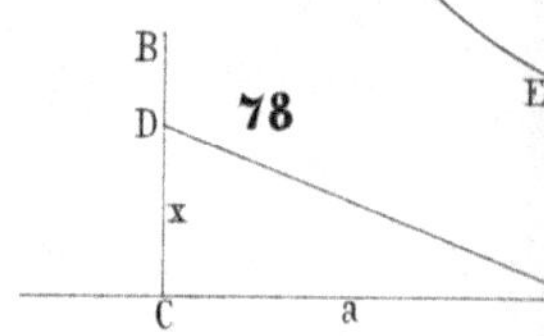
B
D
x
C
a

75.

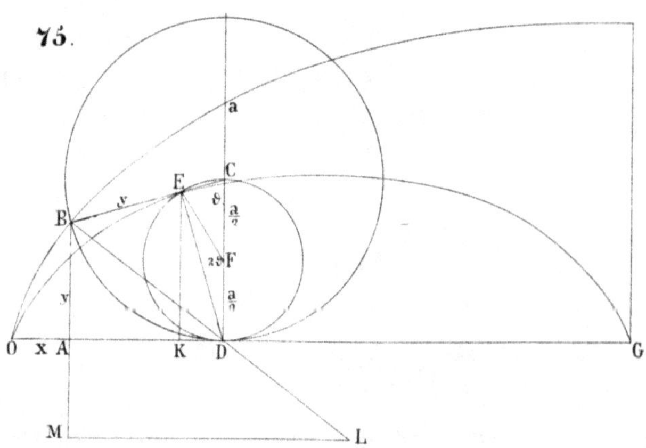
a
C
E
y
B
$\frac{a}{2}$
2ϑ F
$\frac{a}{2}$
y
O
x
A
K
D
G
M
L

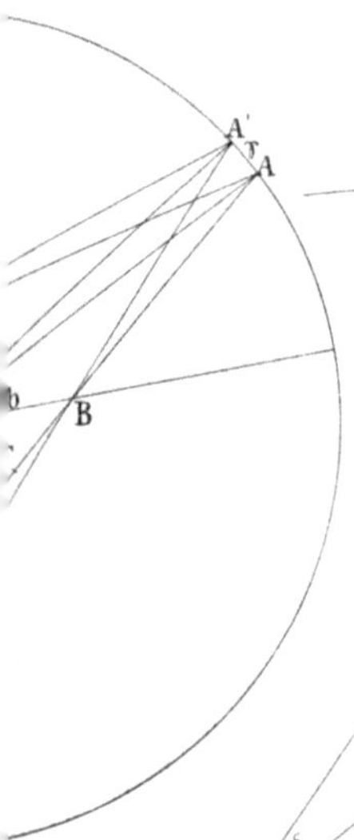

79c

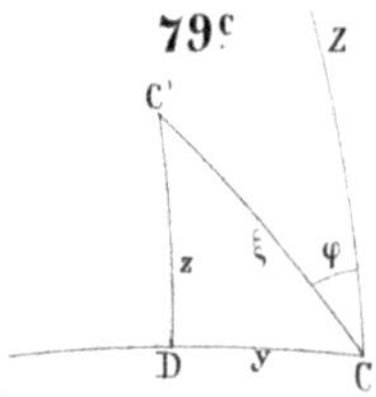

79b

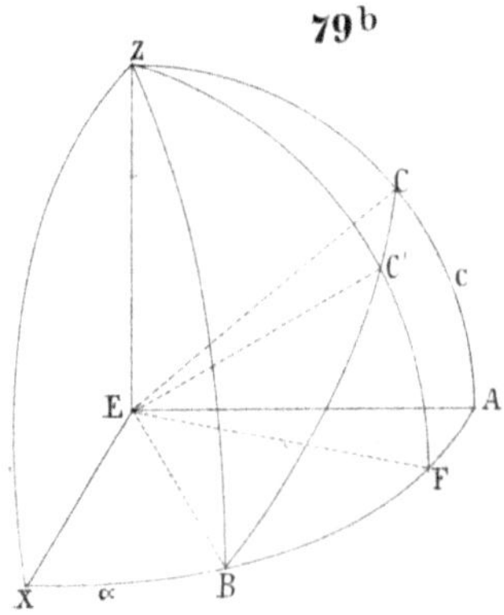

79a

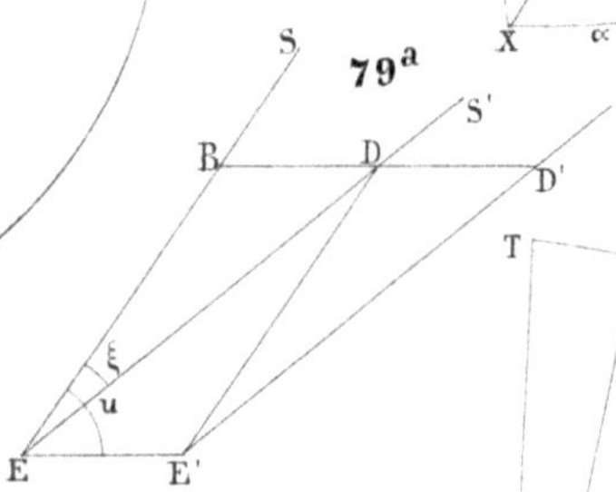

80

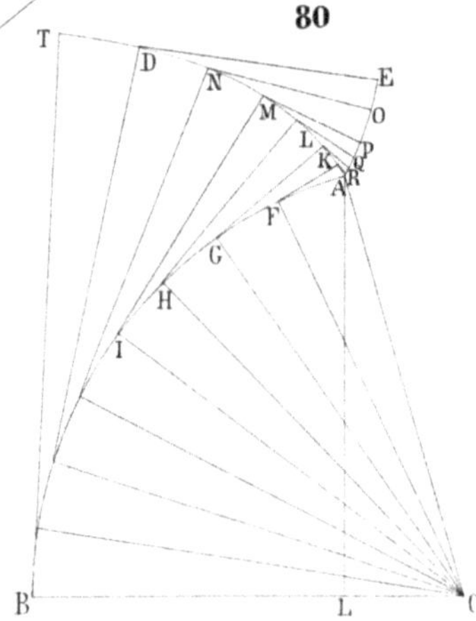

77.

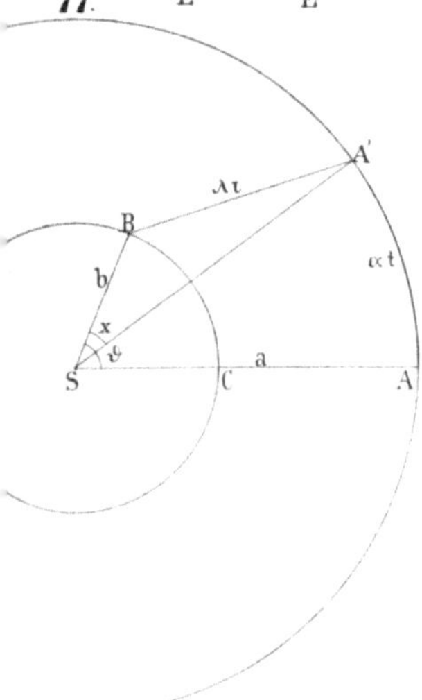

76

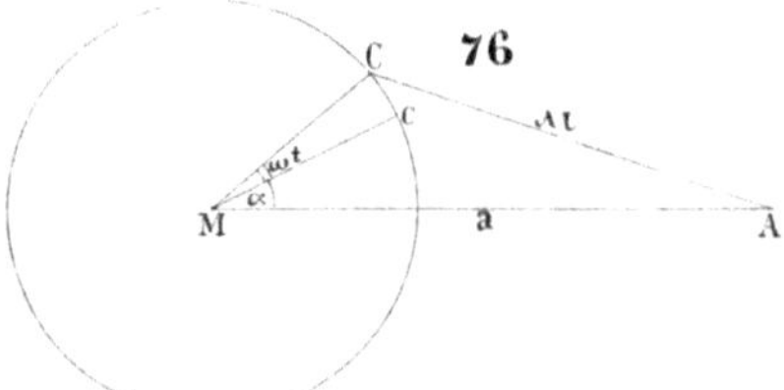

FSC
www.fsc.org
MIX
Papier | Fördert
gute Waldnutzung
FSC® C083411

Zeitfracht Medien GmbH
Ferdinand-Jühlke-Straße 7
99095 Erfurt, Deutschland
produktsicherheit@kolibri360.de